绿色创新系列丛书

工信学术出版基金
Industry and Information Technology
Academic Publishing Fund

价值共生

数字时代的碳中和

华为数字能源技术有限公司 ◎ 著

U0259031

电子工业出版社·
Publishing House of Electronics Industry
北京·BEIJING

图书在版编目（CIP）数据

价值共生：数字时代的碳中和 / 华为数字能源技术有限公司著 . —北京：电子工业出版社，
2023.6

（绿色创新系列丛书）

ISBN 978-7-121-45510-0

Ⅰ.①价… Ⅱ.①华… Ⅲ.①二氧化碳—节能减排—普及读物 Ⅳ.① X511-49

中国国家版本馆 CIP 数据核字（2023）第 075554 号

责任编辑：黄 菲 文字编辑：刘 甜 特约编辑：玄甲轩
印 刷：河北迅捷佳彩印刷有限公司
装 订：河北迅捷佳彩印刷有限公司
出版发行：电子工业出版社
　　　　　北京市海淀区万寿路 173 信箱 邮编：100036
开 本：720×1000 1/16 印张：22.25 字数：534 千字
版 次：2023 年 6 月第 1 版
印 次：2024 年 5 月第 6 次印刷
定 价：108.00 元

凡所购买电子工业出版社图书有缺损问题，请向购买书店调换。若书店售缺，请与本社
发行部联系，联系及邮购电话：（010）88254888，88258888。

质量投诉请发邮件至 zlts@phei.com.cn，盗版侵权举报请发邮件至 dbqq@phei.com.cn。

本书咨询联系方式：1024004410（QQ）。

编 委 会

致谢 | Acknowledgments

自"碳中和"走进大众生活以来，与"碳中和"相关的话题成为时下的焦点。华为数字能源一直在思考能源产业在"碳中和"时代的发展方向和发力点，以及重点行业的节能减排最佳路径，并基于这些思考撰写了本书，希望能抛砖引玉，与大家共同深入探讨。

本书从策划到写作、审校、设计、出版、发行共历时 9 个多月，诚挚感谢所有专家、学者、媒体老师、同事的宝贵意见和大力支持，帮助我们不断丰富和打磨内容，并最终顺利与大家见面。谨此，特别感谢以下诸位所做出的贡献！

Tareq Emtairah、José Donoso Alonso、杜祥琬、陈立泉、侯金龙、戴彦德、陶冶、何继江、张福龙、沈亚东、廖宇、范裕飞、李鹏、王凌风、杨友桂、张峰、陈国光、周建军、何波、王超、方良周、薛武军、严剑锋、刘云峰、乐斌、张任、胡学萃、罗锦滔、武磊磊、何辰颉、李会永、龙胜、罗特、秦真、单伊凡、师春月、周邦、高茵、胡亦南

时世造英雄，"碳中和"赋予了我们前所未有的绿色使命与责任，我们只需乘风破浪，傲立潮头，坚信未来可期！

打造未来经济可持续发展的引擎

联合国工业发展组织能源司司长　Tareq Emtairah

联合国工业发展组织在 1966 年成立伊始，确立了促进新兴经济体工业发展的目标。时至今日，该目标已经发生改变，转而关注和强调可持续性这一经济发展中的必备要素。工业改善民生的唯一前提是，人们在管理工业发展的同时既注重保护环境，又能应对气候变化。

作为全球领先的信息与通信技术（Information and Communication Technology，ICT）基础设施和智能终端提供商，华为正在积极行动，应对气候变化挑战。在能源领域，华为致力于融合数字技术和电力电子技术，发展清洁能源和推进能源数字化，共建绿色美好未来。华为十分注重研发投入，孵化了诸多创新项目，有效减少了电信网络的碳足迹。举例来说，通过在天线中融入射频单元，华为可以将天线收发无线电信号的功耗减少三分之一。

电信设备不仅变得能效更高，还逐步走向智能化，这在一定程度上要归功于人工智能的发展。当四下无人时，人工智能可以熄灭街上的路灯，同样地，5G 无线基站可以在没有数据流量时自动关闭，从而达到节能的目的。这些创新不仅能降低通信基础设施的能耗，也能助力其他行业降低碳排放。5G、人工智能、数据分析及云计算等技术通过减少能源的使用助力节能减排，进而完善工业流程。

麦肯锡在 GeSI 2008 年的一份报告中指出，ICT 能减少的碳排放量是其本身排放量的 5.5 倍之多。随后，在埃森哲 2015 年的一份报告中，该数据进一步增长至 10 倍以上。据世界经济论坛（WEF）统计，到 2030 年，ICT 产业将帮助全球削减 121 亿吨的碳排放。

除了提高现有能源的利用效率，ICT 还能把太阳能等可再生能源纳入到电网中，源源不断地生产新的清洁能源。全球四分之一以上的温室气体源自发电，因为在大部分的电力生产过程中都要燃烧化石燃料。太阳能是更清洁的能源，价格也更低廉，大量光伏电站在全球范围内遍地开花，利用光伏板生产更多的绿色能源。

同时，太阳能可以为蜂窝基站和数据中心供电。目前，许多运营商尚不具备完全向太阳能化转变的能力，而随着技术的创新，光伏价格进一步下降，部署更灵活，使得 ICT 网络越来越多地使用绿电，帮助运营商实现绿色转型。

应对气候变化，ICT 大有可为。包括来自 GeSI 在内的多项研究表明，加大数字技术在社会各行业的部署力度能有效降低碳排放。这其中的关键在于构建一个以新能源为主体的新型电力系统。数字技术和电力电子技术将成为电力系统中"发、输、配、储、用"各环节的基石。华为长期投入这两大技术的研发，其也正是华为的独特价值所在。推进能源数字化进程将让能源生产、运输、管理、交易和消费变得更加高效和绿色，同时也能推动全球向零碳建筑、零碳园区和零碳城市的目标迈进。

绿色 ICT 基础设施将奠定数字世界的基石，拉动未来经济可持续发展。

数字化和太阳能：为全人类创造共享价值

全球太阳能理事会主席、西班牙光伏行业协会总监　José Donoso Alonso

气候急剧变化，其影响波及全球。人们曾预期这种影响会在未来若干年后出现，但实际上近期已经发生。创纪录高温、长期干旱、缺水、全球变暖引发火灾，诸如此类"反乌托邦"现象早有前人预见。这不是杞人忧天，实现"碳中和"变得日益紧迫。

要实现"碳中和"，能源行业责无旁贷。庆幸的是，光伏等相关技术不仅能够推动实现"碳中和"，而且提供了可持续发展的内生能源。尤其是在太阳能资源充足的国家，太阳能发电极具竞争力。

在所有能源技术中，光伏在 21 世纪经历了重大变革。国际能源署（IEA）认为，它在 2050 年将成为主导技术。10 年前，全球光伏装机量仅为 39GW，而到 2021 年底，总装机量攀升至 942GW。

近年来技术的迅猛发展推动了光伏的发展，使成本降低了 90% 以上，预计未来价格还将持续下降。价格下降不仅归功于规模经济扩大和市场扩张，更是生产流程数字化的结果。

与其他能源相比，光伏成本较低、技术简单，具有很强的灵活性和环境适应性，可用于大型和中小型项目，而且渗透性强、对环境有益，堪称真正的颠覆性技术。

根据克莱顿·克里斯坦森（Clayton Christensen）对"颠覆性创新理论"的定义，简单的技术解决方案往往因为不符合传统市场行为者的商业模式而被忽视，但是这些方案会催生新的市场行为者，他们会占据传统市场行为者的部分空间。这一定义正好适用于光伏技术的发展现状。

自我消纳、使用太阳能满足消费者部分或全部能源需求，数字技术使能源变革成为可能，而创新是主要因素。

自我消纳、电网余电管理、分布式发电、智能电网和综合需求管理，构筑了一条康庄大道，与其他领域的数字技术创新一起，汇聚为环境变革，我们称之为智慧城市或智慧岛屿。在这一新场景中，消费者主导着能源决策。

这些业务的发展为技术创新和经济增长带来了新的动力，同时也将加速"碳中和"的进程。此外，通过削减能源费用，提高中小企业的竞争力，并随着这项技术的普及，为整个地区创造就业机会。由于需求曲线与发电时间吻合，第三产业和工业行业最适合利用这项技术。

在全球过去150年中没有实现电气化的地区，这项技术能够让电气化成为可能。

凭借光伏和数字技术创新，新模式正在变革电力行业。这种发电模式无门槛、技术简单、投资低，消费者完全可以参与其中。光伏发电和传统能源不是此消彼长的关系，我们需要找到其中的平衡点。

要推动能源革命、加速实现"碳中和"，关键在于持续推进技术创新，能源技术需要与数字技术融合。我们必须继续在成本创新方面下功夫，提高光伏电站的性能，优化其与环境和建筑的融合方式，减少对供应链的依赖，改善发电流程，缩短能量回收期。

数字化和太阳能携手，持续为我们的社会创造价值。我们必须迎接挑战，通过能源转型持续改善人们的生活，推动整个社会实现"碳中和"，未来将大有可为！

数字化是实现"双碳"目标的金钥匙

中国工程院院士、原副院长，国家能源咨询专家委员会副主任，国家气候变化专家委员会顾问　杜祥琬

"碳达峰""碳中和"是事关中华民族永续发展和构建人类命运共同体的重要目标，是顺应绿色发展时代潮流，推动经济社会高质量发展、可持续发展的必由之路。

以"碳达峰""碳中和"为目标，驱动中国技术创新和发展转型，是经济社会高质量发展的内在要求，也是生态环境高水平保护的必然之选，更是缩小中国与主要发达国家发展差距的历史机遇。

根据中国工程院预测：到 2060 年实现"碳中和"，温室气体排放有望降到 26 亿吨二氧化碳当量，二氧化碳排放量可控制在约 20 亿吨，碳移除总量可以达到 26 亿吨二氧化碳当量，与温室气体排放量基本相当。

在此过程中，中国面临诸多挑战。中国产业结构偏重，第二产业对国内生产总值的贡献率为 40%，却消费了 68% 的能源，这种产业结构给中国低碳转型带来很多现实困难。不仅如此，在中国能源消费结构中，煤炭消费占比较大，2021 年煤炭消费量占全国能源消费总量的 56%。如果不能降低煤炭消费在能源消费中的占比，那么降低全国的碳排放难度就比较大。

另外，中国从实现"碳达峰"到"碳中和"只预留了三十年左右的时间，仅为发达国家的一半。这意味着中国在实现"碳中和"的过程中，时间更紧迫，更需要社会经济结构、能源结构和产业结构等多方面的快速调整。

因为调整时间紧迫，所以有可能导致一些地方在实现"碳中和"目标的过程中，出现"一刀切"的情况。

实现"碳达峰""碳中和"目标，并不是要限制发展，而是要向高质量发

展迈进，这也是产业转型升级的机遇。中国应借此机会，逐步改变高耗能、高排放产业占比较大的现状，同时加快发展战略性新兴产业、高技术产业、现代服务业等行业，实现低碳转型。

尤其是在能源结构调整方面，要进一步提高新能源在一次能源消费中的占比，大力发展水电、风电、太阳能发电、潮汐能发电、地热能供暖等清洁能源利用方式，充分发挥核电作为基荷能源的价值，降低煤电、气电等化石能源发电占比，通过"源网荷储一体化"发展，让能源生产实现清洁化。

要坚持行业和地区梯次有序达峰原则，鼓励已达峰的地区碳排放量不再增长，鼓励可再生能源丰富的地区尽早实现"碳达峰"，实现经济发展和碳排放增加"脱钩"。

加快结构转型和技术进步，是实现"碳达峰""碳中和"的重要手段。特别是在构建以新能源为主体的新型电力系统的进程中，物联网、云计算、大数据、人工智能、5G、量子计算、区块链等数字技术，将成为构建新型电力系统的重要工具。

产业变革与科技革命正在深入发展，未来很长一段时间内，数字技术与能源电力的发展将实现更为紧密的融合。数字化转型的浪潮正在推动智慧电厂、智能电网、智慧能源互联网等智慧能源基础设施的建设。

在电力领域，数字技术将融入发电企业的电厂业务场景。通过电厂对象数字化、过程数字化、规则数字化、使用人工智能等先进 ICT 激发更多数据价值，实现电厂的数字化、智慧化运营与管理；在电网侧，数字技术将为传统电网赋能，不断提升电网的感知能力、互动水平、运行效率和自愈能力，使得供电质量更优，电网运行更安全，有力支撑各种能源接入和综合利用，持续提高能源效率，由"用好电"向"用好能"转变；在用户侧，数字技术将分布式光伏发电系统、储能系统、用电设备等业务场景无缝融合，做到对需求侧智慧管理，用户既是能源消费者，也是能源供给者，其可以充分参与到区域电网互动中。

《价值共生：数字时代的碳中和》一书不仅对能源与环境的关系、人类利用能源的历史进行了介绍，也展示了数字技术助力中国实现"碳中和"目标方面的研究成果，能够为社会各界开展相关研究提供参考。同时，全书通过分析和展示部分国家、企业在实现"碳达峰"和"碳中和"目标中的先进经验，为未来全球绿色低碳发展下的人类美好生活做出指引。

在实现"碳达峰"和"碳中和"目标的过程中，数字技术作为第四次工业革命的核心技术，将要发挥怎样的价值？作为首次提出数字能源概念的华为在引领能源数字化应用方面又将起到什么样的作用？

2030 年的"碳达峰"是一个里程碑，2060 年的"碳中和"同样也是一个重要的里程碑，但它们也只是"里程碑"，并不是"终点线"。人类社会还要持续向前发展，未来社会仍然要靠未来能源的全力支撑！希望我们的后辈在追忆这段调转巨轮的转型时期时，可以由衷地为我们今天的矢志奋斗感到骄傲，因为我们的正确选择，最终让人类文明不断迈向新台阶！

实现"碳中和"关键是科技创新

中国工程院院士　陈立泉

　　2020 年 9 月 22 日，中国向世界做出庄严承诺：中国将提高国家自主贡献力度，二氧化碳排放力争于 2030 年前达到峰值，努力争取 2060 年前实现"碳中和"。

　　考虑到我国的国情，实现"碳中和"面临巨大挑战。我国的能源结构是"富煤、少气、贫油"。2021 年，中国煤炭、石油消费占比达到 74.7%，而天然气、水电、核电、风电、太阳能发电等清洁能源消费占比为 25.3%。我国的能源使用有两个特点：一是严重依赖煤炭（消费占比为 56%），造成污染较重；二是石油对外依存度太高，2021 年我国原油进口 5.13 亿吨，对外依存度达到 72%，石油进口量世界第一，存在很大的能源风险。

　　我国是世界上最大的发展中国家，还处在中高速发展阶段，工业化、城镇化仍在推进之中。在这个过程中，低碳转型并非能够轻松实现。

　　我们要怎么逐步完成"碳中和"任务呢？《价值共生：数字时代的碳中和》这本书对实现"碳中和"做了全面论述，指出了技术创新的重要性，特别强调了要实现电动化，这和我几年前提出的电动中国的观点完全一致。电动中国包括"三化"：交通电气化、设备智能化和能源低碳化。

　　交通电气化包括电动汽车、电动船舶和电动航空；设备智能化包括智慧城市、智慧乡村和智慧矿山；能源低碳化包括发展可再生能源，构建能源互联网，推动以清洁和绿色方式满足电力需求。

　　我国有丰富的水能、风能和太阳能等可再生能源资源，但分布不均。"胡焕庸线"（黑龙江的黑河与云南腾冲之间的连线）西北的可再生能源占比为：水电 60% 以上，陆地风能 80% 以上，太阳能 70% 以上，每年都有弃水、弃风和弃光现象发生，而"胡焕庸线"东南缺少约 70% 的电。

这就要求构建能源互联网。能源互联网有五大特征：可再生能源具有间歇性、波动性，传统的能源网必须转型；可再生能源是分散的，需要建立就地收集、存储和使用能源的网络，成为能源互联网的一个节点；需要将若干微型能源网络节点互联；能源的产生、传输、转换和使用都要智能化；是能量双向流动的能源共享网络，发电装置、储能装置和负载能够"即插即用"。这种能源互联网的关键是储能，特别是固态锂电池和钠离子电池等电化学储能。

锂离子电池是目前性能最好的电池，它彻底改变了人们的生活，奠定了无矿物燃料社会的基础。在科研人员和产业界共同努力下，我国锂离子电池市场占有率已居世界第一。在其推动下我国电动汽车的保有量也居世界首位。但是，消费者对电动汽车的续航里程和安全性还有忧虑。2015 年我提出发展固态电池，争取五年内实现产业化，使中国的锂电产业实现从跟跑、并跑到领跑的转变。中国科学院物理研究所利用原位固态化技术已使固态锂电池能量密度达到 $400\sim600\mathrm{Wh/kg}$，处于国际领先水平。国内很多固态电池公司都在往产业化方向发展，已经取得了很大进步。

由于锂属于稀有金属，不具备资源优势。锂离子电池很难同时满足电动汽车和储能的需求。而钠储量很丰富，利用锂离子电池生产经验和技术，容易实现低成本生产，钠离子电池可成为下一代储能电池。十年前我们开始研究钠离子电池，2018 年，首次演示了钠离子电池驱动的低速电动车；2021 年建成了世界首座 1MWh 钠离子电池储能电站；现已成立中科海钠科技有限公司，实现了从基础研究向产业化的迈进。

正如《价值共生：数字时代的碳中和》所表明的，实现"碳中和"的关键是科技创新，需要加大对可再生能源发电、储能技术，以及与之匹配的技术的研发力度。在科技创新的支撑下，我们才能有望如期实现"碳达峰""碳中和"目标。

让技术改变世界，让变革重塑能源

华为数字能源技术有限公司总裁　侯金龙

实现"碳中和"在全球范围内已形成广泛共识。近年来，有 130 多个国家和地区明确了"碳中和"时间表，还有许多国家把发展绿色产业作为推动经济结构调整的重要举措，全球正在加快绿色基础设施布局。

然而，2022 年全球二氧化碳排放量达到了惊人的 368 亿吨，创历史新高。从当前措施的力度、效果及全球对能源需求的增长来看，要达到"碳中和"既定目标仍面临巨大的挑战。不过，可以肯定的是，在未来三四十年，智能化、低碳化是两个确定性的趋势。这场广泛而深刻的经济社会变革，既意味着能源生产、能源消费迎来新挑战，也为各行各业全面升级换代提供了新机会，它将对人类生产生活的方方面面带来巨大的变化和影响，甚至有可能远远超过我们的想象。

放眼能源行业，智能化将推动行业向纵深发展，并实现降本增效，低碳化的重点是加速发电侧的清洁化和用能侧的电气化。通过优化能源结构，构建以新能源为主体的新型电力系统，从源头上开启人类"全面脱碳"的进程。智能化需要数字技术的加持，低碳化离不开电力电子技术，全球能源产业正从资源依赖走向技术驱动。

从薪柴能源时代到化石能源时代，人类能源史的每一次变迁都是由新技术推动的，并伴随着生产力的巨大飞跃。当前我们正在经历以人工智能、云计算、5G、热管理、电池技术等为代表的技术创新，以及以碳化硅、氮化镓为代表的材料变革。随着这些新技术和新材料的深入应用，我们或将进入数字化的能源新时代。它的标志是什么？它将对电力系统"发、输、配、用、储"各个环节及我们的生活方式产生什么影响？风、光、水等可再生能源、储能系统、智能配电、特高压技术将在消除全球能源鸿沟的进程中发挥什么作用？

我们知道，电力、工业、交通、建筑等行业的碳排放始终位居前列，这些行业如何实现"碳中和"也就变得十分关键。但每个行业的能源结构、行业特点、技术发展水平千差万别，什么样的"碳中和"路径对它们而言是最符合绿色发展需求的呢？

作为一家以技术安身立命的公司，华为数字能源一直致力于融合数字技术和电力电子技术，发展清洁能源和推进能源数字化，将瓦特技术、热技术、储能技术、云与人工智能技术等创新融合，聚焦清洁发电、绿色ICT能源基础设施、交通电动化等领域，推动能源革命，共建绿色美好未来。

另外，最终实现"碳中和"目标和建设零碳世界，需要各国政府、各类企业、民众通力协作，也需要产业链上下游共同努力。其中，政府需要从国家层面，主要从法律、法规、政策、标准等方面做出系统性部署与安排，才能保证"碳中和"有序推进。企业作为最小的经济细胞，也是能源的直接消费者、碳排放的责任主体之一，更应该通过技术创新，大大降低自身的能源消耗，同时通过技术进步、管理创新，不断提高生产效率，使自身成为经济系统中的"绿色细胞"。民众则可以通过在衣、食、住、行等方面选择低碳节能产品、消费绿电等，为零碳世界的到来贡献自己的力量。

作为一家全球化且以社会责任为发展理念的公司，华为始终希望将30多年的技术积累与实践经验分享出来，期待与业界迸发出神奇的火花，为各行各业的节能减排、绿色发展做出更多、更大的贡献。

"前路漫漫，要心有期待"，在改变与重塑的旅途中有一些风景不可错过。你或许曾流连于塞外风光的壮美和南国小镇的俊秀，但少有人知道它们为新能源崛起与绿色低碳付出的努力。你是否想去领略沙漠之花的风采、体味地中海花朵的芬芳、走进天鹅之国的童话故事，其实它们一直在探索新能源、拥抱绿色电力，努力走出自己的能源数字化转型之路。还有充满神秘色彩的非洲大陆，其是如何突破能源之困打破天然屏障的呢？迷人的东南亚岛国，又是怎样通过坚持环境友好型的能源探索方式守护自己的家园的呢？

在此我们撰写这本书，希望通过这本书让更多的人加入全球关于"碳中和"路径的思考与探索中，共同为实现"碳中和"目标贡献力量，让技术改变世界，让变革重塑能源。

目录 | Contents

261 ○ **第 7 章**

"碳中和"之区域探索

321 ○ **第 8 章**

2060 年的一天

331 ○ **附录**

"碳中和"全球大事记

第 1 章 | Chapter 1

面向未来的生存之战

工业革命的核心，其实就是能量转换的革命。

——尤瓦尔·赫拉利

第一节　危机与挑战：人类命运大抉择

选择决定命运。不论是个体层面、国家层面，还是全人类层面，今天的选择都决定着今后的生存与发展。

2022 年 7 月，北极圈的温度最高飙升至 32.5℃，甚至有人在网上晒出了在格陵兰岛穿短袖的照片。这时候，我们是否意识到，人类其实已经在生死边缘反复"试探"了呢？

全球气候变暖导致的罕见极端天气，正在影响着世界的每个角落。自然灾害频发、资源不可持续等问题，已经成为当前全人类共同面临的危机。

当北半球陷入火炉

2022 年夏季，远在大洋彼岸的西班牙，一位孤身闯进"火场"的"孤勇者"成了小镇上的英雄。

在雷电风暴击中一片草场引发火灾之后，西班牙萨莫拉市塔巴拉小镇就此陷入"火海"。林火肆虐蔓延，吞噬了小镇附近的土地，摧毁了牧场，威胁到加油站、工业区……当地一名 53 岁男子挺身而出，他驾驶挖掘机进入火场，在火势外围挖掘壕沟，构建防火带。

从 2022 年 1 月到 2022 年 7 月，西班牙约有 19.7 万公顷土地过火。这些野火

西班牙火灾

图片来源：全景视觉

爆发的根源是伊比利亚半岛乃至全欧洲的高温。2022 年 8 月 1 日，西班牙卫生部下属的卡洛斯三世卫生研究所发布的数据显示：2022 年 7 月以来，西班牙已有 2176 人死于高温天气。

这种极端高温天气，并非只在伊比利亚半岛出现，就连温带海洋性气候的英伦三岛，也感到像被扔进火场中一样。

曾经，被温带海洋性气候滋润的英国人民将雨、雾及多变的天气写入各种文学作品，见面就讨论天气，已经成为英国文化的标志。但是在 2022 年，这座气候温润的岛屿却被热浪包裹，尤其是伦敦，很多民众感慨像行走在烤箱中，空调突然成了英国人的生活必需品。2022 年 7 月 19 日，英国最高气温首次突破 40℃，创造了该国的气象历史纪录。英国气象局表示，全国至少有 34 个地点当天创下超过 38.7℃ 的最高温度纪录。

在极端高温天气的影响下，英国政府发布"国家紧急状态"警报，地铁、火车等运输系统被迫减速减班，以防止因轨道高温变形、架空电缆下降等引发危险。

"束腰红色制服、黑色熊皮帽"曾经是英国人引以为傲的皇家卫队的标志之一，但当酷暑来袭时，白金汉宫皇家卫队的熊皮帽子，却让卫队士兵吃尽了苦头。世卫组织环境、气候变化与健康司司长玛利亚·内拉在一次发布会上呼吁："英国应该调整其皇家卫队的传统制服，以适应该国的异常高温。"

极端高温伴随着火灾。同西班牙一样，英国伦敦在 2022 年 7 月 19 日当天至少爆发了 10 起火灾，多座居民房屋和建筑被大火烧毁。

一名参与救援的消防队员更是将热浪和火灾描述为"绝对的地狱"。

世界气象组织（WMO）2022 年 7 月 19 日指出，近期席卷欧洲的罕见高温天气未来或成欧洲夏季"标配"，高温等气候变化的负面影响将至少持续至 21 世纪 60 年代，全球冰川消融趋势将持续数百年甚至更长时间。

2022 年夏天，中国同样遭遇了极端高温和干旱天气，不但鄱阳湖干旱见底，而且在重庆也发生了熊熊山火。

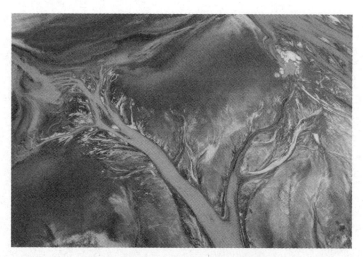

2022 年 9 月 18 日，江西九江，进入极枯水位的鄱阳湖大面积湖底露出，
在裸露的湖滩中，干涸河流宛如大树形状

图片来源：VEER

2022 年 7 月，中国共发布高温预警信息 6.8 万条。其中，高温红色预警发布量增幅最大，同比增幅达 753%。浙江、四川、陕西高温红色预警发布量居前三位，四川连续 11 天发布高温红色预警，浙江则是 10 天。

2022 年 8 月 3 日，中国国家气候中心副主任肖潺表示："区域性高温过程持续影响中国。2022 年 7 月，全国平均高温日数（日最高气温 ≥ 35℃）5.6 天，较常年同期偏多 2 天。同时，在这个月份中，15 个省（区、市）的部分地区遭受雷电、大风、冰雹等强对流天气影响，其中甘肃、河南、湖北、江苏等地灾害影响较重。"

由地球温度上升引发的气候事件增加，并越来越多地影响全球的天气模式，其带来更强烈的高温和干旱，以及创纪录的降雨和洪水。

海水将要把城市淹没

在全球性"火热"之后，还有部分地区在"水深"之中挣扎。

安女士是威尼斯圣马可广场周围一家店的店主，多年以来，她欣慰地看着自己的手工珠宝店欣欣向荣。这里有鸽群，更有潮涌般的人流，其给安女士的店铺带来生机和希望。

2015 年，安女士曾见到一个剧组在圣马可教堂广场拍一部灾难片。他们在广场捕捉最佳的光与影，男主角还登上了大教堂的穹顶。谁想到她竟然在四年后看到了类似电影中的灾难画面。

2019 年 11 月 12 日，她在社交媒体上发文说："世界末日来了，我在过去 55 年里从没见过这样的事。洪水毁了一切，我一辈子的心血在几秒钟内就被毁掉了。"

当天晚间起，意大利威尼斯遭遇 50 年一遇的暴雨和海潮侵袭，85% 的地区被淹没，洪水水位达到 1.87 米。在这次洪水中，诸多历史悠久的广场被淹没，记载着岁月和人类文明的博物馆、纪念碑也被洪水破坏。水位最高时，甚至有市民在有着约 1200 年历史的圣马可广场的洪水中游泳。

2019 年圣马可广场大洪水

图源：站酷海洛

这次洪灾可看作威尼斯有可能在未来因海平面上升而被淹没的一场预演。

在海平面不断上升的严峻形势下，威尼斯将被淹没，这已是多年以来的隐忧。根据威尼斯海潮办公室的数据，威尼斯的海平面在 2019 年比 50 年前高出了 10 厘米。

虽然人们应尽量避免将单一事件直接归因于气候变化，但对于威尼斯来说，海潮的频繁发生已经表明：海平面正在上升，威尼斯正在下沉。

威尼斯的遭遇不是孤例。在 2022 年夏季，整个世界都遭遇了海平面上升的巨大威胁。

2022年7月，北极圈的温度一度飙升至32.5℃。覆盖世界的第一大岛——格陵兰岛的冰盖也在加速融化。北极地区的科学家们甚至穿着短袖短裤打起了冰上排球，同时他们甚至可以隐约听到冰层融化的声音。美国国家冰雪数据研究中心的数据显示：2022年7月15日至17日，格陵兰岛冰盖每天流失冰量大约60亿吨，足够填满720万个奥运标准规格游泳池。

由于全球变暖的直接后果是两极冰川融化、海平面上升，将会有很多曾经的陆地被淹没。如此一来，如珍珠一般散落在海洋的岛屿，必将遭遇灭顶之灾。同时，居住在大陆边缘的民众也会失去赖以生存的土地。

2021年有丹麦研究人员称，格陵兰岛冰盖在2000年以后消融速度明显加快。格陵兰岛大部分位于北极圈内，全岛约80%的土地被冰盖覆盖。如果高温等气候变化的负面影响持续，格陵兰岛冰盖全部融化，那么全球海平面将上升7.5米。

种种迹象表明，一双在无形中"翻云覆雨"的手正在摧毁着人类赖以生存的地球。极端天气的频频出现，正渐渐演变为极端气候。

从"极端天气"到"极端气候"

海平面上升和酷热高温，常常被归因于全球变暖。并且，这种极端天气导致的"灾难清单"还在不断被拉长。

2020年8月，美国国家气象局消息称，加利福尼亚州的死亡谷温度在16日达到华氏130度（约54.4℃），是美国107年以来记录到的最高温度。

2021年6月，中东国家最高气温普遍高于50℃，多次打破纪录。

2021年7月，中国郑州城区局地24小时降雨量高达657毫米，与该地全年平均降水量持平，最严重时一小时内降雨量达201.9毫米，这是迄今为止，人类陆地观测站测出的单小时最大降雨量。

2021年8月，意大利西西里岛附近48.8℃的温度，创欧洲大陆高温纪录。

2021年8月，希腊和土耳其一些地区的气温超过46℃，突破当地历史极值。

2022 年，印度和巴基斯坦仅在 4 月份就大范围出现最高气温达到 43℃～46℃ 的现象，白天气温高达 48℃，度过了没有春天的一年。

2022 年，欧洲迎来高温"烤"验。

……

2022 年 5 月 18 日，世界气象组织在瑞士日内瓦发布《2021 年全球气候状况报告》（*The State of the Global Climate 2021*），指出："温室气体浓度、海平面上升、海洋热量和海洋酸化等四项关键气候变化指标在 2021 年创下新纪录。虽然年初（2021 年）和年末的'拉尼娜'事件带来暂时降温，使得 2021 年全球气温低于最近几年，但并未扭转气温上升的总体趋势，全球平均气温比工业化前水平高出约 1.11（±0.13）摄氏度。"

形势岌岌可危。

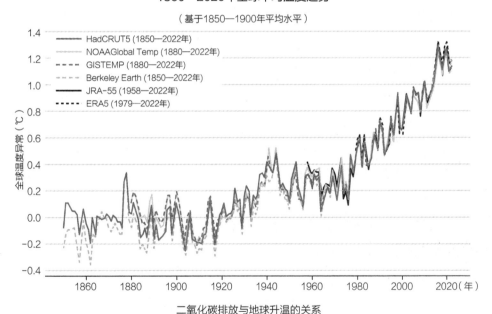

1860—2020年全球平均温度趋势

（基于1850—1900年平均水平）

二氧化碳排放与地球升温的关系

图片来源：《气候变化 2021：自然科学基础》决策者摘要，第 14 页

世界气象组织于 2021 年 9 月发布的《天气、气候和水极端事件造成的死亡人数和经济损失图集（1970—2019）报告》显示：在此期间导致人员损失最严重的危害包括干旱（65 万人死亡）、风暴（57.7 万人死亡）、洪水（5.87 万人死

亡）和极端温度（5.57 万人死亡）。世界气象组织秘书长塔拉斯表示：由于气候变化，与天气、气候和水有关灾害的频率和强度都在增加。

人们对极端天气的强烈关注始于 2010 年左右。也正是从那时起，人类开始经历不同程度的极端干旱、极端酷寒和极端酷热。在同一时间段，几乎同一个纬度上，一些地区经历着滂沱大雨，一些地区则遭遇着干旱，还有部分地区天气极其炎热，将电力系统烘烤得几乎难以支撑。

在 2010 年，严重的洪涝灾害造成了巴基斯坦 2000 万人被迫转移，超过2000 人死于洪灾，超过五分之一的国土面积被淹。2022 年，严重洪涝再度席卷而来，2022 年 6 月中旬至 8 月底，巴基斯坦多个省份发生严重洪涝灾害。巴基斯坦政府在 9 月初公布的统计数据显示：这次洪涝灾害已经造成超 1200 人遇难，超 3300 万人受到直接影响，近 1000 万人流离失所，受灾面积达到其国土面积的三分之一。

在此之前，人类经历的基本模式是：在漫长的地球岁月里，气候特征较为稳定，尽管在个别时间段里有过一些剧烈波动的短期天气，但是放在历史长河里，出现极端天气的概率极低。

但在 2010 年以后，极端天气频繁进入人类视野，再也不是小概率事件。2020 年 12 月 12 日，联合国秘书长古特雷斯在出席"气候雄心峰会"时呼吁全球进入"气候紧急状态"。气候危机导致粮食减产和部分地区出现饥荒。联合国粮食及农业组织的数据显示：由于新冠疫情、极端气候、地缘冲突等的影响，2020 年全世界有多达 8.11 亿人口面临饥饿威胁，比 2019 年增加 1.61 亿；全球23.7 亿人陷入粮食危机，无法获得充足的食物，比 2019 年增加 3.2 亿，成为历史上饥饿问题最严重的时期之一。

气候紧急状态

温度升高、海平面上升、极端气候事件频发给人类生存和发展带来严峻考验。经过多年的研究，国际社会对全球变暖的认识不断深化，并将其总结为气候变化，而天气变暖只是一个表象。

2019 年，欧洲社会对气候变化有了新的表述——气候紧急状态。

2019 年 12 月在西班牙首都马德里举行的联合国气候大会上，有很多类似的宣传标语："别再说气候变化，要说气候紧急状态！"

还有很多相关的表述：

- 地球的温度已经上升了 1℃，这不是变化，而是气候紧急状态；
- 40% 的北极冰川正在融化，这不是变化，而是气候紧急状态；
- 三分之一的物种有灭绝的风险，这不是变化，而是气候紧急状态；
- 西班牙 75% 的国土有荒漠化的风险，这不是变化，而是气候紧急状态；
- 迈阿密正消失在海面之下，这不是变化，而是气候紧急状态；
- 撒哈拉沙漠正在增长，面积达 10%，这不是变化，而是气候紧急状态；
- 1720 万人因为气候灾难正被迫离开他们的家园，2050 年前可能产生 1.4 亿气候难民，这不是变化，而是气候紧急状态。

⋯⋯⋯⋯

中国与美国在 2021 年 4 月 18 日发布的《中美应对气候危机联合声明》则采用了"气候危机"的表述。

在 2021 年 4 月 22 日举行的"领导人气候峰会"上，联合国秘书长古特雷斯在视频致辞中表示，气候危机已经到了刻不容缓的地步："过去的十年是有记录以来最热的十年。危险的温室气体排放量处于 300 万年以来的最高位。全球的平均气温已经上升了 1.2 摄氏度，正在不断逼近灾难的边缘。与此同时，我们正在遭遇海平面上升、极端高温、毁灭性的热带气旋和严重的山火。我们需要一个绿色的星球，但眼前的世界却满是闪烁的红色警灯。"

气候在很短的时间内发生较大的改变，对人类社会的发展不会带来任何好处，因为历史已经充分证明了这一点。

以气候学中的小冰河期为例，每一次小冰河期来临，地球就会遭遇极大的磨难。其中最主要的就是气候异常导致粮食大幅减产，从而引发种种社会灾难。

以中国为例，查阅中国气象学家竺可桢的气象史资料不难发现，中国古代历史上经历过四次小冰河期 ①：第一次是商朝末年到西周初年；第二次是东汉末年、三国和西晋；第三次是唐末、五代十国、北宋初期；第四次是明末清初。这四个时期的共同点在于：因为气候异常，导致东亚大陆中部植物难以生存，在那里生活、擅长骑马打仗的游牧民族由于日常生活难以为继而对中原本土动武，希望通过劫掠中原地区丰富的物质资源来维持生产和生活。中原地区居民的日子也不好过，极端天气导致粮食大幅减产，饥荒导致饿殍千里，加之北方游牧民族的侵略，中国黄河流域人口在这四个时期都有所减少。

地球高温对近现代人类粮食供应的影响有目共睹。2010 年，俄罗斯连续 37 摄氏度以上的高温引发了大火，大量的烟雾熏得莫斯科人咳嗽不已。就在那一年，因为气候问题，俄罗斯小麦减产三分之一，不得不出台小麦出口禁令。

2021 年，联合国政府间气候变化专门委员会（Intergovernmental Panel On Climate Change，IPCC）第六次评估报告第一工作组报告对气候危机进行了汇总。IPCC 是世界气象组织及联合国环境规划署于 1988 年联合建立的政府间机构，其任务是对气候变化科学知识的现状、气候变化对社会与经济的潜在影响，以及如何适应和减缓气候变化的可能对策进行评估。IPCC 将气候危机汇总如下：

- 全球升温。2011—2020 年平均温度相比工业化前（1850—1900 年）升高了 1.09℃，2001—2020 年平均温度较工业化前升温 0.99℃。全球正在迅速变暖，工业化带给人们无限物质和精神财富的同时，也给人类的未来预设了万劫不复的"陷阱"。

- 加剧水循环。这会带来更强的降雨和洪水，而在许多地区则意味着更严重的干旱。报告指出，全球每升高 0.5℃将会导致极端热事件频次和强度增加，同时导致部分地区产生强降水和部分地区农业、生态干旱程度增加。在高纬度地区降水可能会增加，而在亚热带的大部分地区，降水则可能会减少。季风降水将因地区而异发生变化。

- 海平面上升淹没大量城市。整个 21 世纪，沿海地区的海平面将持续上

---

① 资料来自竺可桢于 1973 年发表的《中国近五千年来气候变迁的初步研究》。

升，这将导致低洼地区发生更频繁和更严重的洪水灾害，使海岸线受到侵蚀。以前 100 年才出现一次的海平面上升现象，到 21 世纪末可能每年都会发生。对于在城市生活的人们来说，海平面上升所带来的危害将被放大。

- 海洋生态系统恶化或崩溃。海洋的变化，包括变暖、更频繁的海洋热浪、海洋酸化和氧气含量降低，这些变化既影响到海洋生态系统，也影响到依赖海洋生态系统的人们，而且至少在 21 世纪余下的时间里，这些变化都将持续下去。

气候危机带来的影响，每一项都足以让人类陷入困境。

罪魁祸首到底是谁？

极端气候频繁出现与人类活动紧密相关。在人类进入工业化时代之后，工业活动常年积累的二氧化碳等温室气体，被认为是极端气候的始作俑者。

1750 年以来，由于人类活动，大气中二氧化碳、甲烷和氧化亚氮等温室气体的浓度均已增加。

要对比二氧化碳在空气中含量的变化，需要用两个数据一起评估——时间与含量。但要追踪过去上千年的二氧化碳含量，并不容易。但是在 20 世纪 80 年代，气候学领域取得了一项关键性突破——获得了可提供年代数据的冰核。

在格陵兰岛和俄罗斯南极沃斯托克科学考察站的地表深处，科学家们发现了冰核，这些冰核中间有数千年来在不同时期被包裹进去的微小气泡。通过对这些气泡进行分析，可以追溯不同年代的大气结构和成分。经过一系列艰苦研究，科学家们表示可以确认一点：工业革命前大气中的二氧化碳浓度相对比较低，大概在 275ppm～280ppm，到了 1970 年这一数字上升为 325ppm，1990 年又进一步上升至 354ppm。IPCC 第六次评估报告指出，二氧化碳浓度已从工业革命前的约 280ppm 上升至 2019 年的约 410ppm。

这与人口的大幅度增加也有至关重要的关系。美国未来学家德内拉·梅多斯在《增长的极限》一书中提到：人口激增必然导致三种危机同时发生，其结果是粮食急剧减产、人类大量死亡、人口增长停滞。

这本书的核心观点在于，人类生态足迹的影响因子已经过大，生态系统反馈循环相对滞后，生态系统自我修复能力已受到严重破坏，若继续维持现有的资源消耗速度和人口增长率，人类经济与人口的增长只需百年或更短时间就将达到极限。

20 世纪 90 年代末，世界人口已增加到 60 亿，且仍在以每年 8000 万的速度递增，这个数字等于法国、希腊和瑞典人口之和。联合国在 2022 年 11 月 15 日宣布，世界人口已达到 80 亿，预计 2037 年将达到 90 亿。

人口的激增导致能源资源使用量同步上涨，化石能源消耗过度，而剩余的化石能源资源已经难以支撑世界经济的增长速度。

世界气象组织发布的《2021 年全球气候状况报告》分别从温室气体、气温、海洋热量、海洋酸化、海平面、冰冻圈、热浪、洪水、干旱、臭氧洞、粮食安全、人口被迫迁徙、生态系统 13 个方面论及这些年的气候变化及影响。报告指出，温室气体、海平面、海洋热量和海洋酸化等 4 项关键气候变化指标在 2021 年创下新纪录。2015—2021 年是有记录以来最热的 7 年，全球温室气体浓度在 2020 年达到新高，二氧化碳浓度达到 413.2ppm，是工业化前水平的 149%。

气候学家雷维尔在 1957 年提出一个观点："我们可以把大气中二氧化碳的增加，视作人类正在全球范围内开展的一场巨大的试验，这可能会让我们对于地球气候的决定性因素有更深入的认识。"

显然，这一试验的"效果"惊人。IPCC 于 2022 年 8 月发布的最新报告中提出："人类活动已经毋庸置疑地引发了全球气候危机，全球即将错失实现 1.5℃或 2℃升温控制目标的机会窗口，而产生影响的气候因子在全球所有地区无论时间上还是空间上都在加剧变化。"

这其中人类活动所带来的碳排放影响最大。之所以人类活动带来的碳排放影响最大，是因为人类进入工业化社会后，工业生产产生了大量的二氧化碳。

全球气象专业网站"碳简报"（Carbon Brief）在对迄今为止最全面的 500

多项气候科学研究进行分析后发现：人类巨大的碳排放量正使气候走向危机的新极端。其采用的研究方式是：通过使用天气记录和计算机模拟来比较两个"不同的世界"，一个是我们所处的现实世界，另一个是大规模燃烧化石燃料和气温上升之前的世界。研究人员通过评估某一个特定的极端天气事件在两个世界中发生的频率计算出气候变化的特定影响。

上述气候研究的主要发现包括：若没有人类导致的气候变化，过去 20 年中至少有 12 个主要极端天气事件几乎不会发生。但若全球气温升高 2℃，这种曾经难以想象的危机平均每 10 年就会发生一次。

第二节　地缘与发展：能源发展不平衡的问题

资源看禀赋

当二氧化碳带来的环境问题已经影响到人类生存的时候，通常有两个结果：一是掠夺资源的战争会打响；二是人类将遭遇流行病的攻击。不幸的是，这两种情况在人类进入工业化社会后频繁发生。

因能源争夺给人类带来的伤害，无数历史文献、文学作品、影视资料均有展现。因能源资源不均衡带来的战争炮灰几乎已经填满了世界历史的每一寸缝隙。

能源资源天然分布不均，各个国家地理位置不同，国土面积不同，能源消耗量也不同。有的国家因能源资源储量大，通过贩卖能源资源而过得富足；有的国家则因为缺少能源资源，不得不大量外购，以此满足国内的用能需求。当国际环境好的时候，社会经济发展相对较好，国家有足够的资金购买能源；一旦出现经济危机或价格剧烈波动，国家没有足够的资金购买能源，就容易引发社会动荡甚至战火。

2019年各国石油生产的平均碳强度

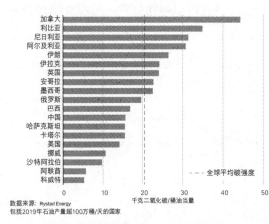

数据来源：Rystad Energy
包括2019年石油产量超100万桶/天的国家

全球石油生产的平均碳强度
千克二氧化碳/桶油当量

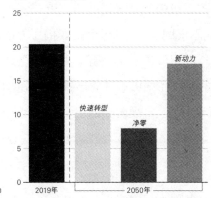

图片来源：《bp 全球能源展望（2021）》，第 55 页

政治经济学认为，战争是缓解经济危机的一种手段。但究其背后成因，战争大多是由能源资源发展不平衡导致的。

两次世界大战，尤其是"二战"中对石油的争夺意图明显。德国攻打苏联是奔着高加索的石油去的，只有巴库那里的油田才能支撑德国战争机器持续运转。日本发动太平洋战争则是为了南亚和太平洋一带的石油资源。除此之外，几次发生在中东地区的战争大多围绕北非－海湾－地中海地区丰富的石油而战。

如果细数一下历史上所发生过的因资源争夺引发的战争，就会发现这些战争绝大多数因石油而起，罕有因抢夺煤发生的战争。其中蕴含了地球家园能源资源禀赋特征——煤炭在全球范围内尤其是陆地上的分布较为均匀，而石油的分布则是参差不齐的。

之所以出现这样的状况，学界通常的解释是，煤来自远古植物的遗迹，而石油则来自远古动物的遗骸。

学术界普遍认为，煤主要是由蕨类植物和裸子植物经过长期地质演变形成的，从煤炭上常常可以看到植物纹路。史前时代，没有人类的刀耕火种，繁茂植物广布陆地。千万年间，大量植物沉积在地下，除了少部分因为地壳运动沉积在海洋，大部分则分布在陆地各个角落。

石油则来自远古动物的遗骸，经过地壳运动，经历了一系列高温高压的

"锤炼"，再辅之一系列化学和物理反应，石油就形成了。与古代植物数量相比，古代动物的数量本身就少了很多。

以地球本身来说，地球表面积是 5.1 亿平方公里，其中陆地面积 1.49 亿平方公里。虽然经历了古大陆到如今大陆的变迁，但和海洋面积比起来，陆地面积占比不足 30%。在地球上，海洋动物数量远远多于陆地动物，使得海上石油储量比陆上更为丰富。

因为动物流动性大、更适合动物的生存，所以动物的数量相对较多，反之则少，因此形成了地球上石油资源分布不均衡的局面。

在工业革命之前，人类活动的范围有限，没有大航海和蒸汽机，大多数人只生活在自己所在的区域，对世界其他国家和地区的情况所知有限。因此煤炭即使会引起一些战争，规模都会局限在一定范围内，比如城邦之间或一个国家不同的种族之间。而石油引起的战争则是在人类充分认识到地球的广袤，认识到不同国家之间存在巨大的能源资源禀赋差异的时候爆发的，此时战争的规模就不再是一城一池，而是国与国，甚至是洲与洲。

黑色的"梦魇"

虽然因煤引发的战争不多，但是煤作为早期人类战场所使用的能源，也曾影响或制约过战争。例如，中国清朝末年，煤炭就是北洋水师黄海海战失败的重要原因之一。

北洋水师于 1888 年正式组建，号称亚洲第一、世界第九，但在黄海海面上一出现就暴露了颓势。直观上的感受就是，中国船舰航速比日本船舰慢了不是一星半点。

造成船舰航速慢的症结是作为动力源的煤质量太差。当时各国军舰都以煤炭作为燃料，而煤炭的质量直接影响到军舰的速度。比如 19 世纪英国的威尔士盛产无烟煤，这种煤发热量高，燃烧后残渣少，是各国海军的首选燃料，日本联合舰队用的就是这种高质量的煤。

1876 年，李鸿章委派唐廷枢筹办开平矿务局专司官方用煤。到 1882 年，该煤矿产煤量达到 3.8 万吨。北洋水师最初使用的就是开平煤矿生产的优质五槽煤，其质量可媲美威尔士无烟煤，能完全满足北洋各种战舰的用能需求。

但是 1892 年唐廷枢去世，张翼担任开平煤矿总办。他盲目扩建煤矿，后来不得不售卖煤矿股权进行融资。在外国势力的影响下，优质的五槽煤被卖到国外赚钱。张翼以北洋水师出价低为由，只给北洋水师供应劣质的八槽煤。八槽煤碎如沙、杂质多、燃烧不充分，还容易造成锅炉损坏。

1894 年 9 月 17 日甲午海战爆发。日本联合舰队提前 1 小时就发现了北洋水师，这是因为北洋水师各船舰冒出的滚滚黑烟提早暴露了船舰位置，出现这种状况的原因就是北洋水师使用了劣质煤。

北洋水师本就弹药不足，舰上火炮、瞄准系统落后，再加上仓促应战下队形散乱、军舰航速慢，开战不久就落于下风，很快就被日舰分割包围。即使北洋水师有像丁汝昌这样的名将，也无法力挽狂澜，使得黄海一战败于日本。北洋水师自此退守威海卫，让黄海制海权落入日本之手。

石油被称为"黑金"，其在崛起之初就充分显露了昂贵的价值。凡是贵重的资源都会引起人们的争夺，石油正是这样一种资源，它的成分复杂，可以提炼出比煤炭更多的副产品，应用范围也更广，因此成为世界各国都非常重视的战略资源。

20 世纪 80 年代打了 8 年的"两伊战争"，本质上就是对石油出口的渠道的争夺。

石油作为重要的能源资源，为世界各国能源安全所系。石油资源丰富的国家，难免受到石油资源匮乏国家的觊觎，由此引发的局地冲突也进一步影响了世界政治经济格局。

能源安全是全球性问题

石油资源分布不均衡的特征，使得能源安全成为全球性问题。缺油少气国家极力避免因过度依赖他国而受制于人，油气富足国家则希望摆脱经济来源单一的窘境。

21 世纪初以来，中国原油对外依存度持续上升，2018 年开始超过 70%。如果境外油气资源断供，势必影响境内能源消费和工业经济发展。

为了降低这一潜在风险带来的危害，中国实施了石油来源多样化策略。中国原油进口来源十分广泛，涉及近 50 个国家和地区。排名靠前的原油进口国分别为沙特阿拉伯、俄罗斯、阿曼、安哥拉、阿联酋、巴西、科威特、马来西亚等，这些国家占到总进口量的 83%。中国石油集团经济技术研究院《2021 年国内外油气行业发展报告》显示，尽管 2021 年中国石油表观消费量呈现近年来少见的负增长、石油对外依存度降至 72.2%，但占比仍然巨大。

这也是能源领域专家一直反复强调的要点，想要保持能源安全，那就需要降低对外依存度，同时拓展可以实现自给自足的能源类型。因此，中国大力发展可再生能源，除了从环保的角度考虑，更重要的一点是为了保障国家能源安全。

2022 年夏天，欧洲能源危机到来之际，德国、法国等一众国家为了保证国内能源供需平衡，不得不宣布重启煤电或核电。德国取消 2035 年实现 100% 可再生能源发电的目标，立法将新能源与公共安全关联，宣布将建立煤炭战略储备。为了应对困境，其修改相关环保法案，比如放宽燃煤发电限制，时间延长至 2024 年 3 月；奥地利重启煤炭发电；意大利计划在必要时购买煤炭，增加火力发电；荷兰决定解除 2022 年至 2024 年对燃煤发电的限制；法国能源部宣布重启于 3 月底关闭的燃煤电厂；波兰和西班牙也相继表示将延缓煤电的退出；英国则更进一步，其已经开始考虑新建燃煤电厂。

早在 2022 年 3 月初，局部地区动荡，能源供应短缺成为国际市场关注的关键问题，导致欧洲天然气、煤炭、石油价格大幅上涨。从 2022 年 3 月到 8 月，能源供应问题导致欧洲煤炭需求增加，欧洲天然气价格达到历史峰值，煤炭价格走高，尤其到了 11 月，寒冬袭来，供暖需求增加，天然气和煤炭价格居高不下。

根据国际能源署预测，2022 年全年煤炭消费量将首次超过 80 亿吨，全球煤炭需求增长 1.2%。欧洲优质动力煤的平均基准价格是 2021 年的两倍。英国《时报》和 S&P Capital IQ 的研究数据显示，全球二十大煤企的利润超过了 900 亿美元，去年同期只有 282 亿美元。

中国始终认为，能源问题是全球性问题。除了俄罗斯、加拿大这样的少数能源出口大国，大部分国家的能源供应都需要借助对外贸易。

因此，促进世界能源供需平衡、维护世界能源安全，是世界各国共同面临的一项紧迫任务。保障全球能源安全，几乎没有哪个国家可以做到独善其身。国际社会也应该倡导和致力于建立互利合作、多元发展、协同保障的新能源安全战略观。

在保证能源安全的过程中，所有国家都需要做出各自的努力。比如：通过构建开放共赢的国际合作新格局，形成安全稳定的能源供需环境，打造互利共赢的能源合作关系，推广绿色环保的能源发展与利用方式，共建普适高效的能源治理体系，加强对风电、光伏、氢能、储能等各类清洁能源的利用，促进各国提升能源利用水平和使用效率。上述措施对于实现开放条件下的能源安全，加快能源绿色、低碳、可持续发展具有重要意义。

此外，还要维持国际能源市场正常秩序，抑制市场过度投机，确保国际能源通道安全和畅通，推动形成长期稳定的能源生产、运输和消费格局。

第三节　机不可失：能源转型的历史战略机遇

极端天气逐渐演变为极端气候，这是大自然对人类敲响的警钟；化石能源，尤其是石油资源在全球分布的不均衡性又加剧了能源安全危机，并由此影响全球和平稳定。

人类正站在命运的十字路口，亟需找到一条能解决能源危机和气候危机的路径，同时通过让能源来源更加均衡铺就和平发展道路。

能源转型迫在眉睫，实现"碳中和"成为全球共识。

能源转型势在必行

纵观人类发展史，能源来源经历了柴薪—煤炭—石油的重大变革。每一次能源来源的变化，都带来人类文明的巨大变化。

柴薪时代以植物作为主要能源，主要是利用地表上的生物质能促进农业的发展，推动农业文明。但由于植物能源密度较低，且运输不便，从而使得人类社会及文明发展长期处于比较初级的阶段。从这一层意义上来说，柴薪能源低效，限制了人类文明自身的发展。

工业革命以来，随着科学技术的飞速发展，人类改造自然界的能力越来越强，其中最重要的是获取到更高效的能源，能够将地下的煤炭和油气源源不断地运送到地表加以利用。

按照能量守恒定律，这些以万年为计量单位在地下沉积的能源所具有的能量密度远远超过地表植物，人类能够利用高密度的能源推动机器运转。同样按照能量守恒定律，这枚硬币的另一面则是产生了比使用植物能源多得多的污染。人类在用煤炭和石油作为能源时，所利用的仅仅是其所含能量的一部分，其余的大部分能量则以其他物质形态散逸在空气和土壤中，其中包含二氧化碳和其他有害物质。

煤炭在开采过程中对生态环境造成破坏，主要包括对地表的破坏、岩层移动、矿井酸性排水、煤矸石堆积等。煤层排放的二氧化硫、氮氧化物等污染物是造成大气污染和酸雨的主要原因。煤炭消耗过程中排放的温室气体，是让全球升温的重要原因。

石油和天然气的勘探开采和加工利用对环境的不利影响主要表现为油田勘探开采过程中的井喷事故，采油废水的排放使土壤盐渍化，以及石油漏油、海上采油平台倾覆、油轮事故和战争破坏等对海洋生态系统产生严重破坏。在消费领域，更为人类所明显感知的是机动车尾气造成的大气污染。

无论大气污染、水污染、土地荒漠化，还是酸雨和有毒化学品污染，各种环境问题成为人类文明发展的伴生物。地球本身的自我净化功能已经不敷使用，局部、小范围的环境污染和生态破坏日益蔓延，且正在演变为全球性的环境问题和极端气候问题。

20 世纪中叶以来，各国都在试图通过科技手段处理环境问题，但在实践中人们进一步认识到，单靠科技手段和原有工业文明的思维定式去修补被破坏的环境是无法从根本上解决问题的，越来越明显的极端气候就是明证。

人类必须从各个层面改变能源的获取与利用方式。联合国开发计划署署长阿奇姆·施泰纳说："如果我们不能使全球经济增长与污染排放脱钩，后果将不堪设想。"[①]

通过能源转型，改变对地球资源的获取方式、改善人类生存环境已经势在必行。

培育经济增长新动能

能源转型不仅是为了让地球家园更干净，让社会环境更美好，同时也是实现经济再一次跨越式发展的动力源泉。

能源是支撑人类文明进步的重要物质基础，是社会生产、生活的根本动力，同时经济发展又以能源为基础，经济增长对能源有极强的依赖性。可以说能源发展史也是人类文明进化史的重要组成部分。

在化石能源时代来临之前，能够最先利用煤炭的国家往往较为繁荣，而依旧以柴薪能源为能源主体的非洲等地，则一直挣扎在温饱边缘。不仅如此，在工业革命之前，全球每个角落的人都难免受到地理位置、资源、出身等现实条件的制约，单凭个体努力常常无法摆脱这种先天制约从而实现命运自主，只能听天由命。

随着化石能源时代的来临，其攫炼和分配活动重新塑造了人类的产业和发展格局。人类发现自己有了足够的可腾挪资源，并有部分个体可以掌控自我的命运，通过个体的努力实现自我命运的改变，并通过越来越多人的努力迅速改变整个社会的面貌，实现社会和文明的快速发展。

而这所有的一切都源自工业革命后的那一处处矿井、一座座磨坊和一台台织布机。蒸汽机也从矿井中走出来，来到纺织作坊及其他作坊，又配合它发掘了煤，将一些城镇通过火车进行连接。

---

① 《能源转型势在必行 世界面临的气候选择以及中国的变革机遇》，作者：联合国开发计划署驻华代表白雅婷，中国网 2021 年 11 月 17 日。

随着火车的轰鸣，工业革命打碎了之前死气沉沉的世界，也为人类打开了一扇窗。尤瓦尔·赫拉利在《人类简史》中有一个论断：工业革命的核心，其实就是能量转换的革命。[①]

面对煤炭和石油带来的种种污染问题及其对地球家园产生的恶劣影响，人类有必要通过新的工业革命实现下一次能量转换的革命。

欧盟委员会前主席顾问杰里米·里夫金在其著作《第三次工业革命》中阐述过这样一个观点：历史上数次重大的经济革命都是在新的通信技术和新的能源系统结合之际发生的。

这一特点在第三次工业革命期间表现得尤为明显：20 世纪 50 年代后期，电子信息技术的发明使用和自动化生产，推动了第三次工业革命，人类社会从工业文明向信息文明转变，石油取代煤炭成为世界主导能源，天然气的重要性也逐渐得到提高。

2010 年以后，从技术层面来说，人类社会最显著的特点是：物理与信息的融合加速了智能生产，与此同时，清洁能源正在逐步取代化石能源。

清洁能源的发展对世界经济和产业结构调整有着重要意义。其作为资金、技术密集型产业，产业链长，不仅是经济结构中的重要一环，也对产业链相关行业有着巨大影响。更为重要的是，新能源技术的发展，将大幅降低经济增长的能源成本、减少环境污染，有助于经济的可持续、高质量发展。

目前，发展清洁能源已被公认为是能够同时解决气候危机和能源危机的战略支点，并已成为新一轮国际竞争的制高点。特别是在全球能源短缺、国际油价持续波动的情况下，积极推进能源革命，大力发展可再生能源，助力实现"碳中和"，已成为各国培育经济增长新动能的重大战略选择。

过去十余年中，中国在清洁能源和"云大物移智链"（云计算、大数据、物联网、移动互联网、人工智能、区块链这六项技术的简称）等数字化技术领域的提前布局，为中国站在新的工业革命最前沿赢得了新的机遇。

目前，中国风电和光伏发电装机量处于世界第一，而且在相应的装备制造

---

① 尤瓦尔·赫拉利《人类简史：从动物到上帝》第十七章"工业的巨轮"，中信出版社 2017 年 2 月第 2 版，第 317 页。

领域也位于世界前列。中国的特高压技术，更是世界领先的重大创新技术，破解了清洁电力远距离输送难题。不仅如此，中国的新能源汽车和动力电池产业也处在世界第一梯队，这些在科技与经济领域的进步，推动了中国在国际能源和气候舞台上扮演更为重要的角色。在 2015 年《巴黎协定》谈判过程中，中国已经成为全球气候和环境治理的领导者之一。

当中国主动参与到全球气候和环境治理，中国的风电、光伏、储能、氢能等新能源项目成为带动各地经济增长的动力之源时，中国就已经抓住了时代的机遇，在实现低碳转型的过程中，收获经济增长新动能。

技术创新是支点

努力减少对化石能源的依赖，是保证未来人类文明得以延续的必然选择。实现人类的可持续发展，必须不断提高可再生能源在能源结构中的占比，最终实现对化石能源的替代，这是未来社会发展的必然趋势。

21 世纪初，越来越多的学者开始提出一个问题，化石能源会枯竭吗？因为煤和石油的消耗速度远远大于它们的形成速度，化石能源枯竭进入倒计时。而不断发展的新能源技术让人类看到了新的希望，而且其充足而均匀的新能源资源分布特点让世界看到了减少能源争端的可能性。

以太阳能的利用为例，太阳的能量只有一小部分能够到达地球，太阳每天传递到地球的能量大约有 3766800 艾焦（1 艾焦 $=10^{18}$ 焦耳）。全球所有植物都进行光合作用，能保留大约 3000 艾焦的能量。目前地球所有农业、工业和商业类活动加在一起，每年的消耗量约为 500 艾焦。[1] 也就是说，截至目前，人类及其他所有生物所消耗的太阳能量只是到达地球的太阳能中极小的一部分。

而这还只是太阳能而已，人类所能利用的清洁能源远不止于此，比如风能、海洋能、地热能、生物质能、氢能……

---

[1] 《人类简史：从动物到上帝》第十七章"工业的巨轮"，作者：尤瓦尔·赫拉利 中信出版社 2017 年 2 月第 2 版，第 317 页。

几乎每一个国家都可以将风能和太阳能收集起来作为能源使用。资源分布的均衡性也将刺激一种新型的扁平式的能源生产与供应机制的产生。分散的资源被数以亿计的能源采集终端收集起来，并且通过能源互联网进行整合与分配，最终实现能源利用效率最大化。新兴的数字技术也将用于能源管理体系，将彻底改变以往能源集中化的发展模式。

我们有充分的理由对人类利用地球资源的未来前景保持乐观，但也要对能源转型是一个缓慢过程的事实有心理准备。

第一次工业革命开始之后很长的时间里，人类生产的动力来源仍然是烧柴。1840 年，煤炭在世界能源消费中的占比首次超过 5%，在 1900 年这个比例达到 50%。直到 1975 年左右，石油在全球能源供应中的占比才超过 50%。

虽然多个国家为实现"碳中和"给出了时间节点，但能源转型涉及产业升级和整个工业系统的能源变革，通常这种转型需要几十年甚至上百年的时间。

更重要的是，改变人类能源结构的最根本要素是价格。只有新能源价格更低，人们才有动力去使用它。而降低价格的任务只能落在技术创新上，能源供给侧和能源消费侧都将发生重大技术变革。一方面，电力、燃料等能源供应企业积极调整，利用先进技术优化工业流程，实现近零排放；另一方面，工业、交通、建筑等能源消费部门也积极响应，通过技术实现节约和提高能源利用效率。

根据中国国家能源局公布的数据，2021 年中国碳排放总量为 105.23 亿吨，相比 2020 年增长了 5.49 亿吨。尽管中国已经在 2020 年实现了单位国内生产总值二氧化碳排放比 2005 年减少 40%～45% 这一目标，但是相较于大多数发达国家来说，中国碳排放水平依然偏高。中国要在 2060 年实现"碳中和"目标，时间短、难度大，要想快速减排，必须做好技术储备。

在"碳达峰"和"碳中和"的大背景下，中国碳减排时间与空间都被大幅压缩，高能耗、高排放的传统工业化道路必须抛弃，这就只能依靠科技创新发展低碳经济，通过转变经济发展方式、大力调整产业结构实现降碳目标。

如果各个国家都能抓住全球能源转型的风口，科技水平必将再次迎来重大跃升，人类文明前进的征程必将实现巨大突破。

第四节   时不我待："碳中和"匹夫有责

当全球的极端天气演变成了极端气候，灾害性天气一次又一次席卷地球，带走一部分人类和其他动物的生命时，无论发达国家，还是发展中国家都不得不承认，过多的温室气体已经威胁到人类的生存与发展。

围绕《巴黎协定》，全球近 200 个国家做出承诺：将全球平均气温较前工业化时期上升幅度控制在 2℃以内，并努力将温度上升幅度限制在 1.5℃以内。

提出"碳中和"目标，不仅仅是为了让地球家园免于崩溃，使人类社会实现可持续发展。对人类自身来说，这更是能源革命阶段性成果的体现。

"碳中和"带来福祉

1990 年，IPCC 发布了一份态度谨慎的环境评估报告。这份报告由瑞典人伯特·伯林主持。报告称："按当前的趋势发展下去，到 2100 年全球气温将要升高 2℃。"

这份报告被称为"碳中和"的起点，正是从这份报告开始，全世界行动起来。但是在对待这份报告延伸出来的"抑制碳排放量增长"这一理念中，不同国家在不同阶段有着不同的态度和措施。

最大的争议发生在发达国家和发展中国家之间。从 1990 年到 21 世纪初期，在发展中国家谈环保与减排，似乎就意味着要与经济发展背道而驰。因为要保证低碳减排，大概率会造成工业成本增加。

因此，在联合国推出该报告并要求每个国家都要为减少碳排放做出承诺时，发展中国家直呼"不公平！"

客观来讲确实如此，目前的温室气体存量大多来自发达国家。从工业革命到 1950 年，发达国家排放的二氧化碳占全球二氧化碳累计排放量的 95%。

1950—2000 年，发达国家碳排放量占到全球的 77%。[1]

世界银行数据显示：截至 1950 年，欧盟国家累计碳排放量为 656 亿吨，美国为 920 亿吨，印度为 20 亿吨，中国为 19 亿吨。就人均碳排放量来说，截至 1970 年的数据显示，欧盟国家人均碳排放量为 8.6 吨，美国为 20.6 吨，印度为 0.3 吨，中国为 0.9 吨。[2]

1860—1990 年，全球大约 75% 的碳排放来自工业化国家，然而这些国家的人口却只占世界人口的 20%。但由于大气的流动，碳排放带来的负面影响是全球性的。

经过谈判，于 1994 年 3 月 21 日正式生效的《联合国气候变化框架公约》（以下简称《公约》），对发达国家和发展中国家规定的义务及履行义务的程序进行了区分。1995 年 4 月 7 日，《公约》缔约方第一届会议在德国柏林闭幕，作为会议的一项重要成果，《柏林授权书》认为现有《公约》所规定的义务是不充分的，应该立即展开谈判。

在 1997 年的日本京都，针对碳排放的争论再次爆发。之所以出现这种局面，是因为当时中国、印度、巴西等国已经走上了强劲的经济增长之路。在发达国家看来，在工业化急速推进中的发展中国家仍然不承担减排任务，同样也是不公平的。

与此同时，欧洲和美国之间也对减排的力度有不同看法，欧洲提出了更为激进的减排要求，而美国却并不想那么迫切。之所以产生这样的分歧，是因为欧洲的工业化进程比美国要早得多。21 世纪初，欧洲的工业已经到了需要全部更新换代的时期，自然可以借着减排的要求使工业系统焕然一新。而美国则对此非常不情愿，因为它的工业机器还没有到全部"退休"的年纪。

1997 年 12 月，在日本京都召开的《联合国气候变化框架公约》第 3 次缔约方大会上，149 个国家和地区代表通过了《京都议定书》。发展中国家为此做出的妥协是接受了清洁发展机制（Clean Development Mechanism，CDM）。

世界资源研究所（WRI）在 2021 年公布的统计数据显示：全球已经有 54

---

[1] 《对气候变化问题的再认识》，作者：李俊峰、沈海滨，《世界环境》期刊 2014 年第 6 期。

[2] 《碳中和经济学：新约束下的宏观与行业趋势》，作者：中金研究院，中信出版社 2021 年 8 月第 1 版。

个国家实现了"碳达峰"。在 2020 年之前，在排名前 15 位的碳排放国家中，美国、俄罗斯、日本、巴西、印度尼西亚、德国、加拿大、韩国、英国和法国实现了"碳达峰"。其中，欧盟 27 国作为整体，实现"碳达峰"。

世界各国家和地区承诺实现"碳中和"时间表

已实现	苏里南共和国、不丹
已立法	瑞典（2045）、英国（2050）、法国（2050）、丹麦（2050）、新西兰（2050）、匈牙利（2050）、西班牙（2050）、德国（2050）、爱尔兰（2050）、韩国（2050）、日本（2050）
立法中	智利（2050）、斐济（2050）
政策宣示	芬兰（2035）、奥地利（2040）、冰岛（2040）、瑞士（2050）、挪威（2050）、葡萄牙（2050）、哥斯达黎加（2050）、斯洛文尼亚（2050）、马绍尔群岛（2050）、南非（2050）、中国（2060）

实现"碳中和"，已经成为全球共识。目前，全球已有 130 多个国家和经济体做出了"碳中和"承诺。瑞典、英国、法国、丹麦、新西兰、匈牙利等国已经通过立法表明了实现"碳中和"的决心；韩国、加拿大、智利、斐济等国正在准备立法；中国、美国、日本、冰岛、乌拉圭等国公开表态，要在规定的时间内实现"碳中和"。

"碳中和"匹夫有责

地球上的大气是流动的，它不会因为国境线的存在而"拐个弯儿"只去那些经济发达的国家。因此在全球范围内实现"碳中和"，减少二氧化碳排放，从本质上来讲不是"一个人的事"。往大了说，它也不是一个国家的事，而是关乎全人类的事。

不同国家在实现"碳中和"的过程中，有各自不同的方案。比如德国，针对作为碳排放大户的能源行业，通过立法敦促相关行业碳减排。德国在 2019 年底通过了《2050 年能源效率战略》，提出到 2030 年减少使用一次能源的目标；2020 年又通过了《德国燃煤电厂淘汰法案》和《矿区结构调整法案》，提出分阶段淘汰燃煤电站，总体上减少二氧化碳排放的目标；2020 年 9 月，还在《可再生能源法》修正草案中提出大力发展可再生能源，到 2030 年将可再生能源占比提升至总电力消耗的 65%。除了立法，德国也出台了诸如为购买新能源汽车提供 6000 欧元补贴的政策，支持交通领域实现低碳化目标。

英国则是世界上第一个以法律形式确定二氧化碳减排中长期目标的国家。英国实现"碳中和"目标主要从四方面出击。

在技术方面，英国支持开发碳捕集和碳封存技术，这样可将单位发电的碳排放减少 85%～90%；在能源利用方面，英国采用在取暖和交通领域普及电气化的措施，尤其是推广氢能在交通领域的应用，减少因使用化石能源产生的碳排放；在能源创新方面，英国以 10 亿英镑的重金，鼓励海上风电、储能、能源作物种植等的发展；在金融支持方面，英国推出了绿色债和相应的绿色储蓄产品，通过资金支持全国碳市场的建设。

美国各州之间有着相对独立的政策体系，不同的州政府针对实现"碳中和"目标做出了相应的部署。例如，夏威夷州规定："如果居民安装新的电动汽车充电系统或对现有系统进行升级，就可以获得一定比例的补贴"。内华达州则通过了一项法案，明确提出到 2030 年将可再生能源发电占比提高到 50%，而明尼苏达州则计划到 2050 年实现 100% 清洁能源取代化石能源进行发电。

中国在宣布 2030 年实现"碳达峰"、2060 年实现"碳中和"目标后，从上到下统一行动。在政策方面，仅 2022 年一季度国家层面就出台了 18 项政策，地方层面的政策数量更多。从政策主要内容看，核心都是以推进可再生能源发电占比为基础，对减少碳排放的技术、生活方式等提出要求。例如，北京市推出绿色生活碳普惠活动平台"绿色生活季"小程序，这是北京市民参与减污降碳的重要载体，其为每个市民建立了个人碳账本，市民的绿色低碳行为能及时"兑现"奖励，这一举措真正实现了让绿色生活的好处"看得见、摸得着"。

特别值得一提的是，个人的节能降碳行为对于整个国家来说，作用不容小觑。居民生活碳排放包含两方面，一方面是生活中的能源消耗造成的直接碳排放；另一方面是生活中的消费、购买服务等造成的间接碳排放。

比如居民在生活中，不开吸尘器，采用手动清洁，每年可以减少电量消耗 31 度，减少碳排放约 24kg；少坐一次电梯，可以减少碳排放约 0.6kg，一年下来就可以减少碳排放 219kg；每周少用 2 只塑料袋，每人每年就可减少约 0.01kg 碳排放，如果全中国人民都这样做，一年就可以减少碳排放约 1500 吨；以每人每年需行进 5000 公里计算，走路或骑行比开车减少碳排放 550kg，坐公交车每 10 万公里的碳排放约为 6.9 吨、地铁约为 4.2 吨，开私家车则高达至少 11 吨；一盏 40 瓦电灯每天中午关闭 30 分钟，一年可以节电 7.3 度，以上海普通办公楼为例，一间容纳 20 人的办公室约有 20 盏 40 瓦的电灯，午间关闭 30 分钟，一年可节省约 150 度电，减少碳排放约 118kg；每年少购买 2 件新衣服，可减少碳排放 12.8kg……

在饮食方面，每人每年产生的碳排放大约有 2.5 吨，全世界人口大约 80 亿，一年仅在饮食方面产生的碳排放就高达 200 亿吨。这并不是说为了碳减排人类就要饿肚子，而是要减少餐饮浪费。联合国粮食及农业组织《浪费食物碳足迹》报告显示：全球每年浪费的粮食有 16 亿吨左右，由此将产生 33 亿吨的碳排放。

每个人生活中的一举一动都会产生碳排放，看似不经意的举动，持续下去就会产生令人意想不到的效果。

"碳中和"衍生新经济

"碳中和"催生产业新风口，也因此迸发出许多新的赚钱方式。其实早在 2005 年《京都议定书》正式生效之时，就已经有许多企业通过清洁发展机制（CDM）得到不菲的经济收入，甚至涌现出不少在短时间内通过 CDM 赚到第一桶金的财富神话。

一位曾经参与开发 CDM 项目的业主坦言："CDM 项目开发根本不需要成本，因为整个开发过程中的成本大约在 100 万元，但基本是由外国买家垫付的。"

原来，根据 CDM 的计算方法，新能源发电项目向电网每输送 1 兆瓦时的电量，就能减少 0.8 到 1.1 吨碳排放。简单按 1 吨计算，一个 10 万千瓦的水电项目，年发电 4000 小时，将产生 40 万吨的碳减排量，国外买家如果按 10 欧元 / 吨的价格采购，这个项目带来的年收入大约是 3000 万元。

不过后续因为哥本哈根的会议限制了核证减排量，导致其价格出现断崖式下跌，从 2010 年到 2012 年的短短两年时间，碳减排价格从 20 美元/吨跌至不到 1 美元/吨。

目前，"碳中和"衍生出许多新的职业和赚钱方式。比如碳排放核算、碳管理咨询、环境权益项目开发、碳金融、碳行业培训等新兴职业正在悄然兴起。

这些新职业的兴起与中国建立的碳交易市场有着非常紧密的关系。中国早在 2015 年的《中美元首气候变化联合声明》中提到，中国计划在 2017 年启动全国碳交易市场，首批纳入交易范围的是钢铁、电力、化工、建材、造纸和有色金属等高碳排行业。直到 2021 年，全国碳交易市场才真正建立。

最初，仅有电力行业的 2000 多家企业参与考核，因涉及对企业的碳排放进行核算，2021 年，碳排放管理师、碳资产管理师等职业渐成热门。企业层面的碳核算政府定价范围在 1.5 万元到 3 万元之间，虽然收费并不高，但因为有 8000 多家重点排放企业需要强制核算，因此业内收入颇为稳定。此外还有企业自愿或应供应商要求进行碳核算，这部分没有统一定价，会根据企业碳排放的核算难度而浮动报价，价格少则一两万元，多则十几万元。中国碳交易市场潜力约在 20 亿元到 40 亿元之间，前景广阔。

比起碳管理咨询这个行业的市场前景，碳核算的市场规模只是"毛毛雨"。碳管理咨询业务内容宽泛，政府部门或大型企业更为关注，这些单位经费充足也有投入意愿，因为碳管理咨询可能涉及一些能源项目建设的可行性分析、地方碳减排政策等关系重大的事项，因此对参与竞争的咨询公司的规模、体量和科研能力都有较高的要求，与之相对应的费用也相对较高，一个咨询项目收费基本都是 50 万元起步。

环境权益开发行业，对于很多人来说，是非常陌生的领域。这个行业主要有两大类管理内容，一类是碳资产，另一类是"绿证"。

碳资产主要以 CCER（国家核证自愿减排量）为代表，但这种模式已经在 2017 年暂停审批。根据当时的数据测算，大约有 2891 个项目进行了申报，其中完成备案的有 1047 个，完成签发的只有 247 个。按照交易市场均价 15 元/吨计算，这些项目的 CCER 总价值高达 11.7 亿元。CCER 能不能有发展前景和全国碳交易市场的发展息息相关，一切要以碳配额发放指标来确定。目前看，CCER 尚处在发展初级阶段。

"绿证"也是在助力提高"绿电"占比份额的前提下诞生的，中国没有强制推行配额，高耗能企业不是必须购买"绿证"来实现"绿电"占比份额，目前仍以自愿购买为主。截至 2022 年 8 月 11 日 16 时 36 分，全国绿色电力交易平台上有 5076 名"绿电"认购者，累计认购 3 132 720 个"绿证"。按照一个"绿证"50 元计算，累计金额约为 1.566 亿元。

此外，碳金融和碳交易领域的培训业务也是近年来热门的新兴行业。前者利用碳资产盈利，后者针对"碳中和"相关产业进行人才培养。

由此可见，在着力实现"碳中和"目标的大背景下，碳减排给传统产业带来压力的同时，也催生了许多新业态，因此衍生了新的职业门类。这将推动在实现"碳中和"目标的过程中形成新的经济增长点。

"碳中和"不仅是中国的目标，也是全球的目标。在实现"碳中和"目标的过程中，会有波折，也会有争议，但从长远的角度看，"碳中和"关乎全人类的发展，任何国家、任何组织及任何个体，都需要承担责任，加入到保护地球的行动中来，为改善环境、建设美丽家园贡献力量。

第 2 章 ｜ Chapter 2

能源进化论——
从"黑"到"绿"

第一节　用火:"一场意外"让人类的 DNA 动了

实现"碳中和"目标是全人类不可推卸的共同责任。"雪崩到来的时候,没有一片雪花是无辜的"。地球发展到如此境地,没有一个人可以说这一切都"与我无关"。

天火烧出了肉香

也许谁也想象不到,人类社会的进步竟然是由一场意外推动的。

人类在进入文明社会之前,为对抗大型猛兽的袭击,选择了群居生活。只有身体强壮、头脑灵活的人才能成为头领、拥有更多的资源。人类社会之初,没有法律,只有"丛林法则"。

种子哥就是茹毛饮血、吃了上顿没下顿的众多原始人中的一员。他身材并不高大,也没有那么出类拔萃。如果不是运气好,或许他永远不会成为一群原始人的首领。

那是一个电闪雷鸣的夜晚,一道闪着红光的闪电刚好劈中了一棵枯树,强大电流产生的热量瞬间爆发,引燃了树边的枯草,乍起的北风,吹着火苗向丛林四处散开。种子哥这时刚好就在附近溪水边的洞穴里,他在外出打猎的时候,迷失了方向,一个人躲在这里休息,准备等天亮后再去找他的同伴们。

种子哥被一阵浓烟呛醒,伴随而来的是野兽的哀鸣与嚎叫,他呆呆地看着不远处的一片火光,眼睛里夹杂着恐惧和少许兴奋,因为此时此刻,他似乎嗅到了一股特别的香味。

他害怕远处的火烧到自己,幸好他的洞穴边上有溪水。他跳进溪水里,浸湿了全身,然后又用树叶捧着溪水,将水洒在洞口边上,防止火势蔓延到他的栖身之地。

火不知烧了多久，最终被一场大雨浇灭了。此时天光已经大亮，空气中弥漫着焦味和一种神秘的香味。种子哥此时已经饥肠辘辘，他看到远处的火已经熄灭，于是小心翼翼地顺着香味走进那片被火烧过的丛林。他捡到了一只被烤得金黄的猛犸象的小腿，那香味直冲大脑，让他来不及思考。他尝试着撕下一块肉放进嘴里，很香。他甚至能感觉到肉的油脂在嘴里爆开的香味，并发现这种被火烧过的肉比之前吃的生肉更容易咀嚼，也更美味。

种子哥用藤蔓将吃剩下的肉串在一起，背在身后，四处追寻同伴们的脚印。饿了的时候，他就摘野果子配上烧熟的肉饱餐一顿；渴了的时候，他就找一条清澈的小溪，大口喝清凉甘洌的溪水。不知过了多少天，他终于追上了同伴。那些人看到种子哥独自带回来很多被大火烧过的肉，都兴奋异常，他们围着种子哥跳舞，庆祝丰收。

寻找火，活下来！

种子哥成了部落的英雄，他从一个默默无闻的无名小卒一跃成为部落的核心成员。一天夜里，老族长语重心长地对种子哥说："小伙子，你是我们部落的英雄，让我们吃到如此美味的食物。但现在食物不多了，你能不能想想办法制作出这种食物？或者找到取火的方法？我老了，恐怕没多少日子了，我想让你来继承部落，希望你能带领部落好好活下去。"

老族长对自己寄予厚望，种子哥心领神会。种子哥正值壮年、身体强壮，老族长的嘱托让他振奋不已，一种神圣的使命感油然而生。第二天，他找到部落巫师寻求帮助。

巫师告诉他，按照神的旨意，他需要去南方寻找答案。他只好打点行装，离开了部落，往南边出发寻找火源。他每天都生活在惊恐之中，在毒虫猛兽出没的丛林里，他只有几块打磨得稍显锋利的石块防身。天知道他能不能活下来，并且找到火源。

不知走了多久，他实在是太累了，趁着夜色的掩护，他爬上了一棵大树，很快进入了梦乡。

梦中，他的眼前摆满了食物，这些美食让他口水横流。当他拿起一块烧熟了的肉正准备大快朵颐之时，"当！当！当！"的声音不停地传入耳膜，震得他有点头疼。猛然间，他睁开了眼睛，天已经蒙蒙亮了，但那"当！当！当！"的声音依然如梦中一样清晰。他仔细揉了揉眼睛，看到一只色彩斑斓的鸟正在用它那长长的喙敲着树干。在某些敲击的瞬间，他似乎看到了那个雷雨天出现过的东西一闪而过。这让他眼前一亮，他似乎从中找到了关于取火的启示。

种子哥找来一大一小两根枯枝，用石头把其中一根小一点的枯枝打磨成一头尖、一头钝的样子。他用尽力气摩擦木头，不久便升腾起了烟雾，但他并没有看到火，只是摩擦过的木头依然有些烫手。突然一根草从天而降，似乎是一只鸟正在采集干草来填充刚搭好的小窝，那种草看起来很普通、很轻、很干燥。

种子哥猛然坐了起来，把手中的草端详了半天，这时他突然冒出了一个想法，或许这根草可以派上用场。他小心翼翼地捧起一小撮枯草，放在之前已经被摩擦出一个孔洞的木头边上。他又开始拼命转动木头，摩擦之间，星星点点的火星迸射出来。一粒火星刚好掉到枯草上，燃烧了起来，但因为草的数量太少，很快就被烧光了。

尽管没有取到火，但这也让种子哥看到了希望。他四处寻找那种几乎干枯的草，还有一些细碎的枯枝，这次他确信自己一定可以成功取到火。

当月亮再次爬上树梢的时候，他终于成功了。一小团火苗，还有燃烧的木柴，照亮了眼前的景色。他发现有一种树分泌出的油脂能够长时间燃烧，于是他找到了一块足够长的木头，在一端抹上了厚厚的一层油脂，在火堆上点燃了。这一刻，他兴奋的心情难以言喻，仿佛自己将无所畏惧。种子哥带着采集的枯草和沾满树油的木材，准备回到原

原始人取火场景

图片来源：全景视觉

来的部落。一路上，为了减少消耗，他只有在天黑时才会点燃火把。他发现火把还可以当成武器防身，因为有了火，野兽们不再敢靠近他。他又捡到一些几乎风干了的食草动物的粪便，这些东西竟然也可以用火点燃，而且燃烧的时间更长。

种子哥成功带回取火的方法，人们利用这种方法，将打来的猎物烤熟，采集的草籽在火的烘烤下也变得非常容易嚼碎，更重要的是，人们发现用火烧熟的食物不容易腐烂变质。不久，老首领去世，种子哥顺利成为部落的新首领。

人类文明进程因火提速

在人类学会用火的数十万年的时间里，借助火的力量，人类将自然界许多天然物质转化成金属、陶器、砖块甚至是玻璃。

人类把黄泥做的器皿阴干，然后用火烧制十几个小时，泥盆子就变得结实了，遇到水也不会溶化，于是人类制作了很多器皿收纳食物和水。

因为人类可以长期利用火来烹饪食物，营养物质能更好地被人体吸收，人类变得更加强壮。尤其是大脑的发育，让原始人类变得更加聪明，甚至人类从内而外都逐渐闪耀出智慧的光芒。与此同时，利用火将水煮沸，大大降低了人类生病的概率，人类的平均寿命也得以延长。

由于火的大范围使用，人类开始从狩猎采集走向农耕定居，种群数量开始大幅增长，并出现了新一轮的进化。或许正是那场火改变了人类进化的历史，一场天火"烧动"了人类的DNA。

种子哥所处的时代，以万年为记载单位，那时人类利用的能源是绝大多数人都没听说过的"动物能"。动物能是一种低密度的能源形式，因为在自然条件下，陆地的光合作用的转化效率大约只有0.2%到0.3%，大约10份植物提供的能源才能转化为1份动物能。虽然在这个时代人类学会了利用火来改变环境，但实际上人类能获得的动物能平均只有20%到30%。[1]

---

[1] 摘自《重构大格局——能源革命：中国引领世界》，作者：刘汉元、刘建生，中国言实出版社2017年9月。

正是因为人类利用动物能的效率不够高，所以人类必须不断拓展活动范围才能生存下去。根据测算，一个 100 人的部落需要的土地达到 5 到 10 万亩，因此当时的一个人类部落很难超过 300 人。

在能源供给并不充足的原始社会，人类的欲望也很简单，只要能在饥饿的时候饱餐一顿，在口渴的时候喝到干净的水，就已经很满足了。

当人类的领地拓展得越来越大时，各个部落之间开始因为争夺地盘和资源发生冲突、战争，只有获得胜利的部落才能得到更广阔的土地和更丰富的动植物资源。一些小的部落逐渐在争夺战中消失，被俘虏的人沦为胜利者的奴隶，人类开始进入阶级社会。

从浑身赤裸、茹毛饮血到披上树叶、兽皮遮羞，人类从原始、野蛮逐步走向文明、开化。在这个漫长的历史过程中，火就像一颗种子或引路灯，指引着人类不断前进。

在人类社会发展的过程中，人类利用木材取火获得了巨大的能量。在几乎整个奴隶制社会和大部分封建社会，人类始终以木材作为主要能源。

从远古时代到 18 世纪煤炭登上历史舞台，木柴、秸秆等生物质能源一直是人类的主力能源，全球约一半的人口都在利用这种能源。

也正是因为这样十几万年如一日地烧柴，让曾经丛林茂密的地球开始"变秃"。随着全球人口激增，树木生长的速度已远远跟不上人类发展的速度。

第二节　柴薪："文明之火"烧出个"黑碳核"

2022 年 8 月，"北极居然可以穿短袖了？"这一话题冲上新闻热搜。虽然人们普遍认为地球生态环境的变化是从工业革命之后才开始的，但实际上人类几十万年的进化史充分证明，人类活动早已对全球环境产生了不可逆的影响，北极的冰川也不是从 2022 年的夏天才首次融化的。

农耕文明的碳循环

根据史料记载，冰川的融化最早可以追溯到四万到五万年前的旧石器时代晚期，曾经覆盖整个加拿大、斯堪的纳维亚半岛及更大范围的大陆冰川彼时已经消融。根据测算，距今大约一万年，冰川、大陆、海洋所在地的大小、位置与当今世界类似。

由此可见，全球变暖并不是从人类进入工业社会之后才发生的。在新石器时代，人类大量使用木柴烧火，悄悄地在空气中排放了大量的二氧化碳，对地球环境和生态产生的不利影响早已开始。

在旧石器时代晚期，全球总人口仅有数百万人，当时全部人类处于游牧状态。农耕文明是此前那次偶然的"火灾"带来的产物。随着农耕文明的发展，人类在这时开始学会了种植植物作为自己的粮食，饲养和驯化牲畜来满足自己在饮食、运输等方面的需求，生活才算真正开始安定下来。

跳出那段漫长的人类进化史，我们也许已经能看到人类活动产生的二氧化碳已经让地球环境发生了变化。若要追溯二氧化碳的来龙去脉，可以发现，实际上这是人类利用太阳能资源的雏形。

我们可以用生物学知识来解释，植物吸收阳光和二氧化碳，在光合作用下，将太阳赋予的能量储存在植物体内，人类将成熟的植物作为粮食的同时，吸收了一部分能量。面对无法食用的植物，人类将其用作燃料进行焚烧，植物中保存的能量以热和二氧化碳的形式向空气中传导，空气中的二氧化碳再被新的植物吸收，形成一个循环。

如果在此过程中再加上一个环节，把牲畜加到人和植物中间，把植物的果实给牲畜食用，牲畜体内获得了植物中储存的太阳赋予的能量，人再吃掉牲畜的肉，将牲畜吸取的能量转入自身，在新陈代谢的过程中排出二氧化碳。人死亡之后，尸骨腐败，人体内残存的能量再次被植物吸收，形成一个循环。整个生物循环的过程，就是二氧化碳不断被吸收和释放的过程。

当时的人类对科学几乎没有认知，更不用说"碳足迹"①或者"碳手印"②了。

偶然间，人类在烧过一次篝火收拾残局的时候，不小心将黑色的火灰沾到手上及脚上，手脚都呈现黑色。有些还没有被烧成灰的柴火也通体发黑，人类发现这种东西可以在石头上留下难以抹除的痕迹。

这就是许多早期的工匠开始使用的一种新燃料——木炭。木炭是从木材过渡到煤的重要介质，两者算得上血脉相连。于是人类尝试把木材堆在一起，在缺氧的环境下不完全燃烧，形成更耐烧的木炭。木炭成为人类记录事物的天然画笔，也成为提供能源的另一种材料。

现代人在定义人类在生产活动中排放了多少二氧化碳，或者减少了多少二氧化碳排放量时，形象地使用了"碳手印""碳足迹"这样的词语，让原本看不到的二氧化碳灵动地出现在人类的脑海里。

那么什么是"碳手印"？什么又被称为"碳足迹"呢？

这些新名词实际上是人类对于二氧化碳排放量进行标识和减少二氧化碳排放量的一种技术手段。然而，在木柴作为主要能源时，这些技术手段还没有被发明出来。在农耕社会，人类习惯于自给自足，吃的粮食是自己种植的，吃的肉是自己饲养的牲畜，甚至穿的衣服也是自己养蚕缫丝或者用棉花纺成线、织成布后量体裁衣，自给自足的。

当时虽然社会发展速度并不快，但人口依然不可避免地增长着。当土地不能满足人口需求的时候，人类又开始砍伐树木、烧毁草场，把原本自然赋予人类的美好环境变成食物供应基地。

古代的粮食作物产量很低，要满足粮食供应，人类除了对良田进行精耕细作，还要想方设法扩大种植面积。于是，农民在一些山地坡度较缓、有土的地方种植杂粮，比如黍子、荞麦、豆类、高粱、玉米、薯类等生长期短的作物，凡是能种的地方几乎都要种上作物。由于农业技术相对落后，没有大型机械设备和农药化肥，农作物产量很低，只有充分利用每一寸土地，甚至在天气暖和

---

① 碳足迹，英文为 Carbon Footprint，是指企业机构、活动、产品或个人通过交通运输、食品生产和消费及各类生产过程等引起的温室气体排放的集合。
② 碳手印是指通过应用 ICT 助力其他行业减少碳足迹。

的时候多种几茬不同的农作物，才能勉强保证冬天和来年春天的食物供应。

当时的种植情况为广种薄收，大多数农作物都种在荒山野地里，大面积种植又导致劳动力不足。当时的人类只好将粗大一些的荆棘、灌木砍倒，刚开春时，趁着草叶枯黄，点一把火就可将荒地烧得干干净净，烧荒后的草木灰变成了肥料。所幸有的作物只要撒下种子就有收成，有的稍松一下土，播下种子就能长出美味的果实。这让人类在漫长的农耕社会通过种植获得食物，通过存储这些食物，在寒冷的冬天也能安然过日子。

"天人合一"

烧荒可以说是一种最便捷的开荒方式。但烧荒也有"技术含量"，并不是盲目地烧，一般在要烧的地块周围砍伐树木形成空地，构成防火线，以免火势蔓延。烧荒一般讲究轮作，也就是说土地被种了一年要歇一到两年。一两年后，地里又长出了荆棘、灌木和杂草，等要种的时候用同样的方法再烧一次，再种植一轮，如此反复。

在烧荒的过程中产生的二氧化碳排放量到底有多少？根据国家环境保护城市环境颗粒物污染防治重点实验室主任冯银厂的测算，中国每年大概有 1.2 亿吨秸秆被无序焚烧，由此产生的 PM2.5 总量高达 200 万吨，二氧化碳更是多达 1 亿吨。[①] 虽然古代人是通过烧荒、砍树获得能源资源的，但实际上古代人的严刑峻法，也让烧荒成为一项高风险的活动。

尤其是在中国古代，"天人合一"的思想一直以来是当时政治、律法、社会公序良俗的哲学依据。中国古代的先人们认为人类和万物是有机结合的一个整体，人与自然要和谐共生，可以说这是一种最为朴素的可持续发展观。

在这一思想的指导下，假如人对自然资源做出破坏行为就需要付出非常沉重的代价。

据记载，中国早在西周时期就出台了一部非常严格的法律——《伐崇令》，

---

① 摘自《秸秆"禁烧令"尴尬十六年》，作者：袁立明，《地球》2015 年第 12 期。

明确规定："毋坏屋，毋填井，毋伐树木，毋动六畜。有不如令者，死无赦。"翻译过来的意思是：不要破坏房屋，不要填埋水井，不要砍伐树木，不要掠夺牲畜。如果不遵守这条规则，将会被处死。

砍树就要付出生命的代价，可见古代社会对自然的爱惜。这并不是中国古代对破坏森林的人进行处罚的个例。《管子·地数》中这样写道："有动封山者，罪死而不赦。有犯令者，左足入，左足断；右足入，右足断。"

翻译后的意思就是：破坏封山的行为是死罪，不得赦免。有违反禁令的，左脚踏进被封山林的人，要被砍掉左脚；右脚踏进被封山林的人，要被砍掉右脚。

在封建社会，中国的法律对于砍伐树木的处罚同样非常严酷。在唐宋时期，随便烧荒者一旦被抓到，就要被判处古代五刑中的笞刑——"笞五十"，就是用竹板抽打臀部或者小腿 50 下。唐朝也有春夏不伐木的政令。宋朝则提出"私自砍伐树木"将以"偷盗罪"论处。元朝增加了造林、护林的奖励政策。明朝朱元璋时期提出"抽分竹木法"，设专门的人员征收竹木税、果品税、柴炭税。清代则宣布东北四大林区是四大禁区，不仅不能在当地砍伐森林，也不能开采矿产。

中国现在对于烧荒等环境违法行为的处罚并不像古代那样严苛，但露天焚烧秸秆依然被认定为严重的违法行为。依据《环境保护法》《大气污染防治法》《治安管理处罚法》《消防法》《森林法》《道路交通安全法》等有关法律规定，禁止露天焚烧秸秆，违者将依法处以 500～2000 元罚款，情节严重的，将依法予以行政拘留；对造成他人人身、交通、火灾等安全事故的，由公安机关依法严惩。

《中华人民共和国刑法》还规定："对故意焚烧农作物秸秆引起火灾，致人重伤、死亡或者使公私财产遭受重大损失的，依据《中华人民共和国刑法》第一百一十五条规定：以放火罪处十年以上有期徒刑、无期徒刑或者死刑；过失犯前款罪的，处三年以上七年以下有期徒刑；情节较轻的，处三年以下有期徒刑或者拘役。"

这应该是当前中国法律中对于烧荒最严厉的处罚。在大部分情况下，烧荒以罚款、行政拘留作为惩戒手段，因为烧荒导致人员伤亡或者重大财产损失而构成放火罪的还是比较罕见的。

中国对于林木的保护代代相传，其他国家古代也有类似的严刑峻法，以保护森林。在中世纪的英国，森林保护系统其实可以看作一套独立的行政系统。英国的《森林法》独立于普通法，森林的司法系统也独立于通用司法系统，高等森林法庭统领所有法庭，林区法庭处理地方具体事务，森林巡回法庭则和一般巡回法庭一样，兼有主持公道、维护权益等职能。

在严格的法律制度约束下，农耕时代人类对能源的需求尚未达到像工业化时代来临后的数量级，对于环境的破坏程度有限。

但随着社会的发展和人口的增加，全世界的二氧化碳排放量也在大幅增加。11 世纪至 13 世纪，欧洲展开了一轮"拓荒运动"。

据欧洲经济史学家统计，7 世纪中叶欧洲人口仅有 1800 万，11 世纪增长到 3850 万，增幅高达 113.89%，其中不列颠列岛人口增长 4 倍。人口快速增长始于 10 世纪中叶的意大利，随后遍及中欧和北欧。

世界人口数量排名前十的国家

世界排名	国家	人口数量	增长率	人口密度（人 / 平方公里）
1	中国	1 447 301 400	0.38%	149.22
2	印度	1 403 018 576	1.00%	427.86
3	美国	334 282 669	0.59%	35.72
4	印度尼西亚	278 374 305	1.07%	146.56
5	巴基斯坦	228 318 794	1.99%	260.22
6	尼日利亚	215 281 234	2.57%	234.63
7	巴西	214 981 893	0.71%	25.29
8	孟加拉国	167 455 589	1.01%	1137.67
9	俄罗斯	145 830 647	0.04%	8.53
10	墨西哥	131 206 972	1.06%	66.97

数据来源：联合国和世界各国统计局（截至 2022 年 9 月 13 日）。

在欧洲第一波发展过程中，大规模的土地拓荒运动被载入史册。法国历史学家布瓦松纳指出："这是历史上的重大事件之一，虽然历史学家们通常都不在意它。"这场拓荒运动从 11 世纪至 14 世纪中叶，大约持续了三个半世纪，垦殖面积如此之大，触达了西欧大部分土地。

在此次拓荒运动之前，西欧的大部分土地是森林、荒地和沼泽。在意大利和西班牙，只有很小一部分土地用来耕种。而法国土地的一半甚至一半以上，德国土地的三分之二，英国土地的五分之四，都是没有被耕种的。

随着土地开垦速度加快，欧洲的森林受到严重破坏。以英国为例，1608 年至 1783 年间，王室森林的橡树数量明显下滑，新森林橡树数量从 123927 棵降至 32611 棵，威奇伍德森林橡树数量从 51046 棵降至 5211 棵，萨尔塞伊森林橡树数量从 15274 棵降至 2918 棵。1608 年，舍伍德森林的橡树多达 23370 棵，到了 1783 年骤降为 1368 棵。[1]

第三节　煤炭：点亮工业文明之光

随着森林覆盖率的下降，全球许多地方陷入能源危机，这种情况在以木材为主要能源来源的英国尤为严峻。1577 年，英国伊丽莎白时期的一位社会观察家威廉·哈里森写道："我们英国的城镇，大部分建筑都只使用木材。"实际上当时的英国不仅建筑是用木材打造的，甚至连一些基本的生产工具也是由木材打造的，比如犁地用的犁耙和松土用的锄头。为了增加耐用性，人类只是用铁给相应的农具包上了铁边。

木材消耗殆尽引发能源危机

当时英国掀起的"大航海"运动，消耗了大量木材。因为要打造军舰，英国伐木量激增。而要制造一艘英国军舰，大约需要消耗 2500 棵大橡树，每艘船至少要配备 23 支桅杆。因为战争损毁、海水腐蚀及虫蛀等问题，每艘船的桅杆

---

[1] 《崛起的代价：16—18 世纪英国森林的变迁》，作者：李鸿美，《历史教学》2017 年第 4 期，第 15～21 页。

每10～20年需要更换一次，但能用作这些船的桅杆的树木却需要100年左右的时间才能长成。

当时英国使用木材的地方很多，除了制造房屋和船只，还有一部分木材要烧成炭用来冶金、生产玻璃和制造各种酒桶。根据史料记载，1630年的英国，大约有300家炼铁的作坊，每年要烧掉30万车木材制造木炭，每车木材差不多就是一棵大树的量。

16世纪末，英国已经开始面临能源危机。根据史料记载，在1500年至1630年这短短的130年的时间里，英国木材价格翻了7倍。1608年英国树木普查数据显示：全国7大森林拥有232011棵树；但到了1783年，全国的树只剩下51500棵。[1]

英国可以说是当时欧洲发展的缩影，木材被大量消耗，新种植的树木生长的速度远远跟不上工业化进程之火的燃烧速度。于是，人们不得不启用新的能源类型来满足社会发展需要。

不久，煤炭登上历史舞台，并且一直称霸至今。实际上人类对煤炭的利用比大多数人认为的要早得多。据相关史料记载，青铜时代，英国威尔士南部的早期居民已经开始利用煤炭来火化遗体。但当时人类的认知仅限于"这种黑色的石头一定蕴含着某种神秘的力量，可以让逝者的灵魂得到安息"。因此，煤炭在当时并没有广泛应用于生产和生活。

中国用煤的历史更早

中国是世界上发现和利用煤炭最早的国家之一。早到还没有"煤"这个字的时候，中国人的祖先就已经开始利用煤炭了。考古资料表明，中国最早开始利用煤炭是在新石器时代晚期，距今大约六七千年。而"煤"这个名字的出现，是在中国明朝，医学家李时珍撰写的《本草纲目》中记载了"煤"的性质和产地，并且还记录了煤气中毒的急救方法。

---

[1] 《人类能源史——危机与希望》，作者：阿尔弗雷德·克劳士比，中国青年出版社2009年1月。

在此之前，"煤"并不叫"煤"。在《山海经》中，它被称为"石涅"；魏晋时期，它被称为"石墨"或"石炭"。

中国古代最早是将煤炭作为装饰品加以利用的。1973 年，辽宁考古工作者在发掘沈阳新乐遗址时，发现了大量朴拙而小巧的煤精雕刻制品、煤块和半成品。经测定，这批煤精制品是生活在距今六七千年前的人类所采集和成批加工制作的。

在汉代，煤炭已成为冶铁业的重要燃料。在考古资料中，不仅有炼炉、坩埚炼铁的用煤证据，而且在南北朝时期对煤用于冶炼技术已经有了明确的文字记载。

在唐、宋、元时期，政府对煤业的监管日益健全，开采技术得到完善，甚至宋朝政府已经开始对煤炭征税。唐代出现了"炼炭"和"瑞炭"等处于雏形阶段的焦炭。至宋代，炼焦技术臻于完善，人们把焦炭埋在墓葬，也有炼焦炉的痕迹。唐宋时期为中国煤炭开发利用的第二个高峰期。

明清时期，矿业管理制度有很大的进步，政府健全了矿业管理制度与政策体系。

虽然煤炭很早就有被人类利用的记录，但它真正成为主体能源是在 18 世纪。煤炭的规模化利用，促成了工业革命，推动着人类由农业社会进入工业社会，为人类社会的历史进步做出了不可磨灭的贡献。但在最初，人类对煤炭的态度是非常排斥的，很少有人愿意使用这种能源。

点亮工业化之光

很多英国贵族认为煤是"恶魔的排泄物"，他们甚至公开组织集会反对使用煤。在 1306 年的夏天，全英国的主教、男爵纷纷涌向伦敦，举行示威游行，反对使用这种新的燃料。为了平息贵族的怒火，国王爱德华一世下令严禁将煤作为燃料，第一次违反禁令者将被处以重金罚款，再犯之人将被没收熔炉。

但因为木材短缺，英国政府不得不放弃煤炭禁令。从曾经上流社会的人拒绝进入烧煤的房间到 17 世纪 20 年代有钱人开始在家烧煤，如此变化可以用一组数据清晰地呈现，这证实了煤在英国的普及。

从 1591 年到 1667 年，英国伦敦进口的煤炭从 3.5 万吨 / 年增加到 26.4 万吨 / 年。从 1700 年只有 520 万人用煤炭取暖和烹饪，到 1800 年这一数字已经增加到 780 万；再到 1831 年，这一数字已经高达 1200 万。[①]

人类对煤的利用改变了社会形态，农耕文明被打破，工业化时代之光被煤彻底点燃。

事实上在英国工业革命之前，世界上还奏响过两次工业革命的序曲，其中一次就发生在中国。

北宋时期，中国的冶金商人与矿工们已经开始了属于他们的第一次工业革命。1078 年，中国人使用大量木炭将铁矿石炼成了 12.5 万吨铁，这个数字超过欧洲 400 年后炼铁量的两倍。因为木材短缺，这些中国最早的"钢铁大亨"把工厂设在西北煤炭丰富的地区。然而，宋朝并不是一个统一的封建王朝，西夏、辽、金、吐蕃等地方政权与中原宋朝政府之间的局部战争不断，严重影响了中国的工业化进程。随后，宋朝都城南迁，当地煤炭资源不足，中国的工业化萌芽就此戛然而止。

另一次工业革命的序曲则奏响在荷兰。荷兰在木材短缺的时候曾大量使用泥炭，但因为泥炭的能量密度比煤低，所以荷兰人和中国人一样，只是利用泥炭稍微改变了当时的生活条件，并没有像英国一样将人类社会带入工业化发展的新阶段。

英国的工业革命与煤炭的大规模利用相伴相生。最初托马斯·纽科门发明的蒸汽机，又叫"纽科门机"，只是用于排出采煤过程中溢出的地下水。尽管如此，利用蒸汽机排水让采煤业的效率得到大幅提升。1700 年，英国煤炭产量只有 200 多万吨；到 1815 年，煤炭产量已经达到 2300 万吨。

瓦特的出现，彻底改变了蒸汽机应用单一的局面。瓦特于 1765 年发明了设有与汽缸壁分开的凝汽器的蒸汽机，并于 1769 年取得了英国专利。从 1765 年到 1790 年的几十年时间里，他进行了一系列改良式发明，比如分离式冷凝器、

① 《能源传：一部人类生存危机史》，作者：理查德·罗兹，人民日报出版社 2020 年 6 月。

汽缸外设置绝热层、用油润滑活塞、行星式齿轮、平行运动连杆机构、离心式调速器、节气阀、压力计等，使蒸汽机的效率提高到之前"纽科门机"的3倍多，最终工业用蒸汽机横空出世。

蒸汽机真正用于交通运输领域则是在1807年，以美国的富尔顿制成了第一艘实用的明轮推进的蒸汽机船"克莱蒙号"为标志。而蒸汽机车的出现则要更晚一些。1800年，英国的特里维西克设计了可安装在较大车体上的高压蒸汽机。1825年9月27日，斯蒂芬森亲自驾驶同别人合作设计制造的"旅行者号"蒸汽机车在新铺设的铁路上试车并获得成功。至此，蒸汽机真正实现在交通运输业中的应用，人类迈入了"火车时代"，此举迅速地扩大了人类的活动范围。

以煤炭为能源的蒸汽机引领了工业化时代的到来。蒸汽机贡献最大的领域是纺织业，由蒸汽机驱动的走锭细纱机可以完成200到300个工人单位时间的工作总量。1834年，英国出口的纺织品长度连起来约有508406公里[1]，可以绕地球12圈以上。

蒸汽机于19世纪中叶开始应用于交通领域
图片来源：全景视觉

至此，英国的纺织业一下超越了中国和印度两个纺织业"超级大国"。更重要的是，人类有了新的更为快速的交通工具，大量欧洲人殖民到海外。19世纪的英国终于在蒸汽机的加持下成为当时全球最繁荣的国家，号称"日不落帝国"。

雾都之下

英国在享受着工业革命胜利果实的同时，也承受着工业革命给环境带来的摧残。实际上，从英国不再拒绝使用煤炭开始，伦敦就已经变成了"雾都"。在

---

① 《人类能源史——危机与希望》，作者：阿尔弗雷德·克劳士比，中国青年出版社2009年1月。

1729 年，英国著名政治家、文学家乔纳森·斯威夫特在《都柏林周刊》发表的署名文章中提道："都柏林的医生们不断将病人带到城市边缘的郊外，好让他们呼吸一些比较干净的空气。冬天是如此乌烟瘴气，足以让人类和野兽们窒息，甚至春天的花朵都不愿绽放。"

据媒体报道，当时更为恐怖的负面效应在于，英国越来越多的儿童得了软骨病。软骨病病人表现为身材矮小、胸腔和骨盆狭窄、肺气肿、肺炎等。1918 年的一份政府调查报告中提到，在英国的工业城市曼彻斯特，约有一半的人都患有软骨病，而得这种病的原因竟然是当地的太阳被烟尘笼罩，人们照射不到阳光，有些地方因此把软骨病称为"英国病"。

更令人震惊的数据是，在曼彻斯特的工人阶层，5 岁以下的儿童夭折率高达 57%，而当地穷人的平均寿命竟然只有 17 岁。即使是有钱人或者知识分子在当时恶劣的环境下平均寿命也只有 38 岁。这意味着如果生活在当时的英国，并且还是工人阶层，你可能还未成年就去世了；就算侥幸生在富裕人家，也可能活不到退休就提早"见上帝"。

英国的雾霾除了直接致病，还间接带走了一些人的性命。因为雾霾，看不清路失足落水或被车撞死的人不在少数。最为触目惊心的是，在 4 天的时间里竟然有 20 人因为雾太大看不清路，不小心掉进了泰晤士河溺死。

伦敦一份官方的意外死亡统计数据显示：1873 年的一场大雾间接杀死了 270～700 名伦敦人，1880 年的另外一场大雾间接杀死了 700～1100 人，1892 年的一场大雾杀死了大约 1000 人。这仅仅是大雾间接导致的意外事故致死的人数。

1952 年 12 月 5 日至 9 日，英国连续四天被黑雾笼罩，能见度最低只有 27 厘米，伦敦各大医院住满了呼

雾霾下的伦敦
图片来源：全景视觉

吸困难的病人，此次灾害让 4000 多人丧生。英国政府终于在 1956 年下令禁止在市中心燃烧煤炭，这一政令的出台距离人们最开始抱怨伦敦被雾霾包围已经过去了约 700 年。

这种以煤炭为主要能源的大工业时代，给人们生命和健康带来的不利影响显而易见。

尽管如此，煤炭依然成为能源大舞台的主角。1861 年，煤炭在世界一次能源消费中的占比只有 24%；到了 1920 年，该占比已经高达 62%，这一年被历史标记为世界进入"煤炭时代"的元年。[①]

时至今日，煤炭依然活跃在能源大家庭中。虽然世界各国都在承诺减少煤炭的用量，但在能源短缺的当下，欧洲很多国家已经宣布重启煤电。中国也在迎接用电高峰的时段提出："不断增强煤炭运输和储备能力，持续加强煤炭集输运建设"的要求。

不过随着技术的进步，煤炭清洁高效利用已经成为世界普遍共识，对于煤的开发利用也不再局限于燃烧这一种方式。煤化工、煤制氢、煤气化等技术的普及，让煤炭在利用过程中的碳排放已大幅下降。随着碳封存、碳捕集技术的突破，人们在利用煤的时候，实现近零排放也不再是难事。

第四节　石油："黑金"时代的危机

18 世纪 60 年代至 20 世纪中期，由于煤炭生产和使用技术日趋成熟，促进了蒸汽机的广泛应用，使煤炭成为世界主要能源，其被喻为"工业粮食"，推动了制造业、冶金业、开采业、运输业、纺织业等产业的快速发展。然而，随着社会工业化的快速发展，全球面临煤炭资源枯竭的困局，能源供应能力已无法满足世界经济发展的需求。

---

① 《能源与人类文明发展（第 2 版）》，主编：徐东海，西安交通大学出版社 2022 年 6 月。

浅尝辄止的石油利用

以英国为例，其几百年突飞猛进的发展是以消耗大量煤炭为代价的。1846年，英国煤炭产量已经达到 4400 万吨，成为欧洲乃至全世界第一大产煤国。英国煤炭工业在 20 世纪开始逐渐走下坡路，法国比英国更为严重。尽管德国比英国、法国拥有更多的煤炭资源，但因为没有后备支撑，其煤炭消耗也影响了国家能源安全。

同时，煤炭开采给生态环境带来的破坏显而易见。比如在中国西北的一些采煤区，由于地下被挖空而导致地表沉陷，地下水资源遭到污染，严重影响到当地居民农业生产和生活。

在环境保护方面，人类需要探索更多新的能源类型，以此减少使用煤炭给环境带来的负面影响；在工业发展方面，人类需要能量密度更高的能源，驱动运行速度更快的交通工具和生产设备；在国家能源安全方面，煤炭资源即将枯竭，各国迫切需要新的能源，以维持经济的持续增长。

在这些大前提下，一种比煤炭能量密度高出 50% 的黑色液体逐渐被人们发现并认识，它就是至今为止依然被世界各国争夺的能源资源——石油。

石油和煤炭类似，都属于远古时期有机物在地下沉积形成的化石能源，但石油的能量密度更高。因为石油是液体，也更易于储存和运输。

石油实际上并不是在工业革命之后才被发现的。最早在中国东汉时期，大约 1 世纪地理学家班固所著的《汉书·地理志》中就有记载："高奴县有洧水可燃。"古代的高奴县位于今天的陕西延长附近，班固可能才是最早发现"延长油田"的人。

北魏郦道元《水经注》中记载："酒泉延寿县南山出泉水……水有肥如肉汁，取著器中，始黄后黑，如凝膏，然极明，与膏无异，膏车及水碓缸甚佳，彼方人谓之石漆。"这里的"肥"就是石油。《水经注》不仅记载了石油的性状，还指出了使用方法。但真正将其命名为"石油"的是北宋著名科学家沈括，由他所著的《梦溪笔谈》第一次出现了"石油"这个名字。

中国是最早发现石油的国家之一，最早的油井是 4 世纪或者更早出现的。

中国人使用固定在竹竿一端的钻头钻井，其深度可达约 1000 米。当时的人们利用焚烧石油来蒸发盐卤制造食盐。

国外对石油的记载大约在 8 世纪。考古学家发现，8 世纪新建的巴格达街道上铺设了从当地附近的自然露天油矿中获得的沥青。9 世纪阿塞拜疆巴库的油田用来生产轻石油。10 世纪阿拉伯地理学家阿布·哈桑·阿里·麦斯欧迪和 13 世纪意大利旅行家马可·波罗曾描述过巴库的油田，说这些油田每日可以开采数百船石油。

在古代，人类对石油的使用大多浅尝辄止，因为当时的能源主体还是柴薪。在发现石油的数百年时间里，人们仅仅将其用于武器、防水、制造膏药……

从鲸脂到石油

石油那种黑乎乎、黏腻腻的状态，卖相看起来不如煤炭，至少煤炭在最初可以做首饰，但石油却很难入欧洲贵族们的"法眼"，直到人们对光明的追求胜过了一切。

人类在很长的历史时期内过着日出而作、日落而息的日子。无论在中国还是在西方，如果能在晚上点一盏灯是非常奢侈的行为。

中国古代很早就用灯来照明，早期的灯实际是"火把"。先秦时代出现最早的蜡烛雏形，此时的灯燃烧动物油，以牛油居多，植物油主要以麻籽油、白苏籽油、乌桕油、油菜籽油、棉籽油、桐油等作为能量来源。直到汉朝，人们在竹子内穿进线，然后把白蜡倒进去，等白蜡凝固以后，把竹子取走，这种简单的"蜡烛"就形成了。这时的白蜡源于一种叫"白蜡虫"的分泌物，并不是石油中提取的石蜡。

然而，外国的照明工具用非常特别的鲸鱼油脂做燃料。因为鲸鱼的油脂燃烧更充分，燃烧时间也更长，其亮度也要高于其他动物油或植物油。

然而，短短 50 年的时间，人们通过猎杀抹香鲸获得灯油，让抹香鲸数量急剧减少，几乎难觅踪迹。人类逐渐意识到靠猎杀抹香鲸换取夜晚的光明并非长久之计，必须找到能替代鲸鱼油的产品。由此，石油成为灯油的备选材料。

在使用蒸馏技术提炼石油中的煤油之前，人们的选择是将煤气化，用煤气灯取代原来的鲸脂灯。但是煤气毒性很强且非常容易发生爆炸，并不是理想的替代品。

直到 1853 年，加拿大化学家亚伯拉罕·季斯纳在石油中蒸馏出煤油，才彻底改变了欧洲和美洲使用鲸鱼油照明的历史。

1859 年，美国人埃德温·德雷克在宾夕法尼亚州钻成世界上第一口商业油井，井深 21.69 米，日产油 20 桶，拉开了世界石油工业的序幕。

内燃机横空出世

正如煤炭和蒸汽机绑定出现一样，与石油绑定出现的则是内燃机。在蒸汽机发展后期，人们已经发现它的弊端越来越明显。一方面，蒸汽机的体型巨大，不利于运输，而且不适合安装在短途交通工具上；另一方面，蒸汽机一旦损坏，无法维修。

同时，从能量转换效率的角度看，用煤把水烧成蒸汽，再把蒸汽产生的能量转换成动能，中间能量损耗巨大。如果直接燃烧一种能源，将其转换为动能，可以减少很多不必要的能量损耗。

全欧洲的科学家都想发明一款内燃机，而活塞式内燃机源于荷兰物理学家惠更斯用火药爆炸获取动力的研究，但因火药燃烧难以控制而未获成功。1794 年，英国人斯特里特提出从燃料的燃烧中获取动力，并且第一次提出了燃料与空气混合的概念。1833 年，英国人赖特提出了直接利用燃烧产生的压力推动活塞做功的设计。但真正推出可量产内燃机的是德国的科学家奥古斯特·奥托。

奥托成功创制第一台往复活塞式、单缸、卧式、3.2 千瓦的四冲程内燃机，仍以煤气为燃料，采用火焰点火，转速为 156.7 转 / 分钟，压缩比为 2.66，热效率达到 14%，运转平稳。当时，无论功率还是热效率，它都是最高的。当时数十万台内燃机在欧洲各大工厂、抽水厂和公路上使用。

1883 年，德国的戴姆勒成功创制第一台立式汽油机，它的特点是轻型和高速。当时，其他内燃机的转速不超过 200 转 / 分钟，而它却一跃达到 800 转 / 分钟，满足交通运输工具的要求。

内燃机的发明解决了长期困扰人们的动力不足问题，让人们对石油的重视度有所提高，但真正将其作为军事战略物资，则是因为一位英国军官。他在1882年9月举行的一次公开集会上为石油在军事上的战略意义做了推广。他坚定地认为："石油作为动力原料，将让英国在未来控制海洋的竞争中获得决定性的战略优势。"

直到1905年，英国情报部门才终于意识到石油的战略意义。但英国本身没有石油资源，需要从美国或者俄罗斯进口。一旦发生战争，石油供应肯定会出现问题。

于是，英国费尽周折从中东获取了60年的石油开采权。1912年，德国已经意识到石油是未来经济发展和国家实力增长的动力。然而，美国洛克菲勒标准石油公司控制了德国石油销售总额的九成以上，在这种情况下，德国甚至根本没有建立独立、安全的石油供应体系的条件。

黑色精灵的"白与黑"

任何事物都具备双面性，石油也不例外。它在带给人类光明、温暖、高效、便捷、丰富的物产资源的同时，也带来了战争。

石油时代的到来，实际是美国取代英国成为世界头号强国的过程。根据《帕尔格雷夫世界历史统计》记载：1900年，美国石油产量仅有870万吨；到1913年，美国原油产量已经达到3400万吨；到1920年，美国石油产量高达6100万吨，在全球能源使用量中占比高达10%。

美国的发迹源于第二次工业革命。随着发电机的发明、内燃机的快速发展，以及石油开采技术的进步，各种新发明、新技术层出不穷，带来了社会生产力的巨大飞跃，促使人类的工业化进程再次提速。

石油的规模化开采与利用，极大提高了工业部门的生产力，促进了飞机、汽车、轮船等新的交通工具的研发和应用，满足了人类快速出行的需求；石油化工的应用催生了化纤材料，满足了人们对服装的不同要求；石油产品的利用让钢铁冶炼技术不断成熟，人类社会工业品更为丰富；石油化工中提炼的产品被应用到化肥、农药中，极大提高了农作物的产量，满足了人口增长对粮食供应的需求。

虽然石油给人类社会带来了前所未有的改变，丰富了人们的物质生活，但与之对应的负面效应也给人们带来了灾难。与煤炭带给人们的疾病不同，石油给人们带来的负面影响更为触目惊心。第一次世界大战期间，在欧洲硝烟弥漫的战场上，处处都离不开石油的影子。随着内燃机的应用，石油逐步成为海军舰队的"血液"。同时，以燃油为动力的汽车已取代了马匹。战场上出现的新式武器，如坦克和飞机，都离不开石油。

石油不仅将人类带进资源争夺之中，还带来了很多隐性环境污染。石油燃烧产生的硫氧化物加二氧化硫和三氧化硫会严重污染大气。硫氧化物对人体的危害主要是刺激人的呼吸系统，人们吸入后会诱发慢性呼吸道疾病，甚至引发肺水肿或者肺心病。

如果大气中同时存在颗粒物质，颗粒物质吸附了高浓度的硫氧化物，就可以进入肺的深部，危害还将进一步增加。石油燃烧产生的氮氧化物和硫氧化物在高空中被雨雪冲刷并溶解，形成酸雨；这些酸性气体成为雨水中夹杂的硫酸根、硝酸根和氨离子，会严重污染土壤及水体，造成生态失衡。

此外，随着各国经济的快速发展，石油已成为工业化进程中的重要能源，石油的储备量直接关系到国家安全。

截至 2022 年底，中国的石油对外依存度高达 70%，这也给中国的能源安全带来不稳定因素。如何保证能源安全，如何才能为人类的持续发展提供动力，能源发展再次走到了一个枝节横生的岔路口。

第五节　多元：百花齐放的能源世界

能源主角从柴薪到煤炭，再到石油，世界的经济、政治、文化等方面的发展铸就了璀璨的人类文明。然而，地球生态环境被肆意破坏，物种濒临灭绝，北极冰雪融化，极端天气频发等现象接踵而至。

当灾难开始闯入人类生活之时，人们需要深刻反思，究竟是什么造成了现在的局面？这一切都源于人类无法在经济发展和环境保护过程中找到恰当的平衡点。

当人们再也呼吸不到纯净无污染的空气，再也听不到虫叫鸟鸣，再也看不到繁星璀璨的夜空，再也喝不到清甜甘洌的泉水，再也不能随意摘下口罩时，社会学家和环保人士纷纷站出来大声疾呼："这不是我们想要的生活！我们要恢复到之前宁静安逸的生活。我们要过鸟语花香、日出而作、日落而息的日子。"

不堪重负的地球

此时，人们已经发现，在人类存在于地球的几十万年的时间里，地球的环境已遭到严重破坏，人口增长和资源消耗让整个地球不堪重负。截至目前，全球 195 个国家在法国巴黎签署《巴黎协定》，旨在将全球平均气温较前工业化时期上升幅度控制在 2 摄氏度以内，并努力将温度上升幅度限制在 1.5 摄氏度以内。

无论将地球升温幅度控制在 2 摄氏度还是 1.5 摄氏度，许多人对此都是满不在乎的。但是，在自然科学家们眼中，这是关乎全人类生死存亡的大事。据科学家预计，气温上升 1.5 摄氏度将导致全球的珊瑚礁减少 70% 至 90%。而气温上升 2 摄氏度，则意味着所有珊瑚礁将基本消失。与此同时，北极圈将会失去冰层保护，许多沿海岛国将沉入海平面以下。

为了使升温幅度维持在 1.5 摄氏度，无论是政府还是企业，都必须在全球范围内，在能源系统、土地管理、建筑效率、工业运营、航运和航空及整个城市的设计等方面做出前所未有的变革。

在未来 10 年内，人类生产生活导致的二氧化碳排放量需要比 2010 年降低 25%。到 2050 年底，净二氧化碳排放量必须接近零。倘若继续燃烧化石燃料，并以目前的速度排放温室气体，IPCC 的评估报告显示：到 2100 年，全球的平均气温可能上升 3.5 到 7 摄氏度甚至更高，彼时全球大约将有近百个国家沉入海平面以下。

正所谓"覆巢之下无完卵",地球上的所有人类,如果不从现在开始为减少二氧化碳排放做出努力,子孙后代就会因为地球升温而无法生存。经济发展再快又能怎样?如果这一切是以生命为代价的,那么所谓的经济发展和社会繁荣都将毫无意义。

当大多数人已经意识到这一点的时候,环境保护、能源消耗、经济增长之间的拉锯战就开始了。一部分人认为应该放弃使用化石能源;另一部分人则认为,人类不能放弃化石能源,因为经济要发展,化石能源就是工业的血脉和基石。

化石能源不是唯一选择

随着科学技术的进步,各类新能源陆续开始投入使用,而化石能源带来的全球性危机,进一步加快了新能源技术的进步和实际应用的速度。

首先是水能的利用。利用水产生的重力势能,转化为机械能带动水轮机发电,是一种非常清洁环保的能源形式。早在 19 世纪末,人类就开始利用水能发电了。在瑞士和瑞典这样缺煤少油的国家,水电在全国能源中的占比达到六成以上。美国、加拿大、俄罗斯等国家也在大力开发水电。

中国也是水电大国,目前已有超过 4 万座水电站,全国每 10 度电中,就有约 2 度来自川流不息的江河。在新中国成立之后,中国水电业的发展开始大踏步前进。1957 年 4 月开工的新安江水电站,是中国自行设计、自制设备、自主建设的第一座大型水电站。

1958 年 9 月,中国首座百万千瓦级水电站——总装机容量 122.5 万千瓦的刘家峡水电站在黄河上游开工建设。1969 年 3 月 29 日,刘家峡水电站第一台机组发电。1975 年,刘家峡水电站全面建成投产,成为中国水电史上的重要里程碑。此后,中国又陆续建成了一批百万千瓦级水电站。

2022 年 8 月 2 日,白鹤滩水电站 7 号机组正式投入商业运行。白鹤滩水电站是仅次于三峡水电站的中国第二大水电站,共安装 16 台中国自主研制、全球

白鹤滩水电站
图片来源：三峡集团／供图

单机容量最大的百万千瓦水轮发电机组，总装机容量 1600 万千瓦，位居世界第二。整个水电站能够满足约 7500 万人一年的生活用电需求，可替代标准煤约 1968 万吨，减排二氧化碳约 5200 万吨。

核电，同样也是取代化石能源发电的一个选择。美国斯坦福大学教授研究发现，核电产生的碳排放大约为 9～70 克／千瓦时，而煤电即使配上碳捕捉与贮存相关技术，其产生的碳排放仍高达 230～800 克／千瓦时。

随着核电技术的进步，高温气冷堆、小堆、微堆出现，核电安全性将进一步提高。有专家表示，核电非常适合取代火电，成为基荷能源。

世界核能协会数据显示：截至 2021 年底，全球核电反应堆总共 436 座，总装机容量 3.7 亿千瓦，总发电量为 2653 亿千瓦时，相比 2020 年的 2553 亿千瓦时高出 100 亿千瓦时。

1970—2021年全球核能发电容量（净容量）

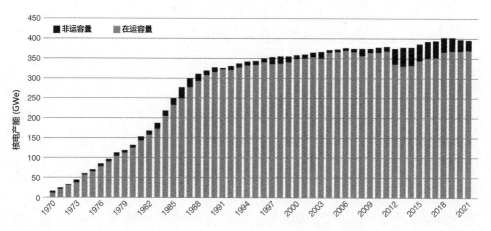

资料来源：世界核能协会和国际原子能机构动力信息系统

图片来源：世界核能协会《世界核电厂运行实绩报告（2022）》，第 5 页

中国在发展核电方面的态度非常明确。在核工业创建 60 周年之际，中国曾表示要坚持安全发展、创新发展，坚持和平利用核能，全面提升核工业的核心竞争力，续写中国核工业新的辉煌篇章。

无论水电还是核电，都属于建设周期长、投资成本高的大项目，从前期调研，到立项再到设计施工，整个周期少则五年，多则七八年甚至更长时间。然而，实现"碳中和"目标时间紧迫，要想快速降低能源领域的二氧化碳排放，实现工业文明向生态文明的华丽转身，还需要新能源的有力支持。

"新能源"一词是 1980 年由联合国召开的"联合国新能源和可再生能源会议"提出的，它以新技术和新材料为基础，使传统的可再生能源得到现代化的开发和利用，实现用取之不尽、周而复始的可再生新能源取代资源有限、对环境有污染的化石能源。

风能、太阳能、生物质能、地热能、潮汐能……都可以看作新能源。因为它们都具备资源丰富、可持续、分布和应用范围广、开发周期相对较短的特征。

风能利用空气自然流动产生的动能推动发电机产生电力。虽然风能被称为新能源的一种，但人类对风能的利用可以追溯到公元前。在古代中国、古埃及和古巴比伦，都有利用风车提水灌溉、磨面、舂米的历史。但因为当时化石是能源主角，人们对风能的利用始终受到限制，一直到 1973 年爆发世界性石油危机，人们才开始大力研究风能发电。

美国在 1974 年开始启动"联邦风能计划"，该计划从降低风机制造成本的角度出发，通过评估风能资源、改进风机性能，最终结果是让美国在 20 世纪80 年代成功研发出 100 千瓦、200 千瓦、2000 千瓦、2500 千瓦、6200 千瓦和 7200 千瓦 6 种不同发电容量的风机。

中国的风电发展始于 20 世纪 80 年代中期后，中国从美国、丹麦、瑞典等国引进机组，在西部和北部等地建设了 8 个示范项目。

中国电力规划设计总院公布的数据显示：截至 2021 年底，中国风电、太阳能发电装机容量双双突破 3 亿千瓦，海上风电装机容量跃居世界第一。业内人士预测："十四五"期间中国风电还将飞速发展，中国将成为世界上规模最大的风电市场之一。

农村户用分布式光伏

在太阳能利用方式上，有光伏和光热两大类别。最初普通百姓应用的主要是光热，也就是在20世纪末21世纪初非常流行的太阳能热水器。光伏进入寻常百姓家则得益于近年来分布式光伏的规模化发展，很多老百姓的屋顶成为光伏发电站。

实际上，最初光伏的转换效率极低，甚至不到1%，后来通过技术改良，贝尔实验室第一批光伏的光电转换效率能达到6%。1955年，这一效率被提高到11%。因为成本昂贵，光伏电池仅用于航天卫星。直到2010年，全球光伏装机容量也不过4000万千瓦。

时至今日，光电转换效率已经达到26%以上，新一代未量产的钙钛矿技术或许能将光电转换效率提升至50%甚至更高。全球光伏技术的发展如同坐上火箭一般突飞猛进。

中国国家能源局数据显示：2022年上半年，中国太阳能发电装机容量3.37亿千瓦，同比增长25.8%。太阳能发电新增装机容量3088万千瓦，同比增加1787万千瓦。中国光伏行业协会预测，2022年中国新增光伏装机容量将达到8500万~1亿千瓦。

预计到2030年，光伏在世界电力供应中的占比将达到10%以上。到2040年，这一比例还将提升至20%。到21世纪末，世界光伏发电占比将超过60%。

除了风电、光伏，氢能、生物质能、地热能、潮汐能，不同的新能源利用模式也在积极贡献着力量。生物柴油、地热供暖、潮汐能发电已经有成熟的一整套利用模式，但这些能源的应用受到一定的限制，目前发展的规模相对小一些。尽管如此，它们也在为实现能源低碳转型贡献着力量。

因此，未来的人类能源大家庭，将不再是化石能源一家独大的局面，而是逐渐由"黑"转"绿"，从以高碳排放、不可再生的化石能源为主转向以清洁、可再生的绿色低碳能源为主。随着光电、风电等新能源技术的迅猛发展，其要成为主力能源，首先必须解决波动性、不稳定性问题，这就需要数字技术。大型光伏地面电站越建越大，1GW 的光伏电站有约 200 万块光伏组件，要想精细化管理如此多的组件，只靠传统人工运维的方式无法实现。另外，在分布式光伏场景下，要想管理小而多的分散的发电单元，更离不开数字技术的应用。

同时我们认为，数字技术在提质增效、加速清洁可再生能源替代传统化石能源方面将发挥举足轻重的作用。与此相伴而生的是，人类文明也将由工业文明过渡到绿水青山、鸟语花香、科技与自然共生的生态文明。

第六节　共生：数字技术托起能源未来

说到数字，人们很容易联想到阿拉伯数字。从远古时代结绳记事起，数字的确真真切切地改变过人类的生活。此后，以数字管理经济、社会与生活，成为各个国家衡量一国经济发展程度与国民幸福指数的方式。

如今，无处不在的数字技术正在渗透千行百业，数字经济成为引导并实现资源的快速优化配置与再生、实现经济高质量发展的经济形态。中国国务院印发的《"十四五"数字经济发展规划》明确提出：到 2025 年，数字经济核心产业增加值占 GDP 比重将达到 10%。统计数据显示：2012 年至 2021 年，中国数字经济规模从 11 万亿元增长到超 45 万亿元，数字经济占国内生产总值比重由21.6% 提升至 39.8%。

数据与资本结合而形成的数字资产蕴含着巨大的价值，掌控这些要素是构建数字实力和全球竞争力的根基。

实际上，人们的生活早已被数字技术包围。比如软件可以通过收集我们经常浏览的网页，计算出个人喜好，有针对性地为我们推送产品和广告；比如我们在购物网站购买了哪些产品，我们的收货地址是否频繁更换，系统会以此判定我们是不是有稳定的工作和生活。在交通领域，一些软件通过收集各类商圈不同时间段的打车情况合理调度出租车，降低空车率。

如今，每个人的生活都在被无处不在的数据包围着。从全球范围看，数字产业的兴起已经打破了传统的产业价值链，网络化、平台化、生态化、去中心化等特点已经成为新时代、新经济的标志。

面对当前数字经济全球治理缺位和规则碎片化，中国作为数字经济的主要推动力量，既要继续维护联合国等多边机构的地位及作用，又要与各国及国际组织一起推动新平台、新规则、新合作的建立。

2021 年 10 月 30 日，中国在参加二十国集团（G20）罗马峰会时决定申请加入《数字经济伙伴关系协定》（DEPA）。同年 11 月 1 日，中国向 DEPA 保存方新西兰正式提出加入申请。

中国商务部发言人束珏婷在 2022 年 8 月 22 日就 DEPA 成员国决定成立中国加入 DEPA 工作组有关情况答记者问时表示：中国是全球第二大数字经济体，正在加快数字化发展，建设数字中国，稳步拓展规则、规制、管理、标准等。申请加入 DEPA 并积极推动加入进程，充分体现了中国与高标准国际数字规则兼容对接、拓展数字经济国际合作的积极意愿，此举也可看作中国持续推进更高水平对外开放的重要行动。

从农耕时代到工业时代再到信息时代，人类的核心生产要素革命仍在继续，实现从土地、资本、技术到数据的拓展。数字技术让生产者越来越需要利用智能制造、柔性生产和定制化服务来满足消费者的个性化需求。

未来已来。当数字技术应用到能源领域时，会碰撞出怎样的火花？

第 3 章 │ Chapter 3

数字技术：
"碳中和"的使能器

过去可知不可控，未来
可控不可知。
——克劳德·香农

人类文明的车轮滚滚向前，在一些关键发明和技术的加持下，一切"不可能"或将变为"可能"。贝尔、马可尼、冯·诺依曼、克劳德·香农、图灵等一批划时代的伟大科学家做出的贡献，使数字技术持续沉淀与演进，人类打开了一扇扇惊奇的窗。当前，以 5G、云计算、AI 等为代表的数字技术正不断突破边界，实现跨越式发展，推动智能世界加速到来，并深刻影响每个人的衣食住行、每个企业的生产与效率、每个城市的建设与运营、每个国家的发展与未来。同时，气候与环境变化给人类社会的发展与延续带来巨大挑战，全球正加速形成绿色发展共识。数字化和低碳化在未来也将相辅相成，数字化助力低碳化发展，低碳化激发数字化的无限潜能。

数字技术为千行百业加速赋能的同时，也催生了能源系统的数字革命。这场变革最终将影响我们每一个人。能源是社会经济的重要物质基础，对千行百业的顺利运转起着无可替代的支撑作用。从供给侧到消费侧，从生产到生活，能源与现代社会的一切息息相关。如何完成能源体系的升级与变革，构建以新能源为主体的新型电力系统，正在成为全球节能减排事业的关键。在摆在桌上的种种方案之中，数字技术脱颖而出。数字技术作为使千行百业绿色发展的有效手段，已经被广泛地证明可以有效提升能效，优化资源利用方式，降低整体能耗。尤其在能源产业中，数字技术与电力电子技术的融合可以带来一系列价值升级，从而推动千行百业"碳中和"目标的实现。

《道德经》中说"大音希声，大象无形"，意思是最大的声响无声无息，最大的形象没有形状。数字技术就是如此，它正在无声无息赋能千行百业的低碳化实践，促进能源行业的转型升级，推动社会走向一场深广而久远的变革。

第一节 大势所趋：数字技术赋能千行百业

从概念上来说，数字技术是指借助设备，将包括图、文、声、像等在内的各种信息转化为计算机可识别的语言，进行运算、加工、储存、分析及传递的技术。

联接技术

2018 年官宣商用以来，5G 在中国已经走过了 5 年多的发展历程。在这个过程中，我们见证了 5G 基站的密集铺设、5G 手机的热销、5G 园区的大规模建设及层出不穷的各种应用。时至今日，5G 的发展势头仍然如火如荼。对于我们而言，5G 绝不仅仅是"网速更快了"而已。5G 故事的另一面，蕴藏了更多的产业可能性，蕴藏了以联接技术改变社会的无限想象力。

在消费者领域，与通信技术紧密相关的内容产业率先发生了改变，互动视频这种新型视听内容的诞生是典型。互动视频改变了我们与视频内容之间的关系，从此前的单一接受内容到与内容互动，从只是"看"到多维度的"体验与玩"，无论生产模式还是消费体验都有了连锁性的变化。立体、全面、生动的互动视频内容，对庞大的数据量和基础网络设施提出了更高的要求。基于 5G 网络的高带宽、低时延特性，流媒体内容的传播与制作获得了更为强力的底层技术支持。

在流媒体制作互动视频的过程中，创作者需要利用互动视频制作平台、服务平台、播放系统才能将互动视频最终呈现给用户。多分支的剧情意味着大体量的内容存储与传输需求，拍摄的视频需要 5G 网络传输给制备平台的后台进行加工，与此前 4G 网络相比，传输的时间与效率得到了质的飞跃。而在流媒体的分发播放系统中，某视频平台研发的 RTS 超低时延音视频分发网络系统，通过编码 GOP 收缩、同机中继、信源偏移实现了云端多画面合流编码；基于高性能音视频转发单元、智能路由调度、低时延音视频传输等技术，实现端到端延时 500ms 左右的超低延时音视频分发服务。技术的升级使得生产的成本相较此前降低了很多，也能承载更高级别的规模并发压力。

在一些现场直播场景中，此前的户外拉线方式不仅操作麻烦，有时还会在偏远山区和移动场景中无法进行信号传输。在 5G 网络加持下，5G 背包可直接在现场将拍摄的视频推流到后台的视频云进行转码和分发，解决了流媒体采集端上行及用户端、边缘端下行的瓶颈，极大提高了直播效率。基于 5G、边缘计算、低时延网络传输和视频预加载技术，我们在制备及分发过程中提升了视频的效率与体验，带给创作者和用户切身的实际利益。

我们把目光从用户终端转向工业领域。5G 与产业的融合，正成为移动网络提升社会生产力的代表性发展路径。在钢铁产业中大面积落地的"智能天车 +5G"就是典型。天车也称桥式起重机，是钢铁产业中常见的器械。工人需要爬到距离地面几十米的高架上，进入车厢操作，工作环境十分艰苦。如何通过数字技术改善这种工作方式，一直是行业里的重要问题，而首先要做的是为天车设备建立联接。

在天车场景中，相比传统的 Wi-Fi 联接方案，5G 方案克服了 Wi-Fi 容量不足、不稳定、切换时延高的缺点，给天车这类需要移动、作业环境与布网环境复杂、数据传输实时化要求高的业务模块带来了至关重要的网络保障。在项目实施环节中，基于 5G 模块完成无人天车的网络联接，可以有效缩短交付时间，降低布网成本。在改善无人天车技术体验的核心方向上，5G 可以保证无人天车中视频实时传输所需的网络环境，提升实时性方面的能力。向未来看，5G 网络带来了更多技术的成长潜力，比如基于 AI 算法完成天车的预测性分析。AI 算法所需的数据收集、算法部署条件，也必须依靠高可靠性、大带宽的网络传输。

对于大部分希望了解 5G 与产业融合的读者来说，钢铁厂的天车可能仅仅是一个特定的场景。但作为钢铁产业的核心生产部件，从"智能天车 +5G"的方案中能够见微知著，了解钢铁产业智能化的实际进度，以及 5G 面向 B 端产业发展的真实趋势。这类案例可以直观展现出，5G 作为关键的技术变量，已给钢铁产业的核心生产要素带来巨大改变，同时满足钢铁产业走向无人化、高效率、智能化的诸多发展需求。更关键的是，"智能天车 +5G"的方案具备可复制性，其在未来将随着钢铁产业的数字化深入发展，从单点技术走向普及。

在医疗领域，5G 同样也正在带来肉眼可见的变化。在 2022 年北京冬奥会中，5G 为医疗提供的网络保障让运动员成为最大受益者。受伤，是高速冰雪项目最怕出现的状况，在一些位于高山的赛区，伤员的转运救治更是挑战重重——偏远的赛区难以在短时间内集中足够的医疗资源，进行户外定位和转运伤员有可能需要大量时间。但 5G 网络有能力将优质的医疗资源输送到赛场的每个角落。

这次冬奥会，专门为滑雪医生配备了拥有 5G 网络的设备，其可以摄录到救援的全过程，把伤员的体征信息通过 5G 网络回传到后台云端，供医院快速判断情况，提前做好医疗准备；同时能够发送定位，确保医生第一时间到达救援地点，为后续的直升机等救援资源的到位提供准确位置。

北京急救中心与中国联通联手打造的"5G 智慧急救车"，则通过摄像头、急救网关等数据采集设备，让远程急救成为可能。医院专家通过超高清音视频及时判断病情，实现"上车即入院"。这些 5G 应用，都为救治争取到了黄金时间。赛场之外，5G 网络低时延的特性，可以让远程手术成为可能。在北京的顶级医疗专家团队，可以通过 5G 网络传输过来的贵州某县城医院手术台的实时画面，进行判断和提出治疗建议。这样的场景在 5G 的帮助下将成为常态，医疗普惠也将不再是一句空话。

虽然当前 5G 低时延、高带宽、泛连接的三大能力能够很好地满足 5G 时代业务发展的需求，但在可预见的未来，技术需求会更加多样化，应用场景会更加复杂，数字基础设施还需要持续完善。例如，为了满足工业场景中的精密协作需求，工业机器人需要将网络时延降低到微秒级。为了进一步提升用电的稳定性，电网调度的高可靠性需要从 99.99% 提升到 99.9999%。

因此业界提出了更能满足丰富场景需求的 5.5G。5.5G 作为 5G 技术的延伸，在 5G 泛在千兆体验、百亿连接的基础上，将指标进一步升级，提升为泛在万兆体验、千亿连接。具体来说，5.5G 能够达到下行万兆（10Gbps）、上行千兆（1Gbps）的峰值速率，实现毫秒级时延和低成本的千亿级物联。

5.5G 将基于上行超宽带、宽带实时交互、融合感知通信能力，开创新的行业应用场景。

例如，通信感知技术通过 NR 空口，可以感知车辆、无人机状态，推动这些终端的远程控制和智能网联；Passive IoT 可以通过 5.5G 基站使用无线信号激活无源标签，从而开辟千亿级物联网连接的新蓝海市场；云 VR 直播、VR 双 8K 超高清直播等有望走进现实，观众可以身临其境般丝滑地观看视频。未来 5.5G 将以更快的上行传输速率，全面提高物联网能力，满足企业生产、制造等场景下机器视觉、海量宽带物联等数据上传需求。

5.5G 是 5G 向 6G 过渡的中间技术，而 6G 技术在 5G 基础上从服务人、服务人与物，进一步拓展至支撑高效互联，实现从万物互联到万物智联。对于 6G 的确切定义，并没有统一的答案。基于学界、产业界对 6G 的共同展望，6G 应当有更高的通信指标，比 5G 高 10～100 倍；通信时延降为 0.1 毫秒，是 5G 的十分之一甚至更低；并且 6G 可以提供 5G 无法实现的全球覆盖。

6G 具备如此强大的性能，在未来必然进一步将联接的价值释放到我们的生产与生活当中。就拿备受期待的扩展现实（XR）场景来说，XR 技术在不断开发和探索中，XR 终端设备也会变得更加轻便、智能。这就需要 XR 设备减少终端硬件的部署，增加与云端算力的交互。想要实现工业级的 XR 技术应用，推动现实世界与虚拟技术无缝切换，就需要夯实网络基础，降低端到端时延，让用户体验的网络速率达到 Gbps 量级。无论时延，还是传输速率，这些苛刻的关键指标正等待 6G 来满足。6G 技术支持下的 XR 技术普及，将是我们全面进入沉浸式时代的基础之一。

随着无线网络能力、高分辨率渲染及终端显示设备的不断进化，未来人类通信或将告别当前的语音、视频等 2D 通信，向全息通信进发。基于 6G，未来的全息通信将通过自然逼真的视觉呈现方式，实现人、物及周边环境的三维动态交互，满足我们对于人与人、人与物、人与环境的交互需求。全息通信也会被广泛地应用于娱乐、教育、医疗等领域，打破物理世界与虚拟场景的界限，使用户能够享受到极致的沉浸式体验。

数字孪生、纳米技术、人工智能、边缘计算等的快速发展，推动各行各业从数字化、网络化向智慧化升级，同时催生很多新的智慧应用，如太空农业、沙漠光伏、水下种植、健康监测等。要实现上述新应用，需要网络全覆盖。5G 主要解决的是陆地通信问题，而 6G 将可以解决海洋、沙漠、原始森林等人迹罕至区域的通信问题。

这些典型的应用场景只是未来 6G 应用的一小部分，随着联接技术的不断升级，6G 将会覆盖众多生产与生活领域。未来网络的强大性能将推动整个社会走向深度联接与智慧发展，改变整个社会的生产与生活形态。

人工智能

时间推到 2022 年，以人工智能为代表的新一代智能技术成为第四次工业革命背后的技术驱动力。无论在生活中还是在产业中，人工智能的落地应用已然蔚为大观。人工智能正在加速落地，与各个行业一同组成辽阔的智能水域，在产业原野中绘制出姹紫嫣红、生机勃勃的发展蓝图。在多项细分的人工智能能力中，机器视觉、语音技术正在不断精进，一系列成熟的产业应用次第开花。

比如自动驾驶。时至今日，自动驾驶技术已经从实验室的 demo 中脱胎换骨，落地到实际生活中，大量自动驾驶产品开始交付上路。2021 年，各类 L2～L4 级的自动驾驶车辆开始走出封闭路测试验场，驶入了真实的城市道路。

从 2021 年末开始，国内一些城市已经开始提供 Robotaxi（自动驾驶出租车）服务，出租车行业的人工劳动强度大大降低，不少乘客已经率先尝鲜，完成了自己的自动驾驶初体验。在商业运营和定价机制上，Robotaxi 这一模式也有了更明朗的前景。

京东、阿里巴巴、美团、物美、白犀牛等企业推出的即时配送无人车，也已经在部分园区和商圈规模化落地。这种无人配送模式不仅在日常加速了商品的流转，后疫情时期，无接触配送也将病毒传播的可能性降到了最低。

在机场，北京、上海、香港、长沙、广州、深圳、厦门、鄂州等城市结合不同的自身需求，率先在接驳、巡检、物流作业等场景中完成了各类无人车的测试及商用，"品尝"技术带来的安全与管理效益。

不论炎热还是酷寒，雨雪或是大雾，这些无人作业车都可以通过云端接收任务，在指定区域和路线中进行全流程、全天候的无人化运输。人工劳动强度降低，不仅提升了机场物流运营效率，也大幅提高了机场的运营安全系数。

自动驾驶在这些年的摸爬滚打中，基于 AI 的进化，模型、算法的准确度不断提升，更多的与生活息息相关的领域也会相继享受其带来的红利。

比如生命健康领域。21 世纪被认为是生物与生命科学的世纪，越来越多的新技术、新研究方法汇聚到生命科学与健康产业中，从而改变人类对抗疾病、提升健康水平的过往范式。新药研发这一生命健康产业顶端的皇冠，就通过人工智能预训练大模型的助力发生了深刻改变。

新药研发中的药物筛选、靶向寻找等产业需求的特点是数据结构复杂、数据量巨大、对算法鲁棒性要求苛刻，而这些都是人工智能的优势所在。国内领先的科技公司，联合中科院上海药物研究所推出了针对化合物表征的全新深度学习网络架构，学习了17亿个小分子化合物的特性，进而生成了新一亿小分子。凭借一个统一的人工智能预训练大模型，打通药物研发的各个环节，提升建模效率，提升泛化效率，最终实现了用一个大模型涵盖蛋白化合物的结合预测、化合物与属性预测、化合物优化与生成全链条的药物研发工作，让大模型真正理解了药物研发的结构、流程与具体需求，而不是仅仅以工具化的形式浮于药物研发工作的表层。

在人工智能预训练大模型的帮助下，药企与相关医疗机构可以加速早期药物研发进程，使得早期药物研发的周期从数年级缩短到月级，大幅缩短研发时间，并且相较于传统的方法将成本降低70%。

借助强大的人工智能算力和创新体验的设计，人工智能预训练大模型可以帮助科研人员拓展知识边界，减少科研人员的多种工作负担。药物研发能力决定着未来人类健康水平的上限，人工智能成为真正的"药神"似乎并不夸张。

在语音交互、计算机视觉、智能制造等更加广阔的领域中，人工智能同样在不断展示着自身所蕴藏的巨大能量并深植于人类生活的每个角落。

物 联 网

进入21世纪，物联网被提起的频次越来越高。尤其在5G、云计算等前沿技术发展如火如荼的时代背景下，海量设备都被嵌入了通信模块，可以通过发射和接收信号相互联接。而AI的到来，让物联网发生了又一次进化。当物联网设备具备了AI的交互与感知能力时，相当于有了一个大脑，更广泛、自由的联接就此产生。

2022年北京冬奥会，基本可以被确定为有史以来物联网程度较高的一届盛会，几乎将各个层级的物联网产品进行了博物馆式的展览。

冬奥会中最小的物联网设备，应该是为运动员提供的数字创可贴。这种数字创可贴在基础应用之外，还附带监测体温等功能。通过传感器，数字创可贴可以收集运动员的体温数据，在运动指导与防疫等领域发挥了作用。

稍微大一点的物联网设备，是运动员佩戴的数字胸牌，这也是冬奥会历史上首次使用数字胸牌。其通过电子墨水屏幕，实时更新网联信息，运动员可以随时在胸牌上查看最新信息，了解场地、场馆、赛事等消息。并且数字胸牌没有电池和充电口，仅需用手机 NFC 就能便捷地充电，最大限度地降低了使用门槛。

类似的电子胸牌技术在中国已经得到了广泛应用，在众多会务场所都能看到它的身影。

餐厅是运动员分享到社交媒体的一项重要内容。除了菜色本身，奥运餐厅里的二维码点餐、无人化轨道上菜系统、自动送餐机器人，这些在火锅店经常能看到的物联网技术，也正开始走向各大赛事。

冬奥会场馆与园区的物联网化，更是冬奥会科技重头戏。互联网照明系统，为冬奥会场馆提供了可以实时调节、进行远程检测与控制的照明系统。基于智能网联技术，照明系统可以实现自动化巡检，降低故障率并节约人员开支。它可以与场地需求进行实时适配，根据不同照明需求进行灯光调节。而空调系统的物联网化，可以实现更精准的温度控制，通过融合多种控制方式，智能调节奥运场馆温度，同时也提升了节能环保水平。

在多重技术加持下，整个奥运村变成了一个巨型的物联网设备。通过纳入智慧园区解决方案，张家口"三场一村"（国家跳台滑雪中心、国家越野滑雪中心、国家冬季两项中心和张家口奥运村）进行了智能化升级。奥运园区的智能化集成系统（Intelligent Building Management System，IBMS）基于物联网技术，可以实现场馆基本环境、设施设备、人员行为及异常事件等的统一管理，实现整个奥运园区智能运维，提升处置效率与安全等级。

而在更多的领域里，物联网的"网面"也正张得更开。

首先是手机厂商。随着智能手机市场的饱和，手机厂商纷纷将矛头对准全场景产品，希望以可穿戴设备、音箱、耳机等物联网产品打开新的价值空间。

同时厂商纷纷吸引更多品类的物联网厂商加入自身生态产品,加快推进这些物联网产品融入使用场景,培养用户尝试产品间的联接交互功能。

其次是家电厂商。家电的物联网化早已开始,并且核心目标在于驱动消费者购买成套家电,打造整屋售卖的解决方案。目前,智能家居的日常使用体验正以越来越强的说服力让消费者心甘情愿地"为智买单",整屋智能和物联网与单品深度融合均在进一步发展中。

而让大多数人更感兴趣的,或许是车联网。

车联网,即车载终端的智能网联系统平台,其借助当前主流的 LTE-V2X 及新一代 5G-V2X 信息通信技术,实现车辆之间(V2V)、车与路之间(V2R)、车与行人(V2P)及车与云端(V2N)之间的全面联接和信息交互。车联网技术已经提出多年,从最早的车载导航系统,发展到现在以 ADAS(高级驾驶辅助系统)技术为主的辅助驾驶。

借助移动信息通信技术,车辆将实现与云端、车辆端、路端联网,车辆运行的大量数据可以实时传输到云端。同时,基于云端的数据分析,又可以实时给车载系统传输高精导航、路况、车位数据等信息。除了对车辆数据的实时传输和处理,云端技术还能更好地满足车辆的智能化体验,比如精准地图导航、手机远程遥控、智能娱乐及语音交互。

当前,智能化和网联化正在进一步融合,车联网将成为实现自动驾驶的关键技术支撑,同时也将成为驾驶者享受智能座舱体验的重要手段。对于用户而言,自动驾驶可以让其从单一、枯燥的驾驶中解放出来,而智能座舱将给予用户更多的智能功能体验。

其中,最能增强用户车内体验的功能是基于自然语言的人车交互,包括语音控制导航、通话、搜索及车内设备等。而成熟的语音识别技术依赖于强大的语料库及运算能力。因此,车载语音技术的发展就得依赖于网络和云端数据的处理,因为车载终端的存储能力和运算能力都无法解决非固定命令的语音识别技术问题,必须采用基于服务端技术的"云识别"技术。

车路协同要求来自不同车辆之间的单车传感数据实现融合,而不同来源的数据特征差异极大。这就需要车载 OS 系统在数据级、特征级和决策级进行多级信息融合，实现更高层次的综合决策。要想实现这一切，就要依靠一个具有高可靠性、高兼容性、高层次信息融合的统一 OS 系统。

我们其实可以注意到，随着通信技术、AI、云计算的发展，在车联网的持续演进过程中，新功能、新场景不断涌现，车载的智能座舱服务体验不断升级，自动驾驶技术更是成为车联网下一步发展的核心目标。而车路协同又是在车联网技术中，能够加速实现自动驾驶的关键。这其中无处不依赖于万物互联，从而让信息在不同设备间传递、流动。

虽然说物联网不是颠覆性的"下一代"技术，但它总是被各种"下一代"技术所包裹、充盈、推动，从而让合作更加有效。无论 B 端还是 C 端的技术革新，物联网的身影注定常在。

云 计 算

科学技术的革新推动着时代巨轮轰鸣向前。云计算，已经走过十余年的风雨历程。

从 2006 年谷歌时任 CEO 埃里克·施密特第一次提出云计算概念，到如今云计算已经成为一个巨大的行业和生态。云计算技术也被誉为"21 世纪以来最伟大的技术进步之一"。

在云计算兴起之前，对于大多数企业而言，软硬件的自行采购和 IDC（互联网数据中心）机房租用是主流的 IT 基础设施构建方式。传统的 IDC 机房没有快速、弹性的扩展能力，各种硬件设备维护成本也比较高，安全性较弱。在数智化时代，不解决 IT 基础设施的云化问题，就难以支撑大容量的业务，增长与发展更无从谈起。于是一种全新的服务模式开始进入产业的视野，云计算服务提供商建设好大规模的 IT 基础设施，为企业提供服务器（虚拟机）、存储、应用等服务，企业无须自建 IT 基础设施，只需像使用水电一样按需付费，方便快捷地享受 IT 服务。云计算服务供应商还在云上提供许多"开箱即用"的组件级服务，企业可以根据业务变化随时按需扩展并按量付费。这一切对欠缺数字化能力的企业充满吸引力。数字化转型与降本增效的需求让许多行业更加渴望登上云端。

云计算顺应产业发展大势，自然地渗透进许多垂直领域，为其提供更贴近行业业务与应用场景的基础能力。典型的垂直行业代表有电商、金融、政务、工业等。

许多中国电商在"双11""6·18"大促期间，面临着瞬时访问量暴增的超强压力，直播电商在固定时段聚集流量的模式，更增强了这种压力。大量的订单在很短的时间内涌入，高并发大流量让电商平台与企业无力应对。电商可以通过上云提升系统稳定性、安全性和服务质量。在大促期间，电商可以选择迅速将云端服务器和数据库进行扩容，以获得高并发的计算和存储能力。而等到大促结束后，业务量恢复正常，电商则可以选择释放容量来降低成本。电商的云化能够提质增效，也为业务的灵活创新带来了新的可能。

再如金融领域的云化。金融云可针对保险等金融机构特殊的合规和安全需要，提供物理隔离的基础设施，还可提供支付、结算、风控、审计等业务组件，帮助金融企业更好地管理业务，提升服务质量。

当云计算在各行各业百花齐放，成为数字经济的基础设施之时，政企数字化转型也在不断加速。IDC 在 2021 年发布的《中国政务云服务运营市场份额，2020：融合创新，走出内卷》报告中指出，中国 80% 以上的地市及部分经济发达的县域都有了政务云的支撑。未来，相关部门会在政务云平台上更深入地拓展数据服务。

政务上云，带来的不仅是管理的便捷，也为群众节省了许多时间。一些省市的政府将核心的业务系统统一打包上云，包括医保、养老、教育、环保、电子商务、政务、公共预警等系统。通过打通这些系统业务的数据，优化流程，提高政府业务效率。例如，上海基于华为云 Stack 建成了"1+16"两级政务云体系，支撑一网通办，覆盖个人从出生到退休，法人从创建到注销等 1500 多项事务。政务云将办事时间缩短 50% 以上，群众和企业办事效率都得到了大幅提升。

在作为社会经济支柱的工业制造领域，许多大型制造企业都选择上云以增强竞争力。白色家电领域的某品牌电器，拥有一个 5 万平方米的无人工厂。工厂中不见一位工人，只能听见全自动化设备运行的声音。其能够实现生产线全自动化运转，离不开云计算的支持。工厂中的所有设备线都接入了统一的云管理平台，上万个点位的数据经过实时处理，最终汇集到"九天中枢数字平台"中。这个可指挥整座工厂全流程调度的"云大脑"，帮助工厂实现不同设备间的自主协调运作和灵活响应。设备的数据采集从过去的"秒级"提升到现在的"毫秒级"，稳定性提升到100%，工厂整体生产效率提高了45%，生产成本降低了21%。

工厂的制造系统上云，可以让复杂的工业设备彼此连接，进行科学化、集中化、数据化管理，以达到降本增效、节能减碳的目的。工业和信息化部数据显示，截至2022年3月底，工业互联网连接的工业设备已经达到7300万台，工业 App 突破59万个。工业领域上云成为许多大型企业的必选项，越来越多观望中的企业也逐渐加入其中，借助云计算的力量，加快工业制造业的数字化转型。

如果从微观的角度来看，消费者能够接触的典型云产品是云电脑。用户只需一个联网的终端设备，接上显示器和输入设备，就可以像访问传统 PC 一样访问专属桌面、应用。简单来说，云电脑相当于把电脑主机放到云端，电脑存储、计算的处理能力上云后，本地只要有网络、有屏幕，用户就可以随时访问、使用。

云电脑终端算力的上云、扩充可以轻松应对普通电子设备无法满足的高性能计算需求，如动画渲染、高精度设计、代码测试、大型游戏等。这种模式甚至已经改变了影视行业，《流浪地球》《刺杀小说家》这些脍炙人口的电影，都采用了云电脑进行特效处理，极大地提升了后期制作的效率。

从垂直的行业云到云电脑，云计算成为支撑这些线上服务和产品的底层数字基础设施。对于许多企业而言，上云是实现数字化转型的标配；对于大众而言，其对云的感触愈加深入，云成为数字生活不可或缺的要素之一。

随着消费互联网的发展速度放缓，产业互联网将逐步得到重视并兴起，丰富的品类与场景将给予云厂商极大的发展空间。而云计算作为赋能企业业务的技术平台和引擎，为企业的价值增长也带来了巨大的空间。云计算将成为创新技术和业务实践的"试炼场"，走在时代进步的前沿。

大 数 据

大数据的概念最初源于美国。1980年未来学家阿尔文·托夫勒所著的《第三次浪潮》，将"大数据"誉为"第三次浪潮的华彩乐章"，这也是大数据首次登场亮相。而大数据概念的产业应用，要等到十几年后才最终实现。1997年，NASA艾姆斯研究中心的大卫·埃尔斯沃斯和迈克尔·考克斯在研究数据的可视化问题时，率先使用了"大数据"概念。两位宇航工程师敏锐觉察到信息技术的飞速发展将带来复杂的数据问题，数据处理技术未来会进一步发展。

伴随着互联网时代的来临，大数据迎来了飞速发展。整个人类世界的数据保有量伴随信息技术的普及不断提升。IT技术不断推陈出新，大数据最先在互联网行业得到重视，随后在各行业蔓延开来，对社会、经济、生活产生巨大影响。

数据是新的石油，已经成为21世纪不言而喻的共识。利用大数据技术挖掘数据资产价值，成为各行各业提高核心竞争力的关键手段之一。一些数据量丰富的企业，基于大数据技术，能够从中总结过往规律，预测未来趋势。企业决策也从此前的"业务驱动"向"数据驱动"转变。沉睡的数据成为富矿，为这些企业带来巨大的价值。

最典型的行业非电商莫属。消费者在购物过程中，每一次浏览和点击都如草蛇灰线，暗藏着兴趣、习惯和需求。通过挖掘与分析各类购物数据，企业可以实现数据化运营。具体来说，企业可以依据数据，制订更合理的生产方案，制订更加精准有效的营销策略来提高销量。同时，消费者也能够获得更加及时、个性化的服务。

对于服务质量更加敏感的医疗领域，大数据也可以为其发展添砖加瓦。在医疗领域，大数据不仅可以优化患者的疾病管理，提升诊断的准确性，也能够为医疗机构的管理带来质的提升。在医疗药物的研究中，大数据与AI技术结合，在处理海量医学文献、筛选有效药物等方面比传统人工方式效率更高。一些医院通过建立大数据平台，加强临床方面的管理，提升服务质量。大数据平台主要包括临床医护系统、临床管理系统、挂号系统等。通过大数据平台的统一管理，医院可以建立标准的操作流程，让医护人员操作更加规范，患者也更安全。主管医生可随时掌握患者体征表现，使治疗能够更及时、更有效。

在面向更多人群的公共事业领域，大数据发挥着重要作用，如交通领域。交通系统中的数据种类繁多、数据量巨大，包括视频数据、卡口电警数据、路况信息、管控信息、定位信息等。这些数据在过去大多数都在"沉睡"。引入大数据后，基于数据的分析与预测使得交通系统变得更加智慧、高效。通过大数据分析处理，交通管理部门能够获得更充足的决策依据，制订更好的统筹与协调方案，减少交通部门的运营压力，提升道路交通资源的综合利用效率。在实时交通预测方面，通过 AI 与大数据的结合，可以实时监测道路交通流量，科学地调控信号灯，缓解交通压力，提升道路运行效率与安全性。

在物流场景中，由于物流市场有很强的动态性和随机性，需要实时分析市场变化情况，从而实现对物流资源的合理利用。通过对物流数据的跟踪和分析，物流大数据应用可以根据具体情况进行智能化决策并提供建议。物流企业可以利用大数据优化配送路线、合理选择物流中心地址、优化仓库储位，从而大大降低物流成本，提升物流效率。

当然，以上大数据赋能的行业只是冰山一角，大数据向外延伸触达的领域还包括金融、工业制造、教育等。大数据是这些领域升维的工具，数据从隐形元素摇身变为驱动业务增长的生产资料，推动产业加速进入智能世界。

3D 打印

从 3D 打印概念的提出到技术的成熟，已经有一百多年的时间。1892 年，美国专利局登记了一种采用层合方法制作三维地图模型的专利技术，这种技术是 3D 打印技术的最初形态。发展到今天，3D 打印机可以打印出完整的汽车和飞机，也可以打印出身体的骨骼、组织，甚至利用生物材料打印出人造肝脏组织。百年的时间，3D 打印技术的进化一瞬千里，也为人们的生活带来了许多变化。

相较传统的方式，3D 打印的制造方式为生产模式带来了颠覆性变革。一方面，3D 打印可以完成无损耗生产，不像传统生产制造方式依赖模具对原材料的塑形，从而造成"边角料"的浪费。3D 打印既可以保持制造工艺的成本优势，又能实现复杂结构产品的制造，极大降低了制造成本。另一方面，3D 打印还可以满足大规模定制与复杂工艺的生产需求。

随着生活水平的不断提升，人们的消费需求也水涨船高，对于个性化的商品愈加青睐。无论服装设计、家居装饰，还是生活日用品，3D 打印都可以满足用户定制化、个性化的需求。对于复杂的产品来说，3D 打印具有层叠打印的生产特性，其几乎可以打印出无比复杂的内部结构和纹理。比如传统工艺需要精雕细刻的镂空设计，对于 3D 打印来说稀松平常。

凭借着这些特性，3D 打印正出现在很多人们意想不到的地方。

比如在环境保护方面，3D 打印可以为构筑健康的珊瑚礁生态贡献力量。过去人类修复珊瑚礁的方案是，使用混凝土制造的方式来代替珊瑚礁，但无法模拟原始珊瑚礁供鱼虾躲藏的细小洞穴与真菌生存的理想环境。一些海洋生物学家利用 3D 打印，使用砂岩作为材料，打印出各种形状的珊瑚礁。这些新型的珊瑚礁为鱼虾等各种生物提供了良好的栖息环境，让珊瑚礁的生态很好地存续。

能够制造复杂和特殊形状的物体，成为 3D 打印的独特优势。在医疗领域，3D 打印可以发挥其用，为一些患者量身定制器官模型，如关节、骨盆，可以承受咳嗽、打喷嚏压力的 3D 打印气管等。对于一些复杂的手术，医生可以通过 3D 建模，用 3D 打印制造逼真的器官模型，在术前进行规划和手术模拟，降低手术的风险。

在医疗领域更具应用前景的是生物 3D 打印，这也是 3D 打印难以攀登的"高峰"。生物 3D 打印可以利用活性的生物材料、细胞组织等打印出活体器官。不过大多数生物 3D 打印的研究成果依然在实验阶段。当前一些高度定制化的活性组织主要用于药物的筛选与开发。对于更加复杂的活体器官，3D 打印并未达到可以直接进行人体器官移植的水平。不过科学的探索不会止步，未来生物 3D 打印最雄心勃勃的计划是打印出具有完整功能的人体器官，为更多等待器官移植的患者带来福音。

3D 打印结构的创新也会带来全新的突破。在建筑领域中，建筑工程师可以使用计算机和自动化设备精确控制浇筑，用 3D 混凝土打印出各种房屋或桥梁建筑。3D 打印技术在建筑领域的应用颠覆了传统建筑的结构理念，不同于传统直线形的建筑，3D 打印能够创建曲线形的建筑物，并且在打印房屋的过程中提前留出水、电、燃气管道所需的空间。相比于传统方法，3D 打印需要消耗的建筑材料更少，建造的工期也大幅缩短。法国知名建筑公司圣戈班集团统计，3D 打印技术可以为企业节省大约 60% 的劳动时间和 80% 的劳动力。通过 3D 打印技术，还可实现建造过程的结构优化，有效减少筑废料的产生，减少对环境的影响。这种成本较低、周期较短、绿色安全的建筑模式，在未来的建筑市场中潜力巨大。

我们已经看到 3D 打印技术在医疗、建筑、制造、消费等领域开花结果，未来 3D 打印技术将继续深入到各个产业中，颠覆传统制造方式，带来更多的产业机遇。

除了以上被广泛应用的技术，数字孪生、区块链技术等都是这场人类科技变革的深度参与者。这些技术都有自己的鲜明特点和独有应用场景，但它们之间并非泾渭分明、互相隔绝，而是你中有我、我中有你，在交互协作中互相成就。

就像 5G 提供的高速网络为 AI 的运行提供了强大的通信保障，AI 又作为通用能力融入云服务的整个生命周期，自动驾驶汽车的"大脑决策"必须依赖先进的 AI 算法……种种数字技术相互独立又相互融合，共同赋能千行百业的蜕变式发展，构成了灿烂的未来数字图景。农牧业、渔业、建筑业、制造业、医疗康养服务、金融等的生产和组织方式，都将被重新定义。

能源行业，自然也不例外。

第二节　重塑能源：数字技术为能源带来无限可能

数字技术的日新月异让我们可以笃定，它对能源系统的改造和重塑几乎是必然的——能源行业和任何一个行业一样，有着降本增效、提升安全性和稳定性的需求，而数字技术也能对能源系统进行深入的改造。实际上，能源行业是数字技术应用的先行者，在 20 世纪 70 年代，便有电力公司开始试水，利用新兴技术提升电网管理和运行效率。对于传统能源来说，数字技术可以有效提升整个能源产业链的生产效率与管理能力，驱动业务模式重构、管理模式变革、商业模式创新，实现产业的数字化转型和价值增长。而对光伏、风电等新能源来说，数字技术的引入可加速构建以新能源为主体的新型电力系统，实现全链路的互联化、数字化和智能化，让电力生产效率、运维效率、能源效率最大化，并有效解决并网消纳、运维安全等关键问题。

具体来说，5G、AI、云计算、大数据、IoT 等数字技术与能源行业的融合，能够助力能源行业的"发、输、配、储、用"五个环节的能效提升。基于数字技术，能源行业可以构筑安全可控、高效敏捷的综合能源基础设施。

在发电侧，数字技术完全渗入了能源行业的生产过程中。以传统火力发电厂为例，它主要依赖煤炭燃烧来发电，这其中涉及多重能量转换，因而系统比较复杂。火力发电主要包括燃烧、汽水、电气、控制等系统，这其中都能看到数字技术的身影。在核心的燃烧系统中，锅炉在运行过程中想要保持燃烧稳定安全，需要对燃料供给与配风参数进行合理的设置，以确保炉膛内的燃料时刻保持资源利用率最大化，并且能够有效承载机组负荷的变动。数字技术的加入，让火焰检测与模型预测技术来控制整个过程，通过图像火检技术可以监测锅炉内燃烧的实时状况，以避免点火不当、锅炉低负荷运行等状况出现；模型预测技术可以对燃烧情况进行优化调整，对燃烧过程中燃料及送风量进行科学的调配，从而使锅炉燃烧效率最优。

在新能源电力生产中，光伏发电和风力发电是主要方式。在光伏电站中，生产、管理与维护是光伏电站的重要工作。数字技术与电力电子技术融合，使得光伏电站的生产、运维与资产管理变得更加简单、高效、智能。例如，在光电的生产阶段，智能光储发电机可通过融合智能跟踪支架优化算法，智能调节光伏板的位置，提升光伏发电量。在运维阶段，电力巡检对保障电力系统安全稳定运行、规模化运行发挥着重要的作用。传统的巡检方式以人工检测为主，再辅以物联网设备。随着清洁能源系统中分布式电源设备的增加，人工巡检方式无法满足快速增长的电力设施巡检需求，并且存在着劳动强度大、安全风险高等问题。光伏电站亟需数字技术对运维系统升级改革。依托 AI、物联网、云计算等技术，巡检机器人、巡检无人机等智能设备对光伏电站设备、线路实行智能化巡检，能够实现全天候、无人化作业，显著提升巡检的效率、质量与安全性。

在风电场中，无人值守正在成为主流的发展趋势。风力资源丰富的地区位置都比较偏远，分散部署的风力发电机组通常需要无人值守和远程控制，这就对风力发电机组控制系统的自动化程度和可靠性提出了很高的要求。与一般的工业控制过程不同，风力发电机组的控制系统是综合性控制系统，不仅可以监测电网、风况和机组运行，也能够对机组进行自动控制。风电场的综合性控制系统能够根据风速和风向的变化，优化机组运行的参数，提高机组的运行效率与安全性，并且发电量也得以提升。

在能源行业的传输侧，数字技术提高了输电的效率与安全性。电力能源在长线路、跨区域传输时，会面临规划输变电线路、网损和线损等一系列问题。尤其在新能源电力大比例并入电网的过程中，清洁电力自身间歇性、季节性的特征给电网带来了不小的波动，影响电网的安全与稳定。同时，配电网充电桩、分布式能源等多主体接入，也使分配侧负荷呈现非线性等特点，加大了电网灵活调度与准确预测分析的难度。

在电网传输侧，数字技术能通过构筑数字中心枢纽、监测系统等方式，提升输电的效率，减少输送过程中的损耗。同时，传统的输电网侧运维很大程度上依靠人工巡检，存在效率低、过程难以管控、安全事故频发等问题，极易造成巨大的人员与财产损失。通过引入无人机自动巡航、机器人巡检、物联网设备监控系统等数字技术，我们可以在线监测线路故障，提升线路防灾减灾能力，降低线损率。数字化赋能的指挥中心，可以为一线管理提供可及时响应的服务保障。通过数字技术整合作业风险的管控、运营监控等，可实现数字化运维、智能化管理。

在配电侧，配电网作为连接用户的"最后一公里"，应用数字技术能够极大地提升供电的质量与效率。通过与数字技术结合，智能配电系统能够实现更高的数字化水平，由以传统电力系统的部分感知、单向控制、计划为主转变为高度感知、双向互动、智能高效。过去的配电、用电是机械的、单向的。未来，发电从传统能源走向新能源以后，整个电力网络将是一个多中心的、双向的、灵活的配电网络。

虚拟电厂是一项在配电侧发挥重要作用的技术。相较于真实的电厂，虚拟电厂是一个没有物理实体的电厂，可以将其看作虚拟的电力服务"管家"。虚拟电厂在电网系统中，可以将需求侧分散的资源聚沙成塔，与电网进行灵活、精准、智能匹配。虚拟电厂能够平抑电网波动的峰谷差，促进新能源电力的消纳。尤其对于新能源领域常见的弃光、弃风、弃水电等现象，虚拟电厂能够降低"三弃"对资源的浪费，提升系统的调节能力。它也可以将各种分布式能源通过各种储能装置组织起来，通过双向控制，联合各种配电网单位，以智能算法和科学调度，盘活此前沉淀的电力资源。根据国家电网湖北电力调控中心对虚拟电厂的效果评价，假如武汉市有 5% 的用电负荷可以通过虚拟电厂进行调节，实际效果则相当于少建一座 60 万千瓦的传统电厂。

在电力消纳方面至关重要的储能电站，同样正在得到数字技术的赋能。储能电站能够在多种电力能源与电力需求之间进行调节缓冲，有效地提高系统调频、调压的能力。融入数字技术，一方面可以提升储能电站的运维水平，让储能系统具有更强大的调节能力；另一方面也能提升储能电站的安全性。对于电池的安全管理来说，早期预警非常重要，否则发生热失控事件将造成巨大的生命与财产损失。储能电站采用大数据、云计算、AI 等技术，结合电力电子技术，对电池建模进行研究，通过监测系统平台，实现对电池的实时诊断与预警。储能电站依赖数字管理系统进行运维作业，通过物联网、AI 等技术，监视设备运行状况，实现远程运维监管。

在用电侧，售电企业可以通过数字技术改造用电侧的负荷管理与服务，实现用户侧的能效提升。基于物联网、大数据等数字技术构筑的系统能效监测、故障诊断、优化控制等平台，可以实现用户能效的监测与提升。例如，智能电表通过对采集的有效数据进行分析预测，能够实现电网与用户的双向互动、负荷侧的线损分析、精细化管理等。售电企业可以根据此前的用电数据进行分析预测，制订科学合理的阶梯价格。数字技术的应用还能够助推用户错峰用电，在优化用电结构、节约用电成本的同时降低碳排放。

梳理"发、输、配、储、用"五个环节后可以发现，数字技术对于能源领域的影响主要包括以下几方面：

- 提升能源系统的整体效率。能源产业的流程复杂冗长，在能源产业的不同环节，数字技术可以促进信息流转，带来多个关键点位、流程的效率提升。

- 解决能源系统中的高能耗、高浪费问题。在使用传统能源过程中，能源浪费问题突出。如火力发电过程中燃料不能充分燃烧；系统之间数据孤岛导致的协同障碍，也会增加系统的能耗。数字技术可以通过多端连接、智能传感、云边端计算等方式，实现能源的优化与合理分配利用。对于能源产业来说，降低单位能耗是实现"碳中和"的基本途径之一。

- 成为能源系统转型的技术底座之一，助力能源产业的可持续发展。在能源系统转型升级的过程中，其"发、输、配、储、用"各环节都需要数字技术保驾护航，数字技术是实现能源产业变革不可或缺的一环。

进入 21 世纪，人类社会迈向第四次工业革命的步伐加快，我们正处于一个科技日新月异、社会急剧变革的大时代。人工智能、云计算、5G、自动驾驶、物联网、3D 打印、数字孪生等都在深刻改变着社会的生产和生活。旧与新、慢与快、现代与未来、现实与科幻正在错杂交织，人类和未来的边界越来越模糊，仿佛再往前迈进一步就能踏入更美好的明天。这也意味着，身处巨变的时代，主动迈出关键一步十分重要。

个人如此，产业亦如此。面临百年未有的能源时代大变局，能源产业理应依托数字技术主动迈步，乘上这班快车，踏上一场通向未来的畅快旅途。

"大音希声，大象无形"的数字技术正在以无形之势深入能源产业，为人类社会解决能源问题提供关键推力。

当经济发展与能源资源间的矛盾逐渐突出时，数字技术可以在能源供给环节加深集约化程度，提高生产效率，为能源的生产运行提供可控、可靠又安全的保障。当气候问题加剧、急需降低能源产业的碳排放时，数字技术可以使多个关键环节能效提升，助力清洁能源的生产。当光伏、风能等新能源融入能源系统时，数字技术也为能源产业的发展带来新的商业模式。例如，未来随着分布式能源的广泛应用，电动汽车不仅可以作为消费能源的交通工具，也可以作为灵活的储能资源，并可提前根据电力能源的价格灵活储备，增加电力市场的流动性。跨时间、空间的能源系统之间可以协同互补，源荷互动。数字技术能够在能源领域的供给侧与消费侧全面渗入，将分布式的能源系统进行智能化连接与控制，实现整个能源系统的互联互通、高效稳定、清洁低碳。

打开能源历史发展的时间轴，从薪柴能源时代到化石能源时代，每一次能源的变迁都伴随着生产力的巨大飞跃。科技史的发展也不断阐释着这个道理：每一次的产业转型、科技革命都是社会与经济发展的分水岭，为生产与生活带来巨大的改变。在"碳中和"时代背景下，数字技术或将引领人类步入新的能源发展周期——数字化的能源新时代。站在第三个能源时代的浪尖，数字技术与绿色可持续发展绘制出的未来低碳智能图景，正在徐徐展开。

通往"碳中和"的关键路径

科学的伟大进步，源于崭新与大胆的想象力。

——杜威

"碳中和"已成为全球共识。这是一场广泛而深刻的经济社会系统性变革，不但会改变人类的发展模式，还将重塑国家关系与国际规则，各个地区、各国政府、产业、企业、个人都将被深度卷入其中。要实现"碳中和"，不仅需要经济、政治、金融、产业上下游的共同努力，还有一个很重要的内在逻辑——促使人类告别资源依赖，走向技术驱动。

从柴薪能源时代到化石能源时代，我们的关注重点在于如何获取能源，减少地理区域的制约。比如坐拥森林资源的地区，往往比荒漠地区更容易获得能源。进入现代社会以来，围绕煤炭、石油、天然气等化石能源布局，产生了一系列地缘问题，再加上人类活动对化石能源的依赖，极端气候、环境污染等问题与日俱增。而对于光伏、风能等可再生能源而言，阳光、自然风无处不在，只要通过技术加持，就能转化为清洁电力，这就意味着，更多地区和更多人可以用上清洁、经济、便捷的可再生能源。所以说，技术驱动型的可再生能源迅速发展，正在让人类逐步摆脱对化石能源的依赖，让天更蓝、水更绿，同时还将为世界经济增长与发展带来新动能，这也是实现"碳中和"的必然方向。

在进一步探讨实现"碳中和"目标的关键路径之前，我们先来看一组全球碳排放情况的数据：2022年10月26日，国际能源署更新了各行业的全球能源相关二氧化碳排放占比数据，电力占比最大，占40%，其中燃煤发电占29%，燃气发电占9%，燃油发电占2%；工业占比为23%，其中化工、钢铁、水泥这三个重点行业占工业领域二氧化碳排放的70%[①]；交通占比为23%，其中道路运输占比最大，约为其的75%，另外25%则分布于铁路、航空与航运领域；建筑占比为10%，主要集中在建材生产与建筑运营阶段。四个领域相加，碳排放占比高达96%，构成全球碳排放的最主要来源。

"碳中和"本质上是一场能源革命，而能源革命的核心是技术革命。这些领域将通过技术手段完成能源改革和升级，践行"碳中和"目标，将是时代发展的必然与主线。

---

① 《全球能源部门2050年净零排放路线图》第113页，国际能源署2021年9月。

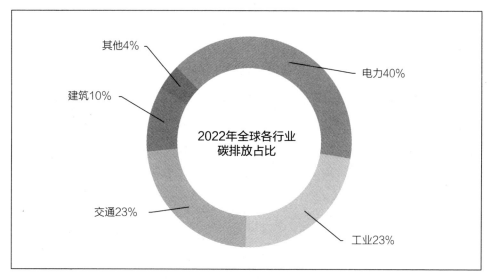

其他4%

建筑10%

电力40%

2022年全球各行业
碳排放占比

交通23%

工业23%

2022 年全球各行业碳排放占比

来源：国际能源署官网，更新至 2022 年 10 月 26 日。

除了主要碳排行业的能源变革，ICT 也正在成为数字经济的发展引擎。随着数字化水平的不断提高，相关基础设施释放的二氧化碳也值得关注。因此，面对"碳中和"大考，以上所述关键领域脱碳将是重中之重。

本章，我们将开启一场能源变革之行，它就发生在千行百业，发生在我们身边的每一个角落。

第一节　电力行业：构建以新能源为主体的新型电力系统

"碳中和"是一场广泛而深刻的经济社会系统性变革。在电力领域，要加快构建清洁低碳、安全高效的能源体系，全面推进太阳能、风电等新能源发电大规模开发，提高电网对高比例可再生能源的消纳和调控能力，构建以新能源为主体的新型电力系统。

如今，电力承担着家庭与企业的能源供给责任。但我们在享受电力带来的便利的同时，也该正视电力系统的碳排放问题。目前，电力行业在碳排放主要行业中可以被称为"排头兵"，电力系统的低碳化与清洁能源的使用，可以说是行业层面实现"碳中和"目标的关键。全球能源互联网发展合作组织预测，中国 2025 年全社会用电量在 8.8 万亿～9.5 万亿千瓦时之间，结合中国经济发展情况、城镇化建设、电气化等因素，保守估计为 9.2 万亿千瓦时。伴随着庞大的用电量，中国的电力消耗结构也在发生变化。比如工业用电占比将会持续下降，新兴技术用电与第三产业用电占比将会不断提升。

在这样的产业背景下，我们再来审视电力行业的低碳之路。对于电力行业而言，实现"碳中和"的路径主要包括两个方面：一方面是在供给侧增加清洁能源电力的比重，降低化石能源发电比例；另一方面则是构建普惠、优质的清洁能源供应系统，确保清洁能源能够满足千行百业的电力需求。

但是全球电力行业要想实现"碳中和"的目标，仍旧面临着一系列挑战，比如：

- 电力行业从生产到投用的流程复杂、环节众多，且每个流程、环节都存在一定比率的能源损耗。在火力发电场景中，很多环节依赖工人经验，在火电机组工作过程中容易出现煤炭燃烧不充分等情况，造成能源浪费。随着用电量的不断增加，在电力的输送过程中，原建配电网的设备和导线与用电量不相匹配，导致电网设备超负荷运行，这不仅大大增加了配电系统的损耗，更影响供电安全。如何在环节多、流程多的电力行业整体实现低碳化升级，需要集合行业的集体智慧。

  电力行业的复杂性所带来的降碳挑战，不仅体现在技术与产业侧，同时也影响着电力行业的组织架构。通常来看，电力企业部门冗杂、人员众多，因此数字化、智能化的建设投入大，且集约性、高效性、精益化水平仍有待提升。

- 电力系统安全等级要求高，导致很多新型节碳技术不一定能够很快适应电力系统的要求。电力行业的低碳转型，要求实现高比例的可再生能源发电、并网。但传统电网设施间歇性、波动性强的清洁电力大量并网，会导致系统调控电压的能力减弱。而新能源并网功率波动大和震荡的特性，也会进一步让电网的弹性变小，导致电网系统的稳定性降低，增加安全隐患。电力系统的绿色变革措施在保障绿色、低碳的同时，也需要符合电网系统的高安全等级需求，稳定地兼容在大电网中。

- 新能源电力面临一系列产业挑战。新能源系统目前依旧处在发展初期，如智能光伏、并网技术、储能技术等，都还处在技术与供应链需要不断升级的过程中。如何有效推动新能源大规模、可复制落地，使新能源电价具备商用可行性，发挥产业竞争优势，是目前电力行业低碳化转型的又一个挑战。面对这些挑战，电力行业在低碳化转型过程中更要根据自身情况采取符合要求的数字技术。比如在运维方面，可以使用 AI 技术对电力系统进行控制维护，减少能源浪费；在巡检方面，可使用机器人来代替人工作业，在提升安全性的同时，提高巡检的数字化、智能化水平，提升响应频率与效率，同时降低运维成本。

- 新能源带来的挑战不仅体现在技术侧，相关产业的政策升级、优化，同样也需要新能源电力相关系统不断进行适应与吸纳。面向未来，如何在多种因素的共同作用下，确保新能源体系健康、有序成长，将成为业界需要共同应对的问题。

面对这些挑战，电力行业实现"碳中和"目标需要一系列从宏观到微观的推动手段。这里我们从数字能源迭代的层面，探讨对电力行业而言至关重要的"碳中和"发展路径。

- **优化电力系统的结构：** 从源头"绿化"电力是电力行业转型的关键。电力系统中电源的组成包括传统煤电＋清洁能源电力。传统煤电可通过严控新增装机容量、淘汰落后产能等措施改善。电力企业需要调整思路，将煤电从"电力供应型"转变为"电力调节型"，在保障新能源电力发展的同时，关停一些碳排不达标的落后煤电机组。

在清洁能源电力方面，电力企业需要积极发展可再生能源，因地制宜开发光伏、风电、水电等清洁能源，增加电力系统中绿色电力的比例。例如，中国西南地区水力资源丰富，许多大型水电基地都部署在这些地区，并仍在不断地有序建设。西北地区则日照充足、地势开阔，通过部署风电机组、光伏太阳能板，可获取清洁的电力。这些共同组成了电力源头的绿色力量。

在结构优化的过程中，电力企业需要承担产业链的引领作用，拉动整个新能源产业链的整体发展和增强生态规模化效应，深入到电源侧源头进行低碳化治理。

- **优化能源利用效率：** 推进能源低碳化转型，不仅需要对电力系统的结构进行优化，也需要对能源供给结构进行变革。能源供给结构的两端是能源供给侧与能源消费侧。

在能源供给侧，可以利用数字技术在全生命周期内，对发电企业进行灵活的低碳化改造。例如，煤电企业可以采用各类净煤技术或数字技术、AI 算法模型来提升发电厂生产阶段的效率，从而减少碳排放。具体来说，发电企业可运用 AI 离线强化学习技术，用数据驱动优化火电厂燃烧系统，通过 AI 技术对火力发电机组的燃烧过程进行控制、优化，提升发电机组燃烧的效率。在运营维护环节，发电企业可借助物联网、云计算、AI 等技术，对电厂的生产、运营状态进行监控，利用数据、AI 模型算法将过去依靠专家经验的决策转换为依靠数据分析预测，同时基于丰富的有效数据，提升生产、运维效率，最终降低单位能源的消耗，提升能源利用率。

在能源消费侧，电力企业可以通过数字技术构建能源管理应用系统，更好地实现需求侧管理，为用户提供用能服务。售电企业利用 AI、物联网、大数据等数字技术，基于系统能效工具监测、诊断、优化控制平台，实现用户能效服务质量的提升，为用户提供节能设备销售改造及多能供应等服务。同时，售电企业还可以通过智能电表类设备对用户用电进行精细化管理。企业通过这种方式，帮助用电侧管理自身能源消耗，精准快速定位高能耗、高碳用电环节，智能分析用户用电行为，便于用户优化用电方案，提升用电效率，降低碳排放。

- **未来新兴能源技术减排：** 新兴能源技术主要指的是未来氢能的规模化应用与二氧化碳捕集、利用与封存（CCUS）技术。

氢能热值高、清洁无污染、来源广泛,并且可以作为高效的储能载体,是可再生能源实现大规模储存、运输的有效解决方案,被业界认为是最具有应用前景的能源之一。电力企业可以积极部署氢能产业,利用清洁能源的间歇性,将原本弃风弃光的绿色电力储存起来用于电解水制氢。未来随着可再生能源发电成本的持续下降,甚至可以将氢能发电机整合到电网中,与制氢装置协同作用,在用电低谷时通过电解水制备氢气,在用电高峰时再通过氢能发电,提高能源利用效率。

CCUS 技术是企业在二氧化碳排放前对其进行捕捉,然后进行提纯、循环再利用,或输送到封存地进行压缩,注入地下封存的过程,以达到固碳的目的。对于电力行业来说,应用 CCUS 技术,可以有效地降低化石燃料电厂的碳排放。电厂工作时产生的二氧化碳,在排放到大气以前就能够被捕获,实现近零排放。在《世界能源技术展望 2020——CCUS 特别报告》中,国际能源署预测至 2060 年全球约 97% 的燃煤电厂均将配备 CCUS 装备,气电和生物质发电配备 CCUS 装置的比例也将分别达到 76% 和 32% 左右。

CCUS 技术整体处于示范阶段,技术成熟度低、成本高、商业模式缺失,这制约着其发展。电力行业应积极提前布局,推动 CCUS 技术研发,提高碳捕集能力,扩大 CCUS 技术应用范围,用数字技术提高压缩效率和降低 CCUS 技术部署成本。通过提高对二氧化碳资源的再利用率,一些电力企业甚至可以实现负排放。

- **电网升级、调度运行:** 电网连接着电力的生产与消费,是能源转型的中心环节。电力需求与能源的分布特点决定了"西电东送、北电南供"的电力格局,未来电力需求将继续平稳上升。随着电气化率进一步提升,社会用电量持续增长,输配电网络损耗越来越成为不容忽视的问题。电力企业需要通过建设先进智能配电网,在提高资源优化配置能力的同时,消纳低碳新能源电力,维护电力系统安全稳定,降低输配电网络损耗。随着清洁能源的高比例接入,电力企业需要规划跨区跨省清洁电力网的建设,提升电力传输的灵活性,保持发电与负荷两侧的系统平衡,同时加快抽水蓄能电站的建设，支持储能电站规模化应用，提高系统调节能力。

未来，随着高比例清洁电力和高比例电力电子设备接入电网，间歇性强、波动性大的能源为新型电力系统的建设引入了更多的不确定性，为系统的调度运行带来了挑战。电力企业需要利用数字技术加强对电力系统运行的控制。通过加强对数据采集、分析、状态感知、故障诊断、智能运维等环节的把控，实现对全系统的感知与控制，促进全方位的负荷调度和清洁能源的消纳，实现节能减碳。

- **市场交易**：通过引入碳市场的交易来调动电力企业、用户参与系统调节的积极性。经济与市场的导向可以加快能源系统的转型。电力企业通过加快电力市场现货交易系统的建设，加快构建促进新能源消纳的市场机制，以扩大新能源跨区跨省交易规模，完善储能电站的投资回报机制，调动碳市场交易的积极性。通过跨区域的中长期交易体系，可以促进新能源发电的消纳。电力企业自身也需要积极参与电力现货交易市场与辅助服务市场的交易，将电能价格与碳排放成本有机结合。通过积极制订碳交易策略，及时分析发电层面的碳排放数据，发电企业可以优化生产调度方式，降低履约成本，更好推动能源清洁低碳化转型。

- **模式创新**：整个电力系统的运转，离不开电源、电网、负荷、储能等主要环节的协同。那么，电力行业的低碳化，自然要从"源、网、荷、储"等环节入手。通过数字技术突破这些环节原有的商业模式，如虚拟电厂新模式，为电力行业的碳减排带来更多可能。

电力企业应推动智慧能源系统的建设，通过数字技术实现"比特管理瓦特"，充分挖掘需求侧的资源，将过去被动式的需求响应转换为数据驱动的智能化主动式响应。例如，电力调动新模式虚拟电厂的建设，推动用能模式向互动化和可控化方向发展，实现"源、网、荷、储"协同，平抑负荷曲线波动；将闲散的灵活储能资源，通过有效的电池能量交换系统和电池能量管控云平台等数字化手段，盘活为电网可以调度、利用的大规模分布式储能系统,使储能系统在能源互联网中充分发挥多元作用。

电力企业可以通过大数据技术完善用户侧的用电数据。通过数据驱动,电力企业可以综合衡量自身资源,为用户提供定制服务,不仅能够洞察并满足用户侧的互动响应需求,也能够对碳减排的需求侧进行改革,从而实现以消费侧为中心的多元化服务模式改革,调动用户碳减排的积极性。

未来的电力系统会顺应智能化、绿色化的发展趋势。伴随清洁能源在电力系统的比例逐渐增加,分布式清洁能源的大量渗透,传统电力系统将会从集中式向分布式转变。这些新能源将会分布在大型光伏电站、园区、家庭等场景中。新型电力系统则会应用数字技术与电力电子技术,实现全流程的"比特管理瓦特",对整个能源系统进行智能化连接与控制。

当清洁的电能逐渐成为社会主力能源时,高度智能化的技术也会在能源系统的安全、运维、管理中不断升级,未来整个电力能源系统将会进入智能互联的阶段。跨时间、跨空间能源系统中的能源流与信息流互补共济、灵活柔性,能源系统既可以源随荷动,也可以荷随源动。面向未来,绿色电力将无处不在,沿着电网流向千行百业的每个角落。

构建以新能源为主体的新型电力系统是一个复杂的系统工程。其中核心之一,在于源头减碳,也就是发电侧的清洁化、低碳化。

近年来,可再生能源以惊人的增长速度覆盖全球。国际可再生能源署发布的《可再生能源容量统计2022》报告显示,截至2021年末,全球可再生能源的装机总量为3064GW。其中,水电装机总量为1230GW,占比40%;太阳能和风能装机量分别为849GW和825GW,占比分别为28%和27%。

仅2021年,可再生能源装机量共增加了257GW,新增的风光装机容量占全球新增可再生能源装机总量的88%。可再生能源发电已经占据2021年全球电力增量主导地位。

新的电力系统逐步呈现出了高比例新能源、高比例电力电子化的特点,电力系统在供需平衡、系统调节、稳定特性、配网运行、控制保护和建设成本等方面正发生深刻变化。

当前，全球迎来了以绿色低碳为特征的新一轮产业革命和数字技术变革，虽然实现"碳中和"的路径不止一种，但最根本的还是降低能源领域的碳排放。我们要开展能源革命，让可再生能源发电方式跃入千行百业，走进人们的生活。

光伏、风电、水电、核电、氢能等可再生能源发电的路径，构建了清洁低碳、灵活高效、具有高韧性、安全可靠的新型电力系统，对推动能源转型、重构碳排之源具有重大意义。

光伏：2050 年装机量迅猛增长至 14TW，成为主力能源

1954 年，在贝尔实验室里研制出单晶硅太阳能电池的三位科学家，或许不曾想到，半个世纪以后，世界能源格局会因为他们的发明而发生巨大的变革。

这项将太阳光能直接转化为电能的实用光伏发电技术，将全球绿色能源转型一步步推向舞台中央，"绿电"逐渐融入人们的生活与生产，并且这种"绿色效应"的范围还在持续扩大。

国际可再生能源署预测，到 2050 年，全球每年总发电量将达 55 万亿千瓦时，可再生能源发电占比将达到 86%，其中光伏占比将超过 25%，成为主力能源。而全球光伏装机容量将从 2021 年的 890GW 增长至 2050 年的 14TW，中国、欧洲等国家与区域的风光新能源渗透率将超过 80%。

比如中国在"十四五"时期规划建设九大清洁能源基地，主要分布在西部、西南部等地的流域和平原附近。借助区域本身丰富的风能、水能、火力发电等资源，再结合充足的光照优势，打造出风、光、水、火、储等多能基地，总装机容量达到 600GW。目前最大的雅砻江水光互补基地，也正如火如荼地开启了建设工作，该项目光伏装机容量达 1GW，年平均发电量 20 亿度，预计 2023 年全容量并网。

全球装机容量最大水光互补电站、全球海拔最高（4000~4600 米）
的大规模水光一体化多能互补项目雅砻江两河口水电站水光互补一期项目——柯拉光伏电站

再如在地球另一端的阿根廷，华为助力胡胡伊省建设了拉丁美洲海拔最高的光伏电站之一（4200 米）——300 兆瓦的 Cauchari 太阳能项目一期工程，它于 2019 年 10 月正式运行。该电站占地面积相当于阿根廷首都布宜诺斯艾利斯的一半，每年发电量约 6.6 亿度，足以为 16 万个家庭提供清洁电力。该项目结束了胡胡伊省从其他省购买电力的历史，一举实现电力的自给自足。

光伏、风电等新能源装机容量的快速增长和应用灵活性推进能源系统向"分布式"时代转型，未来的能源系统是去中心化、以大量分布式能源应用为主的多中心"星系"型生态系统，这些能源系统分布在成千上亿的大型电站、园区、家庭、电动汽车等场景。

传统的大工业思维方式正在被改变，数字技术将这些分布式的能源系统智能地联接和控制，达到万物互联、高度智能的状态。整个能源系统将走向安全稳定、智慧高效、经济便捷、清洁低碳、互联共享、柔性自洽。

随着 5G、云计算、AI、大数据、物联网等新兴技术的快速发展，全社会的数字化变革掀开新篇章，进入"万物感知、万物互联、万物智能"的数字时代，"无处不在的联接，无所不及的智能"正成为现实。在"发、输、配、储、用"各个环节，数字技术正在发挥着重要作用。除了上述提到的分布式能源，需要数字技术实现智能管理的大型地面光伏电站，几百兆瓦、几万吉瓦的电站将越来越多。如何实现百万级组件的精细化管理，没有数字技术是不可想象的。这是因为在同等装机量下，与水力、火力发电机组数量相比，光伏等新能源发电机组数量巨大，必须运用数字化手段才能实现智能化、精细化、高效化的运维管理。

比如根据 2019 年数据，我们熟悉的三峡水电站采用了 34 台水轮机组发电，其中包括 32 台单机容量 700 兆瓦、2 台单机容量 50 兆瓦，总装机容量达到 22500 兆瓦，年发电量为 1016 亿千瓦时的机组。根据 2017 年数据，全球最大的在役火力发电厂内蒙古大唐国际托克托发电有限责任公司，其总装机容量达到 672 万千瓦，其中包括 8 台 60 万千瓦机组、两台 66 万千瓦机组、两台 30 万千瓦机组。

与之相比，在青海共和县，华为助力黄河水电公司打造了一个 2.2 吉瓦的光伏园区，占地 56 平方公里。该项目共 700 多万块光伏组件，每年可生产近 50 亿度清洁电力。我们做一个大胆的类比，如果要达到三峡同样的装机容量，那就需要 7000 多万块光伏组件，7 万多个逆变器（按照每个逆变器平均功率 300kW 计算）。要管理这样海量级别的设备单元，那就必须利用一系列数字化、智能化手段和技术。实际上，这个全球最大的光伏电站，已经大规模采用数字化和智能化技术。比如智能 IV 检测技术，仅用 10 分钟就可以完成 100 兆瓦光伏电站的在线远程全量扫描，相当于远程给电站做了全面的体检。而采用传统人工检测模式，需要 4 人组成的运维团队上站花费 2 个月左右才能完成。由此可见，从 2 个月到 10 分钟，数字技术的加持不仅实现了能源管理更精细化，而且让能源系统更加智能，效率得到大幅提升。通过融合信息流与能量流，用比特的优势提升瓦特的效率，实现能源系统的数字化感知、数字化控制、数字化管理，加速新能源替

青海共和光伏园区

代传统能源的步伐。

绿色清洁的可再生能源进入高速发展新阶段的同时,新一代数字技术加速向新能源领域渗透,推动能源格局重大变革,使光伏持续释放生命力。有这样几个趋势逐渐浮现出来。

第一个趋势是光储融合,构建以新能源为主体的新型电力系统。

当可再生能源点亮整个世界时,意味着传统能源将逐渐退出,或者成为备用能源。但太阳能、风能这些主流可再生能源极其依赖外界自然环境的变化,因此具有间歇性和波动性。密集的云层、飓风、极寒甚至天象都会影响光伏发电。数据显示,2015 年 3 月的日全食使德国的太阳能光伏发电出力减少了15GW。2021 年,欧洲各国输电系统网络运营商成立小组,进行了一整年的研究和准备,只为了应对 3 月出现的大规模日全食。

在新能源比例越来越高的情况下,如何维持电网的安全稳定运行?新能源如何弥补自身存在的问题?这时,储能成为"破题"的最优解决方案。配套储能将成为接入电网的必选项,并且在后续项目的建设中,以光伏为代表的新能源和储能的融合将成为一个必然趋势。

同时随着能源发电主体逐渐更迭,存在间歇性和波动性等问题的新能源,在并网过程中可能给电网系统带来安全隐患,包括系统惯量、频率调节能力降低,系统电压调控能力减弱,电网系统故障与震荡频发等,整个电网可能因此变得敏感脆弱,电网可靠性与安全性降低,这些都是电网公司关注的重点。

目前,正有越来越多的电网、电站运营商采用光储融合、全面智能的智能光伏解决方案,助力光伏电站产生优质电力。与此同时,光伏系统的全面智能化,将加速光伏成为"主力电"的进程。尤其是智能光储发电机的诞生,更成为新能源发电安全并网的关键。

智能光储发电机将数字技术、电力电子技术充分融合,协同光伏、储能等设备和系统,模拟同步发电机组的机电暂态特性,具有同步发电机组的惯量、阻尼、一次调频、无功调压等并网运行特性。智能光储发电机能帮助风电和光伏在并网过程中模拟传统火电厂、水电厂同步发电机组的技术指标,运用类似常规电源达到调峰和电网调度的要求,支撑电网频率、电压波动,保障电网安全稳定运行。

传统的光伏发电虽然已经可以实现对电网的支持适应，但大多采用 Grid-following 控制模式，稳定度相对较低。而智能光储发电机在这些基础功能之上又增加了增强电网的核心功能。

具体来说，智能光储发电机可基于 Grid-forming 智能光储协同控制算法，彻底改变发电机的控制模式，让整个系统更加稳定。新能源系统也因此可以更顺利地完成并网，提供调峰调频资源，甚至包括在故障期间提供短期用电保障。

可以说，Grid-following 控制模式与 Grid-forming 控制模式之间的迭代，让新能源并网效率出现了跨越式的提升。在大型电站中，配套构网型电压源储能也能优化同步调相机的配置，降低投资成本。

智能光储发电机的诞生，让光伏电站从基础的适应与支撑电网，转变为主动增强电网。并网效率、并网安全和投资成本等问题，都将迎刃而解。而且智能光储发电机与同步调相机协同，可以重构电网稳定性。

光储融合大势所趋，因技术突破带来的产业升级，正在成为构建以新能源为主体的新型电力系统的新势能。随着"光 + 储"成本下降，分布式光储在全球 50% 的国家已实现用电平价，在 30% 的国家内部收益率超过了 10%。

第二个趋势是储能无处不在。

储能将在新型电力系统中担当"蓄水池"和"调节器"。

《千字文》中说："日月盈昃，辰宿列张。寒来暑往，秋收冬藏"。储藏既是人类的本能，也是千行百业发展的基础方式。对于能源来说，我们不仅需要实现高效、清洁的能源生产，更需要对其进行有效的存储。

从宏观来看，实现高度可控且浪费极少的能源存储，是调节能源用量波动、实现能源高度集约化使用的关键。储能将会出现在各个能源领域，并且以更多样化的技术方式来实现。在未来，每一缕能量流都将十分珍贵。无处不在的储能，将帮助人类完成数字化能源新时代的"秋收冬藏"。

在众多的储能电池中，锂离子电池是其中的翘楚，以至于成为应用最广泛的一种电池形态。在新能源汽车的飞速发展带动下，锂离子电池的发展又上升了一个台阶。中关村储能产业技术联盟 2019 年统计数据显示，在全球电化学规模储能示范项目中,锂离子电池的占比高达 80%。

当然仅靠锂离子电池这一项储能技术并不能实现能源结构的最优化。尤其是在 2020 年以后,受锂资源供需紧张的刺激、储能发展的影响,叠加技术不断创新,钠离子电池的关注度不断提升,各国都开始了积极规划。因此,锂离子电池的替代或备选储能技术成为世界各国竞相布局的焦点,继锂离子电池之后的储能技术新星备受瞩目,而这个新星是钠离子电池。

在储能与电动汽车的大市场中,钠电池将与锂电池一起,支撑电网与交通领域的绿色发展。

在新型电力系统的"发、输、配、用"各个环节储能系统无处不在,起到"蓄水池""调节器""稳定器"的作用,并且从原来的备用系统成为主用系统,保证电网安全、稳定运行。

在清洁能源并网发电的过程中,储能在扮演的多个角色中,最为重要的是对电力系统调峰、调频的支持作用。高比例的可再生能源发电并网给电力系统调峰带来了较大压力,大规模储能系统通过自身的技术特性吞吐电能,可有效解决系统调峰问题。搭配体系完善、高度可控的储能技术,我们可以将用电低谷时清洁能源发电机组产生的多余电能储存起来,在电网用电高峰时进行释放,从而达到削峰填谷的目的。这样就可以有效减少清洁能源发电峰差大、不确定性高给电网造成的压力,同时也有助于通过精准、可控的电力调控实现节能减排。

将储能应用到输配电领域,让其参与调频、电压支撑、调峰、备用容量无功支持、缓解线路阻塞、延缓输配电扩容升级和作为变电站直流电源,可以很好地解决新能源并网带来的一系列问题。其中,在新能源功率输出平抑、计划出力跟踪等应用场景下,储能将配置在新能源发电侧;在电网频率调整、网络潮流优化等应用场景下,储能将配置在输电侧;在分布式、移动式储能等应用场景下,储能将配置在配电侧。因此,储能技术是推进可再生能源普及,实现节能减排的关键核心技术。

目前,许多国家已经将风储融合、光储融合作为调峰机组的首选。国际可再生能源署预测,2050 年全球储能累计装机规模有望达 9000GW 以上。在"碳中和"演进的历史进程中，储能将直接推动能源产业的变革。在清洁能源发电量、装机量不断提升的市场环境下，储能技术是必要的使能体系，全球储能市场也将迎来爆发式增长。

那么，储能技术本身的发展趋势与未来路径是怎样的呢？

今天，我们可以看到储能领域规模化发展势头十分强劲。随着新能源逐渐占据主体地位，独立储能容量、电站储能容量的规模越来越大，随之而来的安全问题不容小觑。尤其是很多光储电站位于偏远地区，存在救援不及时的可能。为了加强安全保障，电站运营商常常不得不加强巡检工作，这带来了极大的人力成本和负担。

2022年1月，韩国蔚山南区一座三层建筑的储能系统发生火灾，滚滚浓烟燃烧，一百余名消防员足足用了2小时40分钟才完成初步灭火工作。根据不完全统计，从2011年至2021年9月，全球储能安全事故已经发生了50余起。

向更深层追寻答案，我们会发现在规模化的储能系统中，电池模组被一个个串联起来，但根据串联电路的基本特征，电池可用容量只能达到最弱电池模组的容量，因此会产生电池模组串联失配问题，导致其他电池容量无法被充分利用。

纵向的电池簇之间，也被并联起来，但并联电路的基本特性决定了链路上的电池簇可用容量只能达到最弱电池簇的容量，电池簇并联也容易产生失配。

原子化的电池包被串联和并联成组，因技术所限而产生失配。这种失配不仅会影响电池寿命和容量，也存在着巨大安全隐患。当单簇电池中有一个电池模组出现故障时，由于系统不具备模组均衡功能，就必须由人工完成这项工作，这给安全运维带来了更大的负担。

要想解决这些储能技术本身面临的问题，就必须提升储能的精细化管理能力。储能系统规模越大，就越需要原子化的精细管理。现在业界的智能组串式储能是精细化管理的一种实现通路。

相关数据显示，电池包级精细化管理的储能系统市场份额，将从目前的小于5%，增至2050年的超80%。

智能组串式储能可以实现用电力电子的可控性解决锂电池的不一致和不确定问题，一包一优化、一簇一管理、分布式温控、全模块化设计等创新技术可以降低 LCOS 20%，提升放电效率 15%，同时实现更优投资，使得初始容量配置降低 30%，在运维方面节省 170 万元 /（MWh·年），使其从电池包级、电池簇级、系统级到云端，能够主动预警，四重联动保障安全可靠。

具体来说，通过"细致到包"的能量管理，智能组串式储能可以最大限度减少电池包串联失配的影响，提升整个储能系统的可用容量。另外，电池簇级别也得到了优化，在充放电过程中使电池簇容量更均衡，最大限度地减少电池簇间的并联失配问题，实现单簇能量管理。

智能组串式储能的"原子化思维"不仅体现在电池上，在温控方面也可以实现分布式温控，让每簇电池柜对应单独的组串级空调。每簇电池独立均匀散热，减少簇间电池温升造成的差异，以保证储能系统的温度均衡性。

智能组串式储能除了细致如"原子"，还实现了智慧如"先知"。

当先进的 ICT 与精细化管理相结合时，储能系统就有了预知未来的能力，比如可以精准定位衍生型内短路、精准计算内短路电阻、实时识别突发型内短路。电池火灾隐患，也同样能被 AI 预测。如果利用 AI 进行进一步的模型搭建，电池健康度、电池状态参数等数据，都能尽在掌握。

实现了"原子化"精细管理，又结合了智能技术，储能系统会出现以下几种明显的变化：

• 基础安全与主动安全的双重提升

通过电池包级管理和分布式控温，让电池运行得更加稳定，这还只是基础的安全保障。AI 算法对于电池寿命的测算、突发型内短路、衍生型内短路的精准定位，可以让我们掌握安全的主动权，做到防患于未然。

• 初始投入与持续投入的双重降低

保障放电效率、减少衰减因素，可以更好地延长电池使用寿命，降低储能的持续投入。通过精细化管理，智能组串式储能可以实现传统方案无法支持的新旧电池混用，用分期补电的模式，降低初始容量配置 30% 以上，最大限度降低初始投资成本。

• 运维成本的彻底变革

在传统储能方案中，运营成本大多来自电池的均衡调整。在传统电池簇模式中，当电池模组出现故障时，只能依靠专家人工上站，进行均衡调整。而智能组串式储能支持新电池自动优化充放，若想更换模组，只需要运维人员直接在现场更换备用电池。仅这一项，就可以把相关运维成本降低 90% 以上。

时代赋予了储能技术新角色，也对储能技术的演进提出了更高层次的要求。储能的系统安全、系统效率、电池寿命、运维难度等诸多问题都必须引起业界的重视。

对储能系统进行"组串式""智能化""模块化"创新设计的智能组串式储能，是储能技术未来发展的关键路径。面向数字化的能源新时代，储能在未来大有可为。

第三个趋势是千家万户畅享"沐光"生活，分布式光伏让"电从身边取"照进现实。

随着储能技术的升级，大规模光伏发电可以有效并入电网，实现清洁能源进入社会核心能源体系的目标。而在另一个舞台上，分布式光伏也在悄悄覆盖我们的屋顶，推动光伏能源全面进入普惠时代。

倘若细致观察，或许你会发现，能源转型的变局就藏在万家灯火和寻常巷陌中。

与大型光伏电站不同，分布式光伏可以利用随处可见的空间，大到园区的厂房屋顶、高速路旁的斜坡，小到普通农户家里的房顶、露天阳台，都能够为其所用。这种形式让光伏从大规模电站的巨型组织中化整为零，灵活地渗透到更多场景中，让更多个体享受到普惠的清洁电力。

自发自用、余量上网是分布式光伏的最大优势，在就地消纳光伏资源的同时，也可以将余量并入电网，获取收益。这些分布式光伏的优势正在推动屋顶光伏加速进入千家万户。

中国国家能源局数据显示，2022 年 1—9 月，中国分布式光伏新增装机容量 35.3GW，与 2021 年 1—9 月相比增长 115%。从装机类型上看，工商业分布式光伏接替户用光伏成为增长最快的分布式光伏。2022 年 1 月—9 月，新增工商业分布式光伏装机容量 18.74GW，同比增长 296%，在分布式光伏中占比 53%。新增户用光伏装机容量 16.95GW，同比增长 42%，在分布式光伏中占比 47%。

浙江嘉兴某分布式光伏电站

再从全球的光伏应用角度来看,分布式光伏发电也占据着重要位置,分布式光伏的应用占比在全球已经达到 79%。在日本和澳大利亚,分布式光伏发电占比超过 99%;在应用最成熟的德国,分布式光伏占比高达 86%。其他分布式光伏占比超过 80% 的国家,还包括美国和法国,分别为 82% 和 81%。

此外,欧盟委员会在 2022 年 3 月发布了名为"RepowerEU"的能源计划,计划到 2030 年新增光伏装机容量 600GW。计划提出,2022 年屋顶光伏发电量增加 15TW,并要求到 2025 年,所有新建筑和能耗等级 D 及以上的现有建筑,都应安装屋顶光伏设备。

分布式光伏市场的巨大潜力与开发优势,推动着建筑等领域快速开展光伏项目的建设。分布式光伏在逐步实现"电从身边取"的同时,也面临着来自安全方面的挑战。

分布式光伏系统中直流拉弧易引发火灾,直流高压存在触电隐患,以及配套储能系统后的电站安全性,都是业界最为关注的问题。随着光伏和储能与人们的生产和生活更加紧密地结合在一起,人身和财产安全变得格外重要。如何保障分布式光伏的安全?现在很多国家已经将光伏系统的直流拉弧检测、快速关断等功能纳入了必须满足的强制性标准中,光储安全的标准也在进一步完善中。

除了标准,技术创新也是保障分布式光伏安全性的重要手段。尤其像中国这样开展整县分布式光伏建设的国家,可以利用光伏项目盘活原本闲置的屋顶资源,带动当地就业的同时加速县域能源结构转型,兼顾生态环境,建设低碳县域。这就意味着,分布式光伏将成为光伏产业增长的动力源泉,光伏绿电将点亮千家万户。

在分布式场景中，主要通过三个安全：资产安全、消防安全和储能安全，来实现光伏系统无安全隐患，让电站投资百分百放心，让老百姓安枕无忧。

比如在资产安全方面，行业内有先进的智能电弧防护（AFCI）技术，可以通过 AI 技术的引入，及时准确判断电弧，快速关断，最大限度减少安全隐患。

在消防安全方面，通过配置优化器方案，实现组件级快速关断。当屋顶处于紧急状态时，可以实现组件电压的 0V 快速关断，为消防员提供更好的人身安全保障。

在储能安全方面，行业已经有技术可以实现储能系统的主动预警，全面保障系统安全，包括电池包级、电池簇级、系统级和云 BMS 级。

与此同时，大数据、物联网、能源管理云等数字技术与解决方案的应用，可以实现分布式光伏等电源安全、低时延接入，保障电网调度通道畅行无阻，实现基于分布式能源系统的"源—网—荷—储"全链可视、高效协同和安全调度。

在数字能源带来的一系列价值升级中，智能化技术成为分布式光伏发展的加速器。分布式光伏被誉为积沙成塔、撒豆成兵的"全民碳中和"，智能化技术可以为这一目标带来一系列关键价值，比如：

- 智能化技术可以实现屋顶资源的充分利用。民居屋顶经常有着各种各样的复杂元素，诸如空调外机、女儿墙、树木遮挡等都会降低光伏的使用效率。而如果屋顶采用组件级智能化技术，通过光伏优化器，可以使每块组件集成独立发电单元（MPPT），组件间发电互不影响，屋顶安装面积总体可以提升 50% 以上，真正实现分布式"宜建尽建"的目标和要求，为"碳中和"目标的实现做出更大贡献。

- 智能化技术可以应对分布式光伏的运维管理难题。光伏分布在千行百业，造成了巨大的运维负担。而依靠 AI 可以连接海量的分布式能源系统，从而让广大地域内的分布式光伏系统实现智能化运行、调度、管理。

- 智能化技术可以提升分布式光伏的管理水平。通过能源管理云平台，可以实现分布式光伏的运营可视、降碳可视，从而让分布式光伏项目从整体开发、建设到运营，更加科学、规范、有序。

数字化的能源新时代，分布式光伏的普惠特性彰显了出来，它不仅进入千行百业，而且正在走入千家万户，真正实现"飞入寻常百姓家"。

2022 年夏天，极端高温带来了用电紧缺，能源与气温巨变的波动，影响到了每一个普通人。在空调安置率高的地方，居民自觉提倡将空调调至 26℃；而在一些空调安装率相对较低的地方，陡然上升的高温，给人们的工作生活造成了极大影响。

如果未来气候变化的趋势一直持续下去，人们若想应对高温天气，不可避免地需要更高的空调安装率和更长的空调使用时长。电费支出和由此产生的碳排放、电网负载，对于每个家庭甚至整个世界来说，都可能成为难以承受之重。

想要实现"空调自由"，就需要普及户用光伏。

让我们来想象这样一幅画面：一户家庭中，屋顶上覆盖着光伏板，产生电力供整个家庭使用，从每个房间的空调等电器，到家中的充电桩，不论白天还是黑夜，这些用电需求都被光伏覆盖，家庭能源需求得到有效满足。并且独立于传统的能源网络，光伏板在用电高峰时不增加市用电网的压力，甚至光伏产生的余电还能并入电网，成为家庭的"躺赚"收入。由此减少的碳足迹，必然会让这个世界增添一抹显眼的绿色。

这个场景看似玄幻，实际上在一个前提和两重保障之下，未来正在奔跑着向我们而来。

首要的一个前提，是分布式光伏用电成本可控。

当企业建设大规模光伏电站或分布式光伏电站时，其会考虑到投资性价比的增长空间，适度超前投资建设光伏电站。但对于户用光伏来说，背后是一个个普通家庭，其考虑更为实际——户用光伏的发电量有多高？能否满足家庭日常消耗？

想实现自发自用，首先要采用光储一体的户用光伏方案，白天发电、储能，晚上利用储能系统中的能源。但如果综合光伏部件和储能设备的成本不低于传统能源的市电用电成本，户用光伏就很难在大众间真正普及。

好在随着技术的进步和光伏成本的下降，已经有切实的数据证明了这一前提。

在中国东莞某住宅，一户业主过去一年用电量近 4 万度，平均用电量的每度电成本高达 0.8 ~ 1 元。业主在应用华为家庭绿电解决方案后，利用屋顶面积约 200 平方米，部署 30kW 光伏 +45kWh 储能系统，白天光伏发电可满足家庭日常用电需求，光伏产生的富余电能同时给储能系统充电，晚上储能系统放电满足夜间用电需求，基本实现家庭清洁电力 100% 覆盖。

安装华为家庭绿电解决方案的东莞某住宅

在一些较为偏远的地区，光电成本已经低至 0.35 元 / 度，已低于家庭使用的市电成本，由此在价格上比火电更有竞争优势。一些贫困的乡村甚至可以在自给自足的同时，享受光电并网带来的利润分红。

2020 年，在宁夏原隆村，家家户户都安装了太阳能光伏板。光伏电站不仅为村民带来了普惠的绿色电力，多余的电能在并入大电网后，也为村民带来 85 万元的收益。这些收入约占集体经济收入的五分之一，全部用于村民与村社公益性支出。

在太阳能资源优良、电网接入消纳条件好的农村地区和小城镇，居民屋顶光伏工程仍在推进。结合新型城镇化建设、旧城镇改造、新农村建设、易地搬迁等统一规划建设屋顶光伏工程，许多光伏小镇、光伏新村正在兴起。

在"政策 + 商业"双轮驱动下，光伏从少数国家引领部署，加速向全球规模化部署转变。2015 年，全球仅有 7 个国家光伏年装机部署规模超过 1GW，到 2022 年已经迅猛增长至 28 个国家。

当屋顶下的你我他 24 小时全部享用清洁绿电时，我们的生活将更加舒适、绿色和可持续。清新的空气和头顶碧蓝的天空，会成为每个家庭代代相传的最佳礼物。

风电：从"机组大型化"窥见低碳新风向

人类利用风能的历史由来已久，最早可以追溯到 4000 年以前，早期人们主要利用风能驱动风车进行取水、灌溉、磨面，驱动风帆航行。直到 19 世纪末，出现了人类历史上第一台风力发电机组，人类对风能的利用进入了新时期。

丹麦是全球公认的新能源发展强国，也是最早开始着手利用风力发电的国家之一，但起步之初丹麦的整个风力发电市场基本是小范围发展的状态。直至 20 世纪 70 年代，凛冬呼啸而来，脆弱的欧洲经济面临着能源危机，同时，其也受困于化石燃料发电所带来的环境污染。由此，风力发电得到了许多国家的重视。

此后，美国、荷兰、英国、德国、巴西、澳大利亚等国均在风力发电的研究与应用方面投入了大量的人力和资金。一些比较先进的风力发电技术在那个时期逐渐崭露头角，并得到广泛应用。

在全球可持续发展大势中，大力发展可再生能源已成为全球能源革命和应对气候变化的主导方向及一致行动。风力发电在很多国家已成为清洁、低碳并具有价格竞争力的能源形式。

风力发电机组由叶轮、机舱、塔筒等基础部件组成，它的发电原理非常简单。机组利用风力带动风车叶轮旋转，将风能转化为机械能，发电机再将机械能转化为电能。这些电能通过风电场输送到电网，就可以变成千家万户使用的清洁风电了。风力发电场通常位于风能较为丰富的荒漠、山区或近海，以便利用其优质的风力条件。

如今，风力发电作为技术成熟、环境友好的可再生能源，已在全球范围内实现大规模开发应用。

风电在美国已经成为最常用的一种可再生能源。2019 年是美国风电建设大规模增长的一年，美国的年度风力发电量首次超过了水力发电量。这一年美国近 200 个风电项目投入建设，33 个州共计 191 个建设中的风电项目，涉及的投资金额达到 620 亿美元。

根据美国能源信息署发布的发电装机清单，2020 年美国有 18.48GW 的风力发电机组投入商业运行，新增装机容量最多的是陆上风机项目，约占 42%，太阳能占到新增装机容量的 38%。

《2022 全球电力评论》报告中的数据显示，澳大利亚、土耳其、巴西、美国这四个国家风电占比从 2015 年到 2021 年，大约翻了一番。在欧盟，丹麦的风电占比最大，达到 48%；英国和德国均超过 20%。

全球风能理事会指出，2021 年风电行业景气度很高，2021 年全球新增风电装机容量 93.6GW，比 2019 年增加了 53%，全球累计装机容量 837.5GW。而中国是全球风电开发潜力最大的国家之一，中国国家能源局数据显示，截至 2022 年 10 月底，风电装机容量累计约 350GW，同比增长 16.6%，可开发空间非常大。

我们可以看到，风能在全球能源结构中的地位变得越来越重要。

在风电装机数量突飞猛进之外，过去很长一段时间里，随着技术不断升级与规模化应用，风电展现出了生机与活力。陆上风电和海上风电陆续进入平价时代，也很好地佐证了这一点。

根据国际可再生能源署的数据，2010—2018 年，全球陆上风电的平均平准化度电成本（LCOE）下降了 25%，从 0.08 美元 / 千瓦时（约合人民币 0.56 元 / 千瓦时）下降至 0.06 美元 / 千瓦时。2030 年，这一指标有望降至 0.03 ~ 0.05 美元 / 千瓦时，2050 年预计降至 0.02 ~ 0.03 美元 / 千瓦时。

全球海上风电的 LCOE 虽然在 2010—2018 年期间仅下降了 18.6%，从 0.16 美元 / 千瓦时降低至 0.13 美元 / 千瓦时，但目前进入了快速下降通道，预计到 2030 年将降至 0.05 ~ 0.09 美元 / 千瓦时，2050 年将降至 0.03 ~ 0.07 美元 / 千瓦时。

与此同时，风机大型化成为发展趋势。所谓风机大型化，简单来说是对单台风电机组发电功率进行提升，实现容量大幅增加。这主要通过改装风电机组的叶片、增高塔筒等设计途径实现。过去主流的 3MW 风机叶轮直径约 160 米，而目前在研的叶轮直径已经达到了 200 米以上。

风机大型化对于风电机组降低成本来说是非常有效的手段。从效率的角度来看，大容量机组意味着更大的扫风面积和更高的轮毂高度，机组切入风速更低，单位容量在同一位置的利用小时数更高。而在成本侧，使用大容量机组可以大幅减少风电场的机组台数，从而有效降低分摊到单位容量的原材料、吊装、线路等投资成本，并降低后期运维和管理成本。尤其在风能资源及土地资源紧缺的情况下，采用大容量机组可以解决风电机组点位不足的问题，提升有限空间内风电场开发容量和空间利用率。

据《平价时代风电项目投资特点与趋势》测算，以一个约 100MW 的项目为例，当机组单机容量由 2 兆瓦增加至 4.5 兆瓦时，塔架、安装、道路、线路、土地等投资成本显著降低；静态投资可降低 932 元 / 千瓦，降幅 14.5%；LCOE 可降低 0.0468 元 / 千瓦时，降幅 13.6%。风机大型化可显著降低项目投资成本和度电成本，提高平价时代风力发电的综合竞争力。由此可见，风机容量向大型化的趋势发展顺理成章。

伴随风电技术的不断进阶，兆瓦级风机成为风力发电机的主流。从装机情况看，风电机组平均功率在持续提升。根据 Nature Energy 的数据，2019 年陆上在装中型风机平均容量为 2.5 兆瓦，叶轮直径为 120 米，塔筒高度为 89 米；海上在装中型风机平均容量为 6.0 兆瓦，叶轮直径为 150 米，塔筒高度为 103 米。至 2035 年，陆上在装中型风机平均容量有望达到 5.5 兆瓦，叶轮直径达到 174 米，塔筒高度达到 130 米；海上在装中型风机平均容量有望达到 17 兆瓦，叶轮直径达到 250 米，塔筒高度达到 151 米。

世界风力发电技术逐渐完善，就其发展趋势而言主要体现在容量的变化上，由小容量向大容量发展；由陆上风电向海上风电发展；结构设计向紧凑化、柔性化发展。其中，风机大型化已经成为未来世界风能发展的共同趋势。风机大型化让降本趋势明显，风电规模化发展加快。

乘"风"而起，风电行业进入新一轮的成长期，全球用能低碳化的画卷徐徐展开。

水电："一专多能"的调节利器

水电是世界公认的清洁可再生能源，其原理是利用水位的落差（势能）在重力作用下流动（动能），例如从河流或水库等高位水源将水流引至低位处，流动的水冲击水轮机使之旋转，带动发电机发电。

中国汉朝就将水作为一种能量用于推动机械运转来提高生产力了。当时的人们，用垂直放置的集水车轮带动杵锤碾磨稻谷、碎石和造纸。

1769 年，英国人理查德·阿克莱特改进发明了新型水力纺纱机。1771 年，他联合两名针织品批发商在英格兰德文特河河谷建立了英国第一家棉纺织厂。由水力驱动的纺纱机与原来的手动珍妮纺纱机不同，其纺纱质量和效率都得到了大幅提升。

或许是历史的巧合，6 年后，阿克莱特第一次使用蒸汽机将水泵到蓄水池，而不是直接使用蒸汽机驱动机械工作。如果他能够早于瓦特发明同样应用于纺织业的改良型蒸汽机（俗称纽科门机），英国工业革命的历史可能就要被改写了。

尽管如此，阿克莱特的企业在整个德文特河河谷依旧迅速扩张，他所建立的庞大公园建筑群也成为世界遗产地之一，阿克莱特被誉为"近代工厂之父"。

可以说，水电是开启英国工业革命序幕的前奏。如今，在全球许多地区，水电仍然在促进国民经济发展、提升国家科技实力、改善基础设施与民生方面发挥着举足轻重的作用。

纵观全球水电发展史，水电大多具有"一专多能"的效应，除了用于常规发电，还具备防洪、灌溉、供水、航运等多重功能。因此在世界上绝大多数国家，水电不仅只有能源利用这一重身份，而是集多重身份于一身，服务于国家的经济发展与民生改善。除此之外，由于其具备调峰、调频、调相功能，启停灵活，尤其具备黑启动能力，也常常被认为是电网友好型能源，是电网的"基荷"担当、调节利器。

截至目前，水电已经是能源家族中技术最成熟、应用最广泛的清洁可再生能源之一，全球范围内超过 100 个国家已经明确将继续发展水电。

从全球分布来看，受地理环境与气候条件影响，全球水能资源分布极不均衡。从技术可开发量来看，亚洲占 50%，南美洲占 18%，北美洲占 14%，非洲占 9%，欧洲占 8%，大洋洲占 1%。[①]

根据国际水力发电协会（International Hydropower Association，IHA）发布的《2021 年水力发电状态报告》，2020 年世界上水力发电总量达 4370 太瓦时，其中水力发电量最多的国家依次是中国（占全球总量的 31%）、巴西（9.4%）、加拿大（8.8%）、美国（6.7%）、俄罗斯（4.5%）、印度（3.5%）、挪威（3.2%）、土耳其（1.8%）、日本（2.0%）、法国（1.5%）。

2020 年，世界上水力发电最多的地区是亚太地区，约占全球总量的 37.6%。中国尤为突出，约占全球总量的 31%，约占亚太地区的 82.5%。

在中国 960 万平方公里的广袤国土之上，河流星布且径流丰沛，水能资源理论蕴藏量达 6.76 亿千瓦。尤其自西向东的三大河流长江、黄河、澜沧江，天然水能落差高达 5360 米，水能资源理论蕴藏量约 4 亿千瓦。

水电是仅次于火电的第二大电源，同时也是现阶段经济性最好的电源，全球水电平均度电成本在 0.25～0.5 元 / 千瓦时，低于火电、风电和光伏发电的平均成本。中国一直秉持着"积极稳妥开发水电"的指导方针，深入推进"三江流域"大型水电基地建设。截至 2020 年底，中国常规水电装机容量达到 3.4 亿千瓦，占电源总装机容量的 16.8%；水电发电量达 1.36 万亿千瓦时，占总发电量的 17.8%。

自 2014 年起，中国水电装机容量与发电量持续 8 年领跑全球。2020 年，中国水力发电量 1.35 亿千瓦时，水电装机容量 3.7 亿千瓦，具备单机 100 万千瓦水轮机组设计制造能力。这一成绩的取得，是过去 70 多年几代水电人不断求索的结晶。从零到一，从无到有，从石龙坝到新安江，从新安江到三峡工程，再到溪洛渡、向家坝、乌东德、白鹤滩……中国一步步从水电大国迈向水电强国。

[①] 《全球水电开发现状及未来趋势》，作者：周建平、杜效鹄、周兴波，《中国电业》2020 年 7 月。

金沙江 4 座巨型水电站一览表

水电站名	装机容量 （万千瓦）	年发电量 （亿千瓦时）	坝高 （米）	库容 （亿 km²）	完工年限
向家坝	775	307.47	162	51.85	2015 年
溪洛渡	1386	571.2	285.5	115.7	2015 年
乌东德	1020	389.1	270	74	2021 年
白鹤滩	1600	602.4	289	206.27	未完工

截至目前，中国水能资源开发率约为 50%。在待开发的水能资源中，82% 集中在西南部的云、贵、川、渝、藏 5 个省（自治区、直辖市），适宜进行规模化集中开发。在综合考虑水资源与负荷中心分布特点的前提下，中国规划了七大水电基地并对开发时序进行了周密部署。中国水电基地主要分布在西南部的崇山峻岭之间，而负荷中心则主要分布在华南、东南等人口稠密地区。于是以雅中—江西、向家坝—上海、锦屏—苏南、溪洛渡—浙西等为代表的特高压直流输电工程，将水电基地与负荷中心连接在一起，成为长距离、跨区域调度清洁电力的空中走廊。

未来，中国还将持续深入推进金沙江上游、雅砻江、澜沧江、怒江、黄河上游、雅鲁藏布江等水电基地的建设，预计到 2030 年、2050 年、2060 年，中国常规水电装机容量将分别达到 4.4 亿千瓦、5.7 亿千瓦、5.8 亿千瓦。[①]

同时，为配合清洁可再生能源发展总体战略部署，中国已将黄河上游、金沙江上游、雅砻江、金沙江下游纳入国家九大清洁能源基地，搭配风电、光伏、储能，使其升级为"风光水储一体化"基地。

2022 年 11 月 30 日，位于川藏交界处的金沙江上游清洁能源基地开工建设的首座电站——苏洼龙水电站最后一台机组正式投产发电。至此，苏洼龙水电站 4 台机组，共 120 万千瓦全部投产运行，金沙江上游清洁能源基地建设取得重大标志性进展。

---

① 《中国 2060 年前碳中和研究报告》，作者：全球能源互联网发展合作组织，中国电力出版社 2021 年 6 月第 1 版。

中国西南地区水电基地装机容量一览表（单位：万千瓦）

流域	2030 年（预计）	2050 年（预计）
金沙江	7200	8061
雅砻江	2400	2895
大渡河	2600	2681
澜沧江	3100	3157
怒江	1800	3687
雅鲁藏布江	0	5815
帕隆藏布江（含易贡藏布）	0	1347
合计	17100	27643

核电：无法忽视的"新新能源"

在全球能源家族中，核电无疑是后来者。核电是全球公认的高效的、稳定的清洁电源，与传统化石能源相比，核电在生产中不排放温室气体；与风电、光伏发电相比，核电单机容量大、运行稳定、利用小时数高，可以实现大功率稳定发电，更适合作为基荷电源。同时，核电还具备一定的调峰能力，近年来美国、德国、法国等国家的核电机组已适度参与日调峰。

回顾全球核电发展史，21 世纪之前大致可分为三个阶段：1954—1965 年为验证示范阶段，第一代核电站在美国、苏联等大国陆续投建，在此期间共有 38 台机组投入运行；1966—1980 年为高速发展阶段，更加经济安全的第二代核电站成为欧美工业化进程中重要的能源支撑，特别是美国轻水堆核电的经济性得到验证之后，形成了核电建设的第一波高潮，在此期间全球共有 242 台核电机组投入运行，联邦德国、日本、巴西等国也加入发展核电的行列；1981—2000 年发展滞缓，主要是受到两次核事故的影响，核电在全球范围内招致公众的抵触，致使核电发展速度明显放缓。据国际能源署统计，1990 至 2004 年间，全球核电总装机容量增长率由 17% 下降至 2%。

进入 21 世纪后，随着传统能源资源的日益枯竭，温室气体减排压力剧增，加上核电在安全性与经济性方面取得长足进步，核电再度成为多国寻求能源转型的选择之一，并被纳入国家发展规划。尽管在此过程中，日本福岛核事故迫使各国重新评估、审视乃至调整核电发展规划，但并未从根本上扭转核电大国的发展方向，只是大大提高了核电机组设计与运行的安全标准。

实际上，核电作为一种经济、稳定、可持续的能源，仍在渐进复苏。2012年2月至3月，美国相继批准了4台AP1000三代核电机组，分别是位于南卡罗来纳州的V.C Summer 2号、3号机组和位于佐治亚州的Vogtle3号、4号机组。

2013年3月，英国、法国、西班牙等12个欧盟国家联合签署部长级联合宣言：表示将继续维持作为重要低碳能源之一的核能发电。除了上述三国，保加利亚、捷克、芬兰、匈牙利、立陶宛、荷兰、波兰、罗马尼亚、斯洛文尼亚也在推动核能发电。在12个欧盟国家中，除了荷兰和波兰，其余10国的核电上网电量占总发电量的比例都超过了10%。

截至目前，压水堆成为世界上在运核电站的主流堆型。1957年，美国建成世界上第一座商用压水堆核电站。此后历经数十年发展改进，技术上取得多次重大突破，特别是美国西屋公司开发的第三代核电技术AP1000，在经过中国引进、消化、吸收、再创新之后，成为目前广泛应用的压水堆核电技术。

1999年6月，美国能源部首次提出了建设第四代核电站的倡议。2000年1月，在美国的倡议下，美国、英国、瑞士、南非、日本、法国、加拿大、巴西、韩国和阿根廷共10个有意发展核能的国家联合成立第四代核能系统国际论坛（GIF）并在发展核电方面达成共识。其基本思想是：全世界（特别是发展中国家）为了社会发展和改善全球生态环境需要发展核电；第三代核电还需改进；发展核电必须提高其经济性和安全性、减少废物、防止核扩散；核电技术要同核燃料循环统一考虑。

第四代技术已不仅仅局限于核电技术，而是一个更具有整体意义的"核能系统"概念。可以期待，第四代核能系统将会具有更强的安全性、经济竞争力且核废物更少。可有效防止核扩散的先进核能系统，代表了先进核能系统的发展趋势和技术前沿。

在此基础之上，高温气冷堆、快堆等第四代核电技术的研究与示范应用也在如火如荼地开展。核电技术的比拼与角逐，与汽车工业技术、航空发动机技术一样，已成为展示一国技术实力的标志。

国际原子能机构（IAEA）于 2022 年 9 月 26 日发布的《直至 2050 年能源、电力和核电预测》称，截至 2021 年底，全球共有 437 台在运核电机组，总装机容量 3.9 亿千瓦；在建核电机组 56 台，装机容量为 581 万千瓦；2021 年，全球核电发电量 2.65 万亿千瓦时，占全球总发电量的 9.8%。

在应对气候变化这一全球共同挑战的征程中，核电仍然是无法被忽视的"新新能源"。2021 年 11 月在第 26 届联合国气候变化大会上，多国承诺将致力于实现 2050 年净零排放目标，并认为核能可以为这一目标做出重大贡献。要实现《巴黎协定》提出的目标，各国需要制定必要的能源政策并进行相应的市场改革，以推动核能发展。

国际能源署在 2021 年 5 月发布的《2050 年净零排放：全球能源行业路线图》中指出，在全球到 2050 年实现"碳中和"这一情景中，约有一半的减排量将来自目前尚处于研发阶段的技术，包括模块化小堆及其他先进反应堆技术。如果核能未来能够实现规模化多元应用，即除了用于发电，还用于制氢、区域供暖、海水淡化等，核能就将为实现气候变化目标做出更大贡献。

因此，国际能源署在综合分析在运机组的现状，以及未来几十年内可能发生的机组延寿、停运及建设等情景的基础上，预测出两种情景下的 2050 年全球核电装机容量，分别是低值情景（保守情景）下的 4 亿千瓦和高值情景（大胆情景）下的 8.7 亿千瓦。

中国是核电大国，也是截至目前全球在建机组最多的国家之一。来自中国核能行业协会的数据显示，截至 2022 年 10 月，中国在运核电机组共 53 台，总装机容量 5559.47 万千瓦，总运行堆年为 514.44 堆年，机组数量及装机容量均位列世界第三；已核准及在建核电机组共 23 台，总装机容量 2539 万千瓦，居世界第一。

2021 年以来，中国自主研发的三代核电技术"华龙一号"国内外首堆相继投入商运，正式步入批量化、规模化建设阶段；大型先进压水堆重大科技专项"国和一号"示范工程建设进展顺利，预计将在 2023 年底前建成投产；山东荣成华能石岛湾高温气冷堆示范工程已于 2021 年成功并网发电，成为全球首个并网发电的球床模块式高温气冷堆；福建宁德霞浦示范快堆 1 号、2 号机组先后于 2017 年、2020 年开工建设，预计将在"十四五"期间建成投产；海南昌江多功能模块化小型堆"玲龙一号"示范工程已于 2021 年开工建设；陆上小型压水堆及海洋核动力平台的研发持续开展；液态燃料钍基熔盐实验堆工程建设正在稳步推进，铅基快堆等研发也取得了重要进展。

在核电运行安全性方面，中国核电已位居国际先进行列。世界核电运营者协会（WANO）发布的 2022 年第二季度业绩指标数据显示，中国核电厂具备统计 WANO 综合指数的 51 台核电机组中，34 台机组的综合指数为 100（满分），占中国运行核电机组总数的 66.67%，占世界满分机组（65 台）的 52.3%，WANO 满分机组比例超过美国、俄罗斯、法国、韩国等国。

截至目前，核能的和平利用已经远远超出了发电的范畴。通过开展综合利用，核能还将在供热、制冷、工业用汽、制氢、海水淡化等领域发挥重要作用，为"碳中和"目标下的经济社会低碳转型提供多元化的解决方案。

在核能供热方面，中国已有成功案例。在中国北方城市山东海阳和辽宁大连，核能供热替代了传统燃煤锅炉，供热面积接近 100 万平方米，每个供暖季节约煤炭超过 15 万吨，减排二氧化碳近 20 万吨。

在核能利用领域，还有一项被认为是人类终极能源的技术，即核聚变。作为代表核能未来的核技术——核聚变堆（俗称"人造太阳"）的研发也在中国取得重大进展。

2020 年 12 月 4 日，新一代"人造太阳"装置中国环流器二号 M（HL-2M）装置建成并实现首次放电，这标志着中国自主掌握了大型先进托卡马克装置的设计、建造、运行技术，为中国核聚变堆的自主设计与建造打下坚实基础。

2021 年 5 月 28 日，世界首个全超导大型托卡马克装置东方超环（EAST）不断刷新在 1 亿摄氏度超高温度下的运行时间纪录。

2022 年 11 月 22 日，全球最大"人造太阳"国际热核聚变实验堆（ITER）的核心部件——被誉为 ITER"防火墙"的增强热负荷第一壁取得重大进展，完成了首件制造。这标志着中国全面突破"ITER 增强热负荷第一壁"关键技术，实现该项核心科技持续领跑。

随着"华龙一号""国和一号"三代核电技术步入批量化、规模化应用阶段，加之核聚变堆研发取得的突破性进展及国际合作的持续深化，中国正在实现从核电大国到核电强国的历史性跨越。

氢能："碳中和"重要一极

2022 年 2 月 4 日晚，举世瞩目的北京冬奥会在国家体育场"鸟巢"拉开帷幕。作为本届奥运会开幕式的最大亮点，此次点燃主火炬的燃料是氢气，由中国石化燕山石化提供。不仅如此，境内接力火炬全部应用氢燃料，加上赛事期间大量使用的氢燃料电池接驳车，共同助力北京冬奥会成为奥林匹克运动史上真正的绿色盛会，而氢能必将作为"绿色奥运"的标志之一与奥林匹克精神一道被载入奥运史册。

氢能为何大受追捧？其生产与应用是否足以形成竞争力？氢能产业链是否存在不可逾越的短板？它能否成为通往"碳中和"之路的股肱之臣？

要解答上述一系列问题，我们不得不从氢这一自然界广泛存在的元素说起。

在门捷列夫的元素周期表中，排在第一位的就是氢（H）。它无色无味，是自然界中最为丰富的元素，因此也被称为第一元素。

从历史上看，三次能源革命伴随着这样一个不易为人察觉的规律：碳含量逐渐降低，氢含量逐渐上升。在燃料中，氢原子与碳原子的数目比例从固态的煤（1∶1），到液态的石油（1∶2），再到气态的天然气（1∶4），脱碳不断加速，氢含量越来越高。

当氢能被人们挖掘出来并寄予厚望之时，科学家们也纷纷出来表态，将氢能视为"21 世纪的终极能源"。

毋庸置疑的是，氢能作为零污染、零排放的绿色能源，能量密度大、转化效率高、储量丰富、适用范围广。然而，现实挑战是，其生产、储运安全与成本问题亟待突破，但这并不妨碍氢能在 2019 年的中国"火"了。

2019 年，《政府工作报告》首次将氢能纳入其中，增加了"推进充电、加氢等设施建设"这样的表述。

一时间，山西大同、吉林白城、广东佛山纷纷扛起"氢都"大旗，争相布局，一场"氢都"之争大有愈演愈烈之势。在企业方面，中国石化、国家能源集团、中国华能等企业纷纷入局，加快布局氢能的步伐。因此，人们将2019年称为氢能产业元年。

2021年9月，中国再次提出，要统筹推进氢能"制储输用"全链条发展，推进可再生能源制氢，加强氢能生产、储运、应用关键技术研发、示范和规模化应用。

在国际上，氢能也早已不是新鲜事物。20世纪70年代以来，氢能在全球许多国家和地区得到研究。而氢能的应用则更早，可以追溯至19世纪弗朗索瓦·艾萨克·德里瓦兹发明的氢内燃机车和威廉·格罗夫发明的氢燃料电池。

如今最为普遍的氢能应用——氢燃料电池汽车，则肇始于20世纪50年代美国的通用汽车。1966年，通用汽车推出一款名为Electrovan的氢燃料电池汽车，这款车采用了面包车的外形，而非采用与其同时期出产的动力电池车Electrovair相同的轿车外形。据称，这主要是考虑到在当时的条件下，一方面作为反应气的氧气和氢气都需要用储存罐来存储，需要空间；另一方面氢燃料电池堆的体积在当时还无法像现在这样小，也需要足够的空间来安放。2014年，日本丰田汽车推出全球首款量产氢燃料电池汽车Mirai，日本因此成为全球氢燃料电池汽车领域的领头羊。

氢能产业链，包括制氢、储氢、输氢、用氢四个环节。在上游制氢环节，人们根据不同的氢能制取来源将其分为灰氢、蓝氢和绿氢。灰氢是指化石原料制氢，蓝氢来自天然气和CCUS，绿氢则指利用风电、光伏等清洁能源通过分解水所制取的氢能。

而制氢的技术路线则五花八门，截至目前有氯碱工业副产氢、电解水制氢、化工原料制氢（主要是甲醇、乙醇和液氨裂解）、化石燃料制氢（主要是石油裂解、水煤气法等）、新型制氢（生物质、新型电解水制氢）等多种途径。

储氢则包括气态、液态和固态合金三种方式。

氢气的运输则集中在罐车运输与管道运输两种方式上。

氢能除了目前在广为人知的氢燃料电池汽车中被使用，还在氢气炼钢、工业合成氨、煤与石油化工、航空航天等领域得到应用。

据国际能源署《全球氢能评论 2022》，2021 年，全球氢能需求达到 9400 万吨，恢复到疫情前的水平（2019 年为 9100 万吨），包含的能量相当于全球最终能源消耗的 2.5%。其中，大部分的增长来自炼油和工业等传统用途，新应用的需求增长到约 4 万吨，较 2020 年增长了 60%。[①]

日本是最早将发展氢能作为国家战略的国家之一。早在 2017 年，日本政府就发布了《氢能基本战略》，提出了氢能应用战略步骤和目标，意在打造一个"氢能社会"。该战略的主要目的是实现氢能与其他燃料成本平价，建设加氢站，替代燃油汽车（包括卡车和叉车）及天然气与煤炭发电，发展家庭热电联供燃料电池系统。具体政策包括：稳定、低成本地利用氢能源；研发氢供应链条国际化的关键技术；推动氢燃料电动汽车和氢气站的应用；普及氢燃料电池公共汽车、船舶等；在相关工业生产过程中探索氢能利用的可能性；研发氢能源利用的关键技术。

2011 年之后，日本加快了氢能替代的步伐，目前已经在燃料电池汽车、家庭热电联供等领域取得一定的成效，也逐步在氢能的无碳排放生产、氢能发电、氢能社区等领域进行示范试验，并在此过程中不断完善相关法律，加大政府支持力度并给予补贴，开展国际合作。

随着"碳中和"成为全球共识，氢能以其"零碳排放"优势再次进入全球视野，得到各国政府的大力支持，美国、英国、欧盟等发达经济体纷纷出台氢能战略，试图抢占氢能发展制高点。

2020 年 11 月 12 日，美国能源部发布《氢能计划发展规划》，提出未来十年及更长时间的氢能研究、开发和示范总体战略框架。该规划更新了其在 2002 年发布的《国家氢能路线图》和 2004 年启动的"氢能行动计划"，在综合考虑了下属多个办公室先后发布的氢能相关计划和文件的基础上，明确了氢能发展的核心技术领域、需求、挑战及研发重点，并提出了氢能计划的主要技术经济目标。

---

① 数据来源《全球氢能评论 2022》，国际能源署。

2021 年 7 月，美国能源部宣布投入 5250 万美元资助 31 个氢能项目，旨在推进下一代清洁氢能技术，该项目是美国能源部"氢能攻关计划"的一部分。8 月，美国能源部推出"能源地球"计划，加速氢能创新，满足清洁氢能需求，并计划将清洁氢能的成本降低 80%，达到 1 美元 / 千克。

2020 年 12 月 17 日，加拿大发布联邦氢能国家战略，旨在支持 2050 年前实现净零碳排放的计划，并使加拿大成为全球前三的氢能生产国。基于此，加拿大还明确了将蓝氢作为近期的主要制氢来源之一，生产方式包括电解、生物质分离制氢、工业副产氢。在运输方面，加拿大依靠建设新的天然气配送基础设施支持纯氢的就地配送。在终端用途方面，侧重于三个用途，分别是运输和发电用燃料、工业和建筑用热、原料和产品。

2020 年 7 月，欧盟发布《欧盟氢能战略》，提出了欧洲长期发展氢能的战略蓝图。欧盟委员会认为，氢能是实现《欧洲绿色协议》和欧洲清洁能源转型的关键选项。针对欧盟如何将清洁氢能转化为可行的解决方案，《欧盟氢能战略》提出了渐进的氢能发展目标：在第一阶段，即 2020 年至 2024 年，欧盟将安装至少 6GW 的可再生氢能电解槽，生产多达 100 万吨的可再生氢能；在第二阶段，即 2025 年至 2030 年，欧盟安装至少 40GW 的可再生氢能电解槽，生产多达 1000 万吨的可再生氢能；在第三阶段，即 2031 年至 2050 年，可再生氢能技术成熟并被大规模部署，可以覆盖所有难以脱碳的领域。

法国、德国、荷兰、葡萄牙、西班牙、意大利氢能规划一览表

国家	绿氢产能	氢燃料电池车目标	氢产业结构	资金规模
法国	电解槽产能 6.5GW（2030 年）	①2 万~5 万辆乘用车和轻型商务车；800~2000 辆重型汽车（2028 年）②400~1000 个加氢站（2028 年）	①绿氢在氢气中的比例达到 10%（2023 年）②绿氢在氢气中的比例达到 20%~40%（2028 年）	70 亿欧元（2020—2030 年）
德国	电解槽产能 5GW（2030 年）电解槽产能 10GW（2040 年）	/	①本土钢铁生产对绿氢的需求超过 80TWh（2050 年）②精炼业和氨气生产转型对绿氢的需求达到 22TWh（2050 年）	①70 亿欧元用于升级氢气相关技术②36 亿欧元用于清洁汽车购买③34 亿欧元用于加油和充电基础设施建设

续表

国家	绿氢产能	氢燃料电池车目标	氢产业结构	资金规模
荷兰	电解槽产能0.5GW（2025 年）电解槽产能3~4GW（2030 年）	① 1.5 万辆氢燃料电池汽车；3000 辆重型汽车；50 个加氢站（2025 年）② 30 万辆氢燃料电池车（2030 年）	/	/
葡萄牙	电解槽产能2~2.5GW（2030 年）	公路运输中，氢能占燃料消耗的 5%；海上运输中氢能占燃料消耗的3%~5%；50~100 个加氢站（2030 年）	最终能源消耗中绿氢占比 1.5%~2%；向天然气网络中注入 10%~15%绿氢；50~100 个加氢站（2030 年）	70 亿~90 亿欧元用于绿氢项目投资（到2030 年）
西班牙	电解槽产能4GW（2030 年）	150~220 辆氢燃料电池公共汽车；5000~7500辆轻型和重型燃料电池汽车；100~150 个加氢站（2030 年）	绿氢占氢气总消耗量的25%（2030 年）	90 亿欧元用于绿氢项目投资（到2030 年）
意大利	电解槽产能5GW（2030 年）	4000 辆长途燃料电池车，氢燃料火车逐步取代柴油火车（目前占 1/3）	①氢气占最终能源需求的2%（2030 年）②氢能在全部能源供应中的占比为 20%(2050 年)	50 亿~80 亿欧元用于绿氢项目投资；20 亿~30 亿欧元用于交通领域

数据来源：Stratas Advisors，HyResource.

2021 年 8 月 17 日，英国商务能源与产业战略部（BEIS）发布《国家氢能战略》，提出英国将支持基于天然气的"蓝氢"与由可再生能源提供电力的"绿氢"双轨发展方向，并在 2030 年前大力支持技术创新。到 2030 年，氢将在英国化工、炼油厂、电力和重型运输（如航运、重型货车和火车）等高污染及能源密集型行业脱碳方面发挥重要作用。

从各国政府公布的政策与计划中不难看出，氢能已经成为今后一段时间内可持续发展计划与能源战略的重要组成部分。与政策同行，全球也在持续不断地完善氢能基础设施。据市场研究公司 Information Trends《2021 年全球氢燃料站市场》报告，截至 2020 年底，全球 33 个国家共部署了 584 座加氢站，其中日本 150 座、中国 111 座、美国 70 座。在 2020 年新增的在运营加氢站中，亚洲是主力。中国、日本、韩国分别新增在运营加氢站 49 座、25 座、19 座。

据国际能源署测算，如果各国政府实施政策以实现其气候承诺，到 2030

年，氢气可以替代每年 140 亿立方米的天然气使用量、每年 2000 万吨的煤炭使用量和每日 36 万桶的石油使用量，相当于哥伦比亚目前的化石燃料供应量。[①]

时至今日，全球氢能产业仍处于起步与摸索阶段，关于氢能是二次能源、三次能源还是终极能源的大讨论仍在继续，氢能的制备、储运、使用的全产业链远未形成。无论舍近求远（氢燃料的制取相比其他燃料要增加大量水等成本）还是回归初心（利用地球上最简单的第一元素发展太阳能光电制氢），氢能都将成为"碳中和"之路中的重要一极，值得期待。

特高压：输送稳定、清洁电力至世界各个角落

在电力的发展过程中，特高压是最具创新性和影响力的代表技术之一。20世纪 60 年代，美国、日本、意大利等国相继开展特高压研究试验；20 世纪 80年代中期，为了适应国民经济与电力需求的快速增长，中国开始了特高压技术的攻坚。2004 年，国家电网提出发展特高压电网的构想，牵头组织企业和科研机构开展联合攻关，最终取得特高压技术、装备、工程、标准的全面突破，破解了远距离、大容量、低损耗输电的世界难题。

那么特高压到底是什么呢？特高压技术通常指 1000kV 及以上电压等级的交流输电系统和 ±800kV 及以上电压等级的直流系统。按照使用场景划分，特高压电网分为特高压交流输电和特高压直流输电两种形式。特高压交流系统主要用于近距离大容量输电和更高一级电压等级的网架建设，特高压直流系统主要用于关系明确的远距离大容量输电及部分大区、省网之间的互联。特高压交流和直流只是功能不同，并没有优劣之分，两者缺一不可。如果只发展直流系统而不发展交流系统，很容易因交流系统故障导致直流系统换相失败，甚至造成多个直流系统同时故障，发生大面积停电事故。

特高压本身具有输电容量大、输电距离远、能耗低、占地少、经济性强等明显特点。特高压的主要功用是解决电力资源与负荷区域不平衡及新能源消纳

---

① 数据来源：《全球氢能评论 2022》，国际能源署。

难题。在中国，能源与电力的需求分布不均。80% 以上的能源资源分布在西部和北部地区，70% 以上的能源消费集中在东中部地区。特高压可以实现能源的远距离输送，改变过去东部地区电力供应紧张的情况。

在新能源消纳方面，伴随着大型发电基地规模的不断扩大，新能源消纳量不断提高。截至 2021 年底，西北、华北、东部地区累计风电装机容量 2.09 亿千瓦，占全国风电总装机容量的 63.5%；光伏装机容量 1.75 亿千瓦，占全国光伏总装机容量的 57.3%；新能源总装机容量 3.84 亿千瓦，占全国新能源总装机容量的 60.5%。

风电、光伏大基地建设加大了跨区域、跨省大规模输送新能源电力需求，对电网输送和安全可靠运行能力提出新的要求，特高压交直流输电工程建设需求也随之增加。

特高压输电可以将"三北"及西南地区的风电、光伏、水电等输送至东中部电力需求旺盛地区，有效解决能源负荷分布失衡与新能源消纳问题。截至 2021 年底，中国在运在建共 39 个特高压工程，特高压线路总长度超 5 万公里，变电站/换流站容量超 6 亿千伏安/千瓦，已投运特高压工程年均输送新能源电量近 2300 亿千瓦时，占通道总输送电量的 50% 以上。

特高压是连接资源中心与负荷中心的能源桥梁，可优化资源配置，解两地发展之需。从中国的特高压发展来看，在全球大规模清洁能源送出及大范围资源配置背景下，特高压技术是未来建设能源互联网的重要支撑，具有广阔的应用前景。以特高压电网为引领，推动中国碳减排可以分为三个阶段。第一阶段：2025 年前，加快西部清洁能源基地特高压外送通道和东部、西部特高压交流骨干网架的建设；第二阶段：2035 年前，形成东部、西部两个特高压交流同步电网，扩大"西电东送"特高压直流通道规模，提高清洁能源和电能占比；第三阶段：2050 年前，进一步完善东部、西部特高压交直流骨干网架，全面建成中国能源互联网，实现能源发展方式的根本转变。举个例子，全国闻名的青豫直流特高压输送线路，规划配套 10.3GW 的光伏，是国内首个传送新能源比例达 100% 的特高压线路。

从全球看，不同国家、不同地区在清洁能源资源和能源需求方面具有互补的特性。通过特高压技术，我们可以打破发展瓶颈，释放发展潜力，加强不同地区能源的互联互通、实现合作共赢。比如，北非集中建设新能源基地，可为英国提供大量清洁电力，其中摩洛哥规划建设 10.5GW 的风光储基地，电力通过 3800 公里的输电线路外送到英国，预计每年可以发电 260 亿度，这一新能源电力将占英国电力需求的 7.5%。在特高压技术的加持下，未来来自大型地面电站的充沛、稳定的电力将被输送到世界各个角落，让人人都能够获取清洁的电力。同时，基于特高压技术，人类建设全球能源互联网，可以打造互联互通、共建共享的全球能源共同体，能源将不再受限于区域自然资源的分布，而是真正地消除全球能源鸿沟，实现能源普惠。

第二节　工业行业：燃料替代和效能提升

工业是国民经济的重要支柱和命脉所系，也是一国经济发展程度的衡量标尺。1870 年以后，人类经历了三次工业革命的洗礼，生产力得到巨大解放，产业链齐全、品类丰富的工业化产品在增进人类福祉方面厥功至伟，但同时也带来了全球气候危机——全球二氧化碳排放量与工业化进程强相关。

国际能源署的数据显示，工业领域碳排放占全球碳排放的 23%。破解资源环境约束、塑造核心竞争力、促进经济高质量可持续发展，工业行业责无旁贷。

中国也不例外。改革开放以来的"世界工厂"地位塑造了中国今天的工业格局，同时也使二氧化碳排放量居高不下。2000—2018 年，中国工业部门增加值增长了 4 倍以上，能源消费总量增长了 3 倍，钢铁、水泥等高耗能原材料产品产量也增长了 3~6 倍。[①] 中国贡献了全球 50% 的钢铁、60% 的水泥、40% 的化工产品。同时，以钢铁、水泥、化工为代表的工业部门也是中国二氧化碳排放的主要部门，占比高达 70%。因此，工业领域脱碳也将成为中国实现"碳

---

① 《读懂碳中和：中国 2020—2050 年低碳发展行动路线图》第 223 页，中信出版社 2021 年 8 月第 1 版。

中和"绕不开的一个方面。

要实现工业领域的绿色低碳发展，我们认为，须抓住两个关键：一是加快工业电气化，实现燃料替代，推动以电代煤、以电代油、以电代气，从工业用能的源头减少能源消费和碳排放；二是利用数字化、智能化技术加快推进工业品全生命周期能效提升，助力工业产业结构转型与升级。

燃料替代：牵住低碳发展"牛鼻子"

实际上，早在"碳中和"目标提出之前，中国就于 2015 年提出了到 2030 年二氧化碳排放达到峰值并争取尽早达峰、单位国内生产总值二氧化碳排放比 2005 年下降 60%～65%、非化石能源占一次能源消费比重达到 20% 等一系列应对气候变化的自主行动目标。可以说，这一目标反映在工业行业，也是中国这一工业大国向工业强国转变的题中之义。

工业的生产环节大量使用了煤炭和石油，如冶炼设备多使用煤炭，矿山开采则多使用石油。如果能在工业燃料端大力推行"以电代煤""以氢代油"，再辅之工业互联网、人工智能、大数据等数字化、智能化技术，即可有效降低碳排放。以钢铁冶炼为例，传统燃煤炼钢锅炉每生产一吨钢就会产生 2.1 吨碳排放，而采用"电弧炉 + 清洁电力"的组合方式改造后，仅会产生 0.6 吨碳排放。更有中国宝武这样的钢铁巨无霸，已经开始尝试氢能炼钢，以氢气替代一氧化碳做还原剂，整个炼铁过程绿色无污染，这成为钢铁行业脱碳的最佳方案之一。

中国长期低碳发展战略与转型路径研究课题组、清华大学气候变化与可持续发展研究院在《读懂碳中和：中国 2020—2050 年低碳发展行动路线图》中，基于 LEAP 模型分析了四种情景（政策情景、强化政策情景、2℃情景、1.5℃情景）下的工业部门终端能源消费结构，其中终端电力消费比重分别为 32.4%、33.4%、44.4%、45.2%；氢能消费比重分别为 2.3%、5.0%、11.9%、18.3%。由此可见，电气化率的提高对工业用能结构低碳化发展至关重要，而氢能则有望成为工业部门深度脱碳的重要力量。

有研究机构预测，在"碳中和"目标下，工业部门的电气化率将由 2019 年的 25% 进一步提升至 2050 年的 54%，这就意味着，未来至少有 1/4 的设备将进行电气化置换，市场规模也将达到 10 万亿级别。工业领域的"煤改电"与"气改电"行至中途，革命远未成功，还需在未来以技术创新解决经济性问题。

接下来，我们将深入工业系统的肌理，重点分析钢铁、水泥、化工这三大高碳排领域的脱碳路径，以及碳捕集利用与封存技术在工业领域的应用将为工业部门"碳中和"做出怎样的贡献。

钢铁——工业"粮食"的脱碳之路

钢铁被誉为工业的"粮食"，在社会生产生活方面应用广泛。新中国成立以来，钢铁工业支撑了中国工业现代化、城镇化进程，其不仅为基础设施建设提供了重要原材料，也为中国人民生活质量的提升立下了汗马功劳。然而，钢铁作为典型的"两高"（高耗能、高污染）行业，位列中国八大控排行业，是能源消耗和碳排放大户。

《中国钢铁工业节能低碳发展报告（2020）》的数据显示，钢铁行业的能源消耗占中国能源消耗比重的 11%，而钢铁行业的碳排放量约占全球钢铁行业碳排放量的 50% 以上。与此同时，钢铁行业碳排放量占中国碳排放总量的 15%，位居工业行业之首。究其根本，是由以煤为主的能源结构和粗放式发展模式导致的。

在"碳中和"的大背景下，钢铁行业面临去产能和碳减排的双重压力，脱碳之路任重而道远。

有研究表明，钢铁行业的主要碳排放来源是长流程生产工艺中的高炉冶炼环节，该环节的碳排放占比约为 74%。其中，煤炭用于加热和氧化还原的过程中排放的二氧化碳占钢铁行业二氧化碳总排放量的 67%。[1] 这是因为，高炉冶炼方式是将铁矿石还原成生铁，在此工艺过程中，焦炭与热空气充分接触产生大量二氧化碳。中国具有"富煤、少气、贫油"的资源禀赋特点，加之在中国工

---

[1] 全球能源互联网发展合作组织著《中国碳中和之路》第 141 页，中国电力出版社 2021 年 7 月第 1 版。

业化进程中钢铁是刚需，以煤炭作为炼钢燃料成为必然选择。

相比之下，短流程生产工艺的原材料主要是各种途径回收的废钢，废钢经过电炉熔化为钢水，再经过凝固和轧制加工制成钢材，由于绕过了炼铁这一碳排放量最多的环节，整个工艺过程碳排放量大幅度减少。相关研究数据显示，电炼钢工艺每吨钢节约铁矿石消耗 1.65 吨，节约能源消耗约 350 克标准煤，降低二氧化碳排放 1.6 吨，减少固体废弃物排放 4.3 吨。[①]

尽管电炉炼钢在近些年得到快速发展，但由于高炉－转炉长流程仍然占据主导地位，炼钢的主要原料仍然是煤和铁矿石，燃料端的电能替代还有巨大空间。《中国 2060 年前碳中和研究报告》的数据显示，2017 年、2018 年、2019年，中国电炼钢新增产能分别为 2500 万吨、2044 万吨和 1500 万吨，共计新增超过 6000 万吨。[②] 机构预测，随着化解钢铁行业产能过剩的工作持续推进，行业发展环境持续向好，电炼钢占比将提高至约 10%。但相比世界平均水平28%、美国 68%、欧盟 40%、韩国 33%、日本 24% 的电炼钢比例，我国仍然存在巨大差距，发展空间较大。

此外，氢能炼钢近年来被寄予厚望。近年来，氢能被作为炼铁还原剂中的重要组成部分得到应用。直接还原铁技术力求将工艺中的氢气比例增加到将近100%，通过采用零碳制氢的方式产生氢气直接还原铁，并在炼铁工序中产生水，以取代二氧化碳，助力钢铁生产实现零碳目标。

为向全球钢铁产业的脱碳之路贡献"中国方案"，中国宝武、河钢集团、酒钢集团加紧了氢能炼钢步伐。中国宝武发力"核能制氢＋氢能冶金"；河钢集团积极寻求国际合作，在建设绿色钢铁厂、完善氢能技术与产业创新、加氢站、氢能重卡钢铁物流方面均有布局；酒钢集团聚焦于碳冶金与氢冶金的对比研究及以高炉瓦斯灰作为原料的试验研究。

随着钢铁行业脱碳理念的日益普及，CCUS 技术也在钢铁行业得到追捧，一种被称为"变压吸附法"的技术浮出水面。该技术是指从高炉炼铁的副产品——高炉煤气中捕集二氧化碳，并将剩余气体中的一氧化碳提纯后回流到高

---

①② 全球能源互联网发展合作组织著《中国 2060 年前碳中和研究报告》第 125 页，中国电力出版社2021 年 6 月第 1 版。

炉中再利用。[1] 该技术能耗低、适应性强，被认为是未来钢铁行业脱碳之路上的重要突破口之一。

综上所述，要实现钢铁行业"碳中和"目标，必须加快发展电炉炼钢、氢能炼钢、生物质炼钢等清洁能源炼钢，逐步建立以电为中心，氢能、生物质能炼钢等多能互补的现代冶炼用能体系；同时加快对冶炼过程中 CCUS 技术的研发和应用；推动产业结构优化与调整，淘汰落后产能，提升产业聚集度，打造面向国际市场的高端产业产品体系和具有国际竞争力的钢铁企业；加快形成低能耗与低排放并举、高质量与高附加值并存的产业发展格局。

水泥——基建"皮肤"的脱碳之路

水泥被称为基础设施的皮肤组织。作为迄今为止世界上使用最为广泛的一种建筑材料，伴随着城市化进程的加速，水泥不仅铺就了四通八达的铁路、公路，江河湖海的水利基础设施也有它的功劳，而且它塑造了今天的城市格局。

水泥行业的碳排放量约占全球碳排放总量的7%[2]，如果将全球水泥行业看作一个国家，那么它将是仅次于中国和美国的第三大碳排放国。2020 年，中国水泥产量23.77 亿吨，占全球水泥产量的57%；二氧化碳排放约13.62 亿吨，约占全国碳排放的13%[3]，是仅次于电力、钢铁行业的碳排放大户，也是工业行业第二大"排气筒"。根据麦肯锡测算，要实现全球升温不超过 1.5℃，到 2050 年中国水泥行业碳减排需达 70% 以上。

水泥行业的二氧化碳主要来自以下方面：生产过程中以石灰石为主的生料在高温煅烧环节分解和作为燃料的煤炭燃烧直接排放的二氧化碳，以及各环节因消耗电力间接排放的二氧化碳。根据麦肯锡一份关于水泥碳减排报告中的数据，煅烧石灰石和燃烧燃料过程中产生的二氧化碳占水泥生产碳排放总量的95%，其中，石灰石煅烧产生生石灰的过程所排放的二氧化碳，约占全生产过

---

① 杨正山的《钢铁高炉煤气的二氧化碳捕集技术研究》。

② 《一本书读懂碳中和》，安永碳中和课题组著，第 92 页，机械工业出版社 2021 年 9 月第 1 版。

③ 《2020 年中国水泥行业"走出去"调研报告》，陈飞、娄婷，《中国水泥》2021 年 05 期。

程碳排放总量的 55%～70%；高温煅烧过程需要燃烧燃料，因此产生的二氧化碳，约占全生产过程碳排放总量的 25%～40%。[①]

截至目前，水泥行业的燃料主要是煤炭和天然气。在"碳中和"大趋势之下，水泥行业脱碳必须寻找替代燃料，目前主要通过电能、可燃废弃物、生物质燃料来代替化石燃料，节约一次能源的同时有助于保护环境。有数据显示，如果在水泥生产中使用 40% 的替代燃料，每生产 100 万吨熟料将减少二氧化碳排放约 10 万吨。

目前，电加热技术逐渐成熟，采用金属发热元件的最高工作温度可达 1000～1500℃；非金属发热元件的最高工作温度可达 1500～1700℃；水泥熟料煅烧环节所需的温度为 1000～1450℃，采用电加热进行水泥生产理论上可行。[②]

可燃废弃物已有成功案例。水泥窑协同处置废弃物技术将城市固废和生活垃圾作为水泥煅烧的替代燃料，其在德国、瑞士等发达国家推广应用已有 30 余年。该方案通过减少煤炭的使用，一方面降低了水泥生产的能耗，另一方面减少了废弃物对环境的污染，可谓一举两得。这项技术在中国的应用刚刚开始，主要受燃烧前废弃物的运输泄漏、燃烧后产生的废气和废液的处理，以及废弃物中的微量元素对水泥质量稳定性等的影响。

生物质燃料替代在水泥行业的应用也早已不是新鲜事。以秸秆作为替代燃料为例，有数据显示，以 5000t/d 水泥熟料生产线按窑尾喷煤占 70% 计算，窑尾分解炉全部用秸秆代替燃煤，每年可政策性减少二氧化碳排放 37.3 万吨。同时，秸秆热值 3000～4000kcal/kg，非常适合分解炉替代燃煤，可以 100% 替代分解炉用煤，降碳效果显著。

2020 年 10 月，铜陵枞阳海螺水泥有限公司生物质替代燃料项目一期工程建成投产，该项目是国内水泥行业首套生物质替代燃料系统，项目利用新型干法水泥窑的技术优势，积极破解秸秆处理难题。项目一期正常运行后每年可节省原煤约 4.9 万吨，同时处理秸秆等废弃物 15 万吨，正常运行后生物质替代率

① 《"中国加速迈向碳中和"水泥篇：水泥行业碳减排路径》，麦肯锡。
② 《绿色建材》，同继锋、马眷荣主编，化学工业出版社 2015 年 10 月。

超过 40%。无独有偶，华润水泥也正在全面推进绿色矿山建设，推广替代燃料、碳捕集等技术的应用，加快推动水泥行业"碳达峰""碳中和"目标的实现。

建设生物质替代燃料项目，要坚持科技创新，积极破解秸秆处理难题，实现水泥熟料的规模化生产，节约资源、降低成本，实现秸秆减量化、无害化处理，在变废为宝的同时优化能源结构，达到节能减排的目的。这不仅可以减少水泥行业对煤炭的高度依赖，同时还能将秸秆等生物质废物燃料化工艺沉淀下来，形成技术标准，以点带面，带动更多区域实现生物质废物的资源化利用。

当前，中国年产秸秆超过 10 亿吨，但作为生物质能的主要原料之一，其能源化利用率仅为 3%。由此可见，水泥行业的生物质燃料替代在推广应用上仍存在巨大空间。

CCUS 技术被认为是未来快速减少水泥行业碳排放最有效的一种方法，同时也是一项巨大的挑战。2018 年 10 月，海螺集团白马山水泥厂碳捕集纯化示范项目建成投入运营，这是全球水泥行业首个水泥窑碳捕集纯化示范项目。其利用化学吸附法从水泥窑中捕集二氧化碳，通过脱硫、吸收、解析等工序，每年生产纯度为 99.9% 以上的工业级和纯度为 99.99% 以上的食品级二氧化碳。

其中的挑战在于，碳捕集对二氧化碳的浓度有较高要求。水泥生产过程中二氧化碳浓度为 20%～30%，需要将二氧化碳浓度提纯至 95% 以上才能进行捕集，这导致该过程成本较高，随之而来的是收益不对等。随着技术的不断进步，作为水泥生产大国，中国水泥行业推广 CCUS 技术大有可为。

化工——经济"血脉"的脱碳之路

与钢铁、水泥行业一样，化工行业是支撑国民经济与社会发展的重要支柱。化学工业、化学产品及其衍生品为生产生活输送了大量必需品，被称为经济的血脉。作为传统碳排放大户，化工行业不仅碳排放总量巨大，更由于其所涉门类众多、产业链庞杂，碳排放几乎贯穿上游原料开采和下游日常生活的各个环节，这造成碳足迹追踪与统计难度巨大。

中国是化工大国，化工行业产值占全球产值的 40%，居世界首位。[①] 化工行业的碳排放主要来自两个方面：一是作为燃料的化石能源燃烧产生的碳排放，占比达 80%；二是作为原料在化学反应过程中逸散的碳排放，占比为 20%。在大量的塑料、化肥等基础化工产品中，包含了大量的碳元素，这些碳元素的主要来源就是煤炭。作为化学原材料，煤炭提供了大量的碳和少量的氢；石油提供了碳氢化合物及少量的硫和氧。

实际上，化工行业的高碳排还与产业结构不合理、资源消耗量大、运营管理粗放、能效水平低有关。

因此，化工行业的"碳中和"之路相比钢铁、水泥行业更为复杂艰难。其产品类别丰富，对应不同的生产线与工艺，隔行如隔山，无法提供放之整个行业而皆准的脱碳方法。目前，化工行业以原料来源区分，可大致分为煤化工和石油化工两大类，由此衍生出的三大基础化工产品——塑料、化纤、合成橡胶，几乎涉及人们衣食住行的方方面面。因此，要实现化工行业的燃料替代，电气化、电化学工艺的开发沉淀成为必由之路。

如前所述，在化工行业中，用于提供化学反应所需温度、保障工艺流程顺利进行的化石能源燃烧加热所产生的碳排放占比达 80%。要想提升化工工艺设备的电气化水平，通过采用电加热替代传统化石能源燃烧、电化学工艺替代传统高温反应工艺，可显著减少化工工艺对化石能源的依赖，提升化工行业的电气化水平与能效水平，降低碳排放和减少污染物排放。

工艺过程的电化学替代是一项系统工程，需要通过电解合成的方式生产化工产品，以此替代传统的高温反应工艺，即采用电能直接作为反应能量替代热能。以环氧乙烷为例，合成方法是乙烯和氧气在高温下直接反应，对反应温度要求较高。室温下的电化学合成方法为，在阳极使用氯化物作为氧化还原介质，通过电解促进乙烯有选择地部分氧化为环氧乙烷，反应过程中不需要燃烧化石能源以提供高温环境。

截至目前，世界范围内只有欧盟等发达地区在化工领域启动了多个电气化

---

① 《中国碳中和之路》，全球能源互联网发展合作组织者，第 161 页，中国电力出版社 2021 年 7 月第 1 版。

项目,但总体进展缓慢,热泵等电加热设备尚未实现大规模应用。全球仅有 80 余种产品实现了电化学合成的工业化制备。中国化工行业的反应热源仍然以化石能源燃烧产热,电化学工艺产业化进展缓慢。以石油炼化为例,2021 年,中国石油炼化企业平均终端电气化率达到 10%。按照《炼化全业务碳达峰碳中和行动方案》的要求,石化行业终端电气化率 2025 年要达到 15%,2030 年要达到 20%,其中绿电消纳比例不能低于 35%。

2022 年 2 月 8 日,中国石油吉林石化转型升级项目全面启动。据报道,该项目将与吉林油田风光发电项目实现充分联动,是中国石油首个 100% 使用绿电的化工项目,将为国内传统炼化企业绿色低碳转型树立榜样。按照中国石油的规划,"十四五"规划中的新建炼化一体化项目都将采用"吉林模式",在提产增效的同时严格控制二氧化碳排放增量。

能效提升:于细微处见真章

如果说燃料替代是抓住了化工行业低碳发展的牛鼻子,那么工业生产过程中的能效提升则侧重于工艺、设备和技术的提质增效,是进一步降低能耗和减少碳排放的关键举措,其需要着眼于看不见的地方——于细微处见真章。

工业行业的能效提升,应着眼于两个方面:降低单位产值的能耗,以及在能耗总量不变的情况下以先进的工艺、设备和技术实现产值最大化。这背后的逻辑,则是进一步转方式、调结构,改变原先粗放的生产管理方式,向精细化、高端化迈进,助力工业、制造业的全面升级。在这个过程中,数字技术将大有作为。但知易行难,工业领域在实现"碳中和"目标的过程中,依旧面临不少挑战。

- 工业领域整体数字化基础薄弱,技术实力与人才较为欠缺。尤其对于广大中小型工业企业来说,由于规模、成本等的限制,工业信息化的改造仍然处于初始阶段,数字化基础设施较为薄弱。在工业 4.0 的转型过程中,需要复合型、跨专业领域的人才,他们既要对工业设备、技术、场景理解深刻,也需要理解数字技术带来的一系列价值。无论人才储备还是技术积累、产业应用，想要通过数字技术提升工业能效，践行"碳中和"目标，首先需要解决工业领域数字化基础问题。

- 工业低碳发展与产业升级处在并行阶段，工业领域的发展处在数字化转型与供给侧结构性改革的关键阶段，成本、营收压力大。一方面，企业在转型改革的关键时期既要保证营收与发展，同时也要顾及低碳减排的需求，深入推进绿色生产改革，研发与推广低碳技术。在构建低碳、零碳的工业体系中，这些探索有可能增加企业的成本。另一方面，由于全行业、全周期低碳转型逐步深化，来自企业上下游的低碳压力也将加重。比如上游企业由于践行低碳化路径，导致原材料供给成本开始增加；下游企业由于接受了新的低碳化产品需求，导致对产品质量的要求开始增多。这些压力都将反映到工业企业当中，既成为工业低碳化的动力，同时也成为一种全新的产业考验。

- 许多工业体系以传统化石能源为基础，具备高碳排的特征，短期内难以改变。中国的自然资源特点为"富煤、少气、贫油"，工业领域在这样的自然资源基础上发展起来。这一情况使得煤炭作为基础能源的地位在很多领域难以撼动。煤炭是全球碳排放的主要来源，单位标准煤炭燃烧所产生的二氧化碳排放远远高于其他化石能源。目前阶段，全球各个国家和地区都在出台政策，限制高排放、高污染行业的发展，而以重工业、化石工业为代表的工业领域正处在这一目标当中。比如 2021 年，生态环境部发布了《关于加强高耗能、高排放建设项目生态环境源头防控的指导意见》，对高耗能、高污染的双高行业进行更为严格的政策控制。随着"碳中和"目标下煤炭能源使用成本上升，有着高能耗依赖的工业企业可能面临更大的挑战。

工业领域作为能源消耗与碳排的重要领域之一，低碳绿色化革新箭在弦上，这既是机会，也是挑战。随着工业电气化发展，以电力替代煤炭、石油等化石能源驱动工业生产，可以有效减少二氧化碳排放。工业电气化已成功应用于低温和中温生产工艺，对于一些高温生产工艺，采用清洁氢能等作为替代燃料，则具有更强的经济性和技术可行性。

在具体的生产活动中，应用数字技术调整、优化工艺路线，提高系统能源利用效率，研发创新低碳产品等，是工业领域低碳减排的主要方式。中国信通院发布的《数字"碳中和"白皮书》数据显示，数字技术促进工业领域减碳的潜力在13%～22%，这也意味着其可以为"双碳"目标的实现助力，在提质增效的同时降低碳排。展开来看，数字技术可以助力工业领域的关键流程，如研发设计、制造、质检、产业链协同等。

在研发设计阶段，钢铁、石化等行业的传统模式需要基于大量实验才能够完成最终的商业化生产，在这个过程中需要经历大量的试验、工艺验证等，研发周期长、成本高、效率低。如果通过数字技术进行模型搭建、仿真试验，可以大幅减少试验的次数，缩短研发周期，提高研发效率，减少试验原材料的浪费，降低多次试验所产生的碳排放量与成本。

在制造阶段，可以利用工业互联网等数字技术，在设备监控、原料供应等方面，对生产制造过程进行实时动态管控，通过提升生产操作的精细化程度，可以有效减少误操作导致的原料、能源的损耗，提升能效。比如某玻璃企业，在引入了 AI 辅助窑炉稳定控制系统后，可以预测窑炉未来 1 个小时的温度趋势，能够发现问题并提前介入。通过 AI 来识别生产环境特征，改变原来人工标刻屏幕、人工观察的模式，极大提升了工业生产的稳定性。最为宝贵的是，这项技术可以在确保产品质量的前提下，实现天然气用量降低 3.29%，年节省费用超过 5000 万元，极大降低了能源浪费。

在工业数字化与绿色低碳化的发展浪潮中，"黑灯工厂"正在成为未来工厂的发展模板。工厂生产线甚至可以在无人操作的情况下，通过设定的数字流程，使机器与机器之间有条不紊地交流数字信息，进行生产，从上料到产品下线，实现全流程的自动化、智能化管理。这种模式可以说是工业生产领域基于数字技术践行"碳中和"的集大成者。其不仅可以最大减少生产过程中产生的能源浪费，减少因车间照明需求带来的能源开销。更为重要的是，"黑灯工厂"可以实现工业效率最大化。对于工业制造来说，非常庞大的能源浪费大多是由操作失误、流程衔接不当等问题带来的。一次停机再开，就会产生巨大的能源支出。减少这部分能源消耗，可以非常有效地从根本上降低工业领域的碳排放。

在宝钢的一个"黑灯工厂"中，大批机器人上线，它们代替工人完成繁重、危险的工作。整个厂房不见人影，只有机器的轰鸣声。在之前以人工操作为主的锌锅捞渣、撇渣工序中，锌锅温度约为 450 摄氏度，两米范围内，温度也高达 60 摄氏度，工人即便穿上防护装备，工作服上也常会烫出小洞。数字技术驱动下的捞锌、撇渣机器人相继上岗，取代了工人。这不仅让工厂增效，也将工人从劳动强度高、作业环境差的危险劳动中解放出来，优化了生产过程中的耗能流程。相应地，工厂也实现了低碳路径的价值最大化。

在产业链的协同方面，工业企业处于中游，需要与上游原料供应商和下游消费企业保持顺畅的信息、产品、物流、财务等多方面联系。工业企业与物流公司间通过数字系统互联互通，可以保障物流信息的畅通顺达，便于工业企业和物流公司各自安排生产和配送资源，降低库存、物流等待等环节的碳排放。电商平台、供销数字平台等可以助力企业开展线上交易撮合，缩短原料供应商、工业企业和消费企业间的采购流程，降低交易流程中的碳排放。

在工业的设计、制造、质量检测、产业链协同等过程中，数字技术的身影无处不在。在数字经济与绿色发展的驱动下，智能化与绿色化发展是未来工业的革新方向。大型工业制造企业基本上已经完成了初始阶段的信息化，自动化大型工厂成为标配。更多企业也选择积极拥抱变化，采用先进技术不断提升产线智能化水平，利用 AI、大数据、物联网等前沿技术，推动产业智能化发展，优化作业流程，减少生产流程中的能源浪费。

在未来，低碳、数字化的工业转型将会向高度无人化、智能化方向驶进。智能工厂、"黑灯工厂"将会成为主流。"黑灯工厂"会从工业 4.0 的代表性标杆成为大型企业的标配，大量的产线岗位由数字技术支撑，一线工人的工作环境也会随之大幅优化。在工业生产制造的全生命流程中，生产制造的关键环节会被大幅优化，数字技术助力工业碳排的每个细节，从供应链到生产、装备、质检，再到物流，各个领域将全面实现数字化、低碳化。

数字技术助力工业生产，践行低碳目标，已经成为全球工业企业的共识，构成了工业发展的关键趋势。在埃森哲 2021 年发布的《中国能源企业低碳转型白皮书》中，化工企业巴斯夫的"碳中和"实践案例非常典型。巴斯夫是一家全球知名的化工企业，同时也在工业低碳领域广为人知。这家企业提出了 2050年实现企业"碳中和"的目标。为了实现这一目标，巴斯夫大中华区积极推动能源结构调整，生产装置采用 100% 可再生能源电力，投建光伏发电站，使得 2020 年相比 2019 年减少了 8287 吨二氧化碳排放量。

数字技术是巴斯夫大中华区探索"碳中和"目标的重要路径。其有效利用一体化体系数据，开发出 SCOTT 数字化解决方案，帮助客户测算 45000 款在售产品"从摇篮到大门"的二氧化碳足迹，助力客户实现"碳中和"目标。与此同时，巴斯夫研发的超级计算机 Quriosity，借助其强大的算力与数据库能力，为生产设备及工艺搭建高质量的算法模型。巴斯夫的目标是，到 2022 年底在全球超过 350 座生产装置中实现数字化升级。

工业制造影响着人们的生产与生活的方方面面。在现代世界当中，人类的衣、食、住、行无一不依赖于工业制造。工业制造绿色转型，需要先进的技术支撑，工厂的每一条产线都应该利用数字化、智能化技术，释放绿色生产的潜能。绿色的产品终将流向每个人、每个家庭、每个组织，其成果将惠及智能时代的千千万万个体。从"制造"到"智造"再到"绿色智造"，钢铁巨舰的低碳转型正当其时。在工业化的远大征程中，低碳将成为不可或缺的时代坐标。

第三节　交通行业：加速全面电动化

很少有人知道，最早出现的汽车并不是燃油车而是电动汽车。

1881 年，法国发明家古斯塔夫·特鲁维发明了世界上第一辆电动汽车，比卡尔·本茨发明世界上第一辆燃油汽车还要早。1884 年，英国发明家托马斯·帕克改进并重新设计了电池，使电池容量更大，还可以充电。1894 年，他在伦敦制造了第一辆可规模化生产的电动汽车。相较燃油汽车，电动汽车更安静、可靠性更高，更易于驾驶，是名流绅士的首选。但随着城际道路的逐步扩建和完善，在长途驾驶的场景下，电动汽车存在续航短板无法满足用户需求，随后逐渐被淘汰。

但电动汽车的故事并没有就此完结。随着各国"碳中和"目标的制定,电动汽车领域技术的发展及全球各国市场政策的倾斜,电动汽车在 21 世纪迎来了史无前例的发展高峰,交通领域的用能电气化成为时代的焦点。

根据国际能源署发布的数据,2022 年全球交通碳排放量约占全球总碳排放量的 23%。能源基金会数据显示,交通运输行业的碳排放来源包括公路运输、铁路运输、航空运输、水运四部分,其中公路运输碳排放占比 75%,是排放量最高的运输方式。道路交通作为交通领域碳排放的最主要"贡献者",其碳排放的主要来源是汽车。交通行业碳排放量大,实现交通电动化,是重构碳排之器,推动"碳中和"目标实现的非常重要的一环。

汽车产业历经百年,从最初的蒸汽推动,发展到了如今自动驾驶商业化落地,人类梦想中的交通出行场景照进现实,一部分人甚至已经在限定的区域内尝鲜了无人驾驶出租车。科技洪流滚滚向前,汽车产业顺势变化,未曾止息。

汽车产业正在经历百年未有之大变局,电动化、智能化、网联化汽车成为产业发展的潮流与趋势。这些趋势的发展源自人类面临环境与科技的变化:全球产业共同面临着"碳中和"的碳排放约束,石油、天然气这类不可再生化石能源被大量消耗;AI、云计算、深度学习等新兴技术不断发展,自动驾驶从路测走向商业化落地。

这些在汽车产业发展过程中所出现的压力、矛盾与需求,不断要求汽车产业在全新的变化过程中,做出符合时代发展与需求的升级。不只是汽车产业,在科技革命的浪潮中,在可持续绿色发展的背景下,交通领域需要从系统层面进行转型来应对变化。

绿色转型难题待解

在"碳中和"目标下,交通领域绿色发展转型及节能减排之路任重道远。交通领域实现减排的主要难题包括:

- 汽车保有量大,难以短时间内大幅降低碳排放。世界汽车组织(OICA)

发布的数据显示，2021 年全球汽车总产量约为 8015 万辆，比 2020 年增长 3%，乘用车与商用车的产量比例约为 7∶3。其中，新能源汽车达到 660 万辆，占汽车市场的近 9%。虽然新能源汽车总体发展迅速，产能与保有量也在快速增长，但是与规模庞大的燃油汽车相比，渗透率仍然很低。大量燃油汽车的存在，意味着驱动其运作的汽柴油所产生的碳排放极高。完全不同的动力系统意味着燃油汽车无法进行电气化改造，只能靠自然报废逐步降低社会面的整体碳排放，这将需要一个比较长的过程。

- 新能源汽车迅速崛起，但普及的过程中依旧存在阻力。工信部数据显示，2021 年，中国完成新能源汽车销售 352.1 万辆，同比增长 160%，连续 7 年位居全球第一。但新能源汽车的崛起过程中仍然存在技术、安全、里程等难点，不能迅速推广。一方面，消费者依然对新能源汽车存在里程焦虑、充电焦虑；另一方面，时有发生的新能源汽车相关事故，引发了消费者对新能源汽车安全性的疑虑。

- 自动驾驶方兴未艾，但并不足以支撑达成交通领域的"碳中和"目标。虽然自动驾驶能够促进机动车保有量下降，通过智能化技术提升交通通行效率，减少拥堵造成的碳排放，但其整体仍然处于初始发展阶段。已经实际落地的自动驾驶车辆能够起到的作用杯水车薪，要想大范围推广普及自动驾驶车辆，仍然需要用较长时间解决安全、成本、技术等"卡点"。

由此可见，交通领域进行节能减排、实现"碳中和"目标是一项庞大而复杂的系统工程，需要各个环节共同发力。如各类交通工具的新能源化、汽车电力系统的升级、构建车路协同体系、提升交通运输效率等。具体来说，主要包括：

- 利用数字技术降低燃油车能耗。在相当长的时间内，燃油车仍然是社会交通出行的主要方式，也是交通碳排放的"绝对主力"。公安部发布的数据显示，2021 年中国汽车保有量为 3.02 亿辆，其中燃油车占 97.2%。数字技术可以有效降低燃油车能耗，不断优化车辆速度、油门、制动等关键环节。在多重数字技术的联合赋能下，可以实现矿车油耗降低 20% 左右。对汽车系统进行数字化升级，也可以降低能耗与碳排。又如在泊车场景中，车辆可以借助智能化技术自动寻找空闲车位，并且实现智能化自动泊车，在提升驾驶体验的同时，减少车辆行驶过程中的能耗，进而降低交通行业的整体碳排放。

- 提升新能源车辆驾乘体验、安全性能，促进新能源汽车市场繁荣。交通电气化是目前交通领域实现节能减排的主要手段。要想促进汽车产业全面电气化转型，需要应用数字技术与电力电子技术，提升新能源汽车的驾乘体验、里程性能、安全性能，解决消费者的充电忧虑、里程焦虑、安全顾虑等问题。2022 年 6 月，电池领域的龙头企业宁德时代发布其第三代 CTP 技术电池——麒麟电池。麒麟电池的能量密度可达到 255Wh/kg，体积利用率达到 72%，能够一次充电续航 1000 公里。在充电效率方面，麒麟电池支持 5 分钟快速热启动及 10 分钟快充。

面向未来，电动汽车的技术进步和大规模应用必将大规模降低温室气体排放量。根据国网电动汽车服务有限公司发布的数据，到 2050 年中国乘用车的可再生能源占比将达到 58%，从而使交通领域的二氧化碳排放量降低 50% 以上。

- 推动公共交通工具的电动化、数字化升级。虽然目前阶段电动公交汽车占比不断提升，但依旧面临充电管理、电能管理等主要问题。面对这些挑战，大数据和 AI 技术可以有效实现公交业务管理智慧化，帮助企业降本增效。深圳巴士集团股份有限公司早在 2017 年就率先实现了全面公交电动化，在此之后，还积极用智慧充电算法试点，初步实现了电价"谷期多充电，高峰少补电"，以及充电需求"移峰填谷"，极大降低了公共交通充电作业的管理难度，预计每年可以节省 5%～10% 的电费支出。

- 建设车路协同体系，使交通网络向智能化与低碳化发展。V2X（Vehicle to Everything）将"人、车、路、云"等交通参与要素有机地联系在一起，这不仅可以让车辆比单车感知更多的信息，促进单车自动驾驶技术的创新应用，还有利于构建智慧的交通体系，实现区域范围内交通路线的整体通行效率最优。在车路协同体系中，路侧的智慧系统可以有效指挥和调度行驶车辆，提升出行效率，成为交通领域又一减排手段。目前阶段，我们比较熟悉的车路协同应用是在红绿灯中加入 AI 识别功能，通过智能调节车流，从而降低车辆堵塞概率，减少碳排放。

跨越充电、续航、安全"三座大山"

根据统计，2022 年上半年，全球新能源汽车销量超过 422 万辆，同比增长 66.38%。其中，中国新能源汽车销量达到 260 万辆，占全球销量的六成以上；市场渗透率超 21.6%，保有量突破 1100 万辆。但目前，影响消费者购买电动汽车的因素主要还是充电体验、续航及安全三方面。如何攻克充电难关，可以说是影响全球电动汽车市场发展，以及交通产业"碳中和"目标实现的关键。

电动汽车的充电难题，主要是由电动汽车充电效率与燃油汽车加油之间存在的差异引发的。动力电池与电动汽车的发展相伴相生，互相推动。1990 年后，随着锂电池技术的不断突破，锂电池开始了规模化商用，从消费电子逐渐应用到电动汽车中，电池管理系统也在逐步演进。一般来说，燃油汽车从进入加油站加油到驶出全程不超过 10 分钟，并且补能的加油站数量众多，燃油汽车无论在城市内还是在城际之间活动，补能都非常方便。但对于电动汽车来说，由于充电速度慢，充电站和充电桩数量少等，补能就没有这么便捷。

心理学中有一个心理锚定效应，即当一个人习惯了一样事物的基本情况时，就会逐渐形成心理锚定，如果情况发生改变，就会产生很强的心理不适。比如说，人们习惯了便利店提供的简单快速的购物体验，如果突然去便利店需要排队一小时以上，那么就会产生很强的不舒适感。类似的现象无处不在，就像当我们习惯了移动支付带来的便捷体验时，心理锚定会导致我们很难再适应携带现金的体验。这种情况也出现在电动汽车充电当中，当我们习惯了燃油汽车 10 分钟即可完成加油，就很难再适应更长的汽车充电时间。而目前市面上大部分电动汽车的充电时间普遍过长，加上充电桩数量紧张带来的充电前置等待时间，最终导致电动汽车的充电体验缺乏竞争优势。

2010 年后，随着电力电子技术、数字技术与电池技术的进步，短时高效的快充体验成为用户选择电动汽车的重要因素，巨大的需求推动着快充技术的迭代。

要想理解快充技术，绕不开一个字母 C。在快充的概念里，这是一个重要的专业术语简称——充放电倍率（Charge Rate），指的是电池充放电的速率，其大小对应着动力电池充放电速度的快慢。1C 表示一小时可充满电池电量，2C 表示半小时可充满电池电量，4C 表示 15 分钟可充满电池电量。电动汽车对快充的共识是，充电电流大于 1.6C 的充电方式，也就是从 0% 充电到 80% 的时间小于 30 分钟的技术。

对于电动汽车来说，有两种充电的方式：交流慢充与直流快充。交流充电设备没有功率转换器，直接将交流电输出接入车内，车载充电机接收交流电后将其转换为直流电进行充电。除了充电桩，交流慢充的方式也可以接入家用电源充电，一般需要 6～8 小时完成充电。直流快充通过充电桩的内置功率转换模块，可以直接将交流电转为直流电输入动力电池，不需要经过车载充电机的转换，半小时内就可以快速完成充电。

动力电池快充补能半小时的时间相对 6～8 小时的慢充来说已经有了质的飞跃，但与燃油汽车几分钟的补能方式相比较，仍然存在差距。提升快充速度，体验像燃油汽车加油般的速度，成为用户与车企共同的愿望，超级快充（闪充）的研究迫在眉睫。提升快充速度的核心在于提高充电功率，而根据充电功率公式 P = UI，需要增大电压或者电流来实现功率的提升。这也衍生出超级快充（闪充）的两种方案：一种是高电压快充模式，另一种是大电流快充模式。

高压快充在解决里程焦虑的同时，续航配备的电池容量也可以降低——其前提是充电网络完备，快充普及，形成正向的商业循环——电池的成本随之降低，这也就意味着整车成本降低，消费者的车型选择空间更大。

目前，业界多家企业已经发布或采用快充方案。比如保时捷推出了 800V 快充平台电动汽车；华为基于多年高压电力电子技术的积累，于 2021 年 4 月推出第一代动力域高压解决方案，也是业界首个动力域高压解决方案，全系产品解决方案均支持 800V 高压（国内首个量产高压解决方案）。华为最新搭载客户车型可实现充电 10 分钟行驶 200 公里（800V 整车高压平台架构，200kW 充电桩），对比业界 400V 低压解决方案，在相同充电电流下，充电时间可大幅度缩短。

充电体验的另一侧——高电压快充模式，也正在成为交通行业的主流发展趋势。特斯拉打造了由 V3 超级充电站、家庭充电桩和光储充一体化充电桩构成的电桩体系。截至 2022 年年中，特斯拉在北京已建成 100 座超级充电站，平均每 15 分钟车程就能遇到一个充电站。蔚来等造车新势力也在积极布局充电桩，比如体积小、适合家用充电的 7kW 交流充电桩；具有三倍充电速度，可以在家实现急速快充的 20kW 直流快充桩；能够带来急速快充体验的蔚来超充桩等。

值得期待的是，这样的充电效率只是电动汽车充电提速的开始，当千伏高压平台普及时，可以轻松实现充电 5 分钟补能 200 公里，甚至时间会更短。

目前阶段，功率半导体、快充电池等千伏高压的底层技术已经基本成熟。2020 年 6 月，国家电网有限公司与日本 CHAdeMO 协议会分别发布《电动汽车 ChaoJi 传导充电技术白皮书》和 CHAdeMO3.0 标准。基于 ChaoJi 充电技术路线的标准定义，1000V（1500V）充电电压平台支持的最大充电功率可提升到 900kW，这类超级充电技术将被广泛布局在城际高速路中。

高压平台的应用能够缩短充电时间、降低能耗、提升动力性能等。电动汽车动力系统高压充电在未来将向千伏演进，主流充电电压将从 500V 升级到 1000V，千伏闪充让充电时间单位从小时缩减为分钟，而千伏级别的高压充电平台也会遍布城际高速路。电动汽车动力系统也会向千伏演进，趋向集约化、融合协同、一体化，降低电流，减少能量损失。

2022 年，国内外车企积极部署 800V 平台，相关车型如极狐阿尔法 S、阿维塔 11、小鹏 G9 等纷纷落地量产。但目前业内面临的问题是：快充电池等设备成本高昂，市场供应能力不足，当前的千伏公共充电桩设施也远远不够。这些问题来自技术从研发到普及之间的延迟。任何新技术在推广应用之前，都需要留给市场一定时间，让用户接受。

想要解决电动汽车充电的难题，不仅需要技术与产品的升级，还需要社会各界的协同努力。加快充电桩标准化升级与充电基础设施建设的同时，还可以推动私桩共享，提升充电桩应用效率。在小区、商业综合体等建筑的建设之初，我们应该统筹规划面向电动汽车的充电设施。同时，储充一体式充电桩可以有效改善老旧小区配电不足的情况，这也应该得到重视。

在产业协同发展的条件下，充电领域需要先行者的积极参与和主动探索。在这个窗口期，产业上游零部件生产商、充电桩运营商和汽车厂商都有着自己的角色。

产业上游零部件生产商是"预判者"。基于对当下电动汽车充电需求及闪充相关技术的发展现状，生产商应当能够预判到在未来一段时间内，千伏闪充相关零部件需求会大大增加。要加快千伏高压部件的产业化布局，夯实技术底座，提升保供能力，尽快解决当前零部件不足、技术缺乏展品载体的问题。

充电桩运营商则是"蛰伏者"。当前市场上还没有明确出现千伏高压桩紧缺的事态，但运营商完全可以适度超前开展千伏高压桩的新建与升级改造，为未来会出现的需求"预埋"解决方案。

汽车厂商则可以加快 800～1000V 高压平台产品的系列化布局，在零部件成本尚未下降的前提下，可以将"千伏"概念作为差异化优势融入中高端车型中，这也恰好满足了很多新能源车企高端化发展的需求。要加强布局 800V 高电压平台车型，积极探索 1000V 车型，打造 5～10 分钟甚至更快的超充体验，让一部分用户体验到千伏技术带来的巨大差别，随即可以在产业链逐渐完备的同时降低整车成本，实现良性的商业模式闭环。

电动汽车如果想要在整体汽车市场中瓜分田地，关键在于提升电动汽车的整车体验，尤其是要解决消费者最关心的充电速度、行驶里程、安全等问题。而电池技术、快充技术的升级意味着里程与补能体验的升阶。在千伏时代，动力电池补能时间与燃油汽车加油时间接近，消费者的里程焦虑与补能焦虑可以得到极大的缓解。此外，伴随电池技术的成熟，电动汽车的规模化成本也在不断降低。在一台电动汽车的成本构成中，动力电池占比可能达到整车成本的三分之一左右，这也意味着电池成本降低让消费者选择的空间更大。

随着电池成本降低和性能提升及自动驾驶技术的不断升级，电动汽车或在 2025 年与燃油汽车实现"价格平价"，电动汽车市场将进一步加速增长。Canalys 预测，2028 年，电动汽车的销量将增加到 3000 万辆；到 2030 年，电动汽车将占全球乘用车总销量的近一半。

电动汽车保有量增加的同时，充电基础设施也会逐渐完善。国际能源署和相关报告预测，到 2030 年全球私人充电桩预计保有量将达 1 亿台，总充电功率达 1500GW，总充电量达 800TWh；公共充电桩预计保有量达 2000 万台，总充电功率达 1800GW，总充电量达 1200TWh。

要想实现"有路的地方就有充电基础设施"，一方面，充电基础设施应定位为社会新基础设施，兼顾社会效益与经济效益，实现统一规划、统一标准、统一建设、统一运营，并优先发展"高速公路服务区""城市公共"两大场景下的超充；另一方面，充电基础设施需要向高质量、高安全、可演进方向发展。业界领先的企业现已推出全液冷、光储一体化超充架构，支持"车桩协同，桩网协同"，通过打造极简架构、极高质量、极致体验的充电基础设施，让"新能源车用新能源电"。目前，华为正与多个城市合作，构建高质量充电基础设施，打

造"城市一张网""高速一张网"，提供极致的新能源汽车充电体验。比如华为携手广州打造全球首个"超充之都"，在深圳加快推进"充储放"一张网的建设，助力合肥打造"充储泊"体验一张网，并与郑州公共服务单位共同开展智慧充电、停充一体化等实践。

2022 年 10 月，广州市工业和信息化局印发关于《广州市加快推进电动汽车充电基础设施建设三年行动方案（2022—2024 年）》，其中明确，到 2024 年，"一快一慢、有序充电"的充换电服务体系和"超充之都"基本建成；全市充换电设施服务能力达到约 400 万千瓦，建成超级快充站约 1000 座、"统建统管"小功率慢充小区约 1000 个、换电站约 200 座。

在可见的未来，电动汽车的充电难题一定会得到攻克与解决。

从技术创新到整个产业链的共同参与，千伏闪充能打造完美的能源补给体验，更能开辟电动汽车持续增长的新业态。里程焦虑将会成为过去式，不再是

阻碍用户选择电动汽车的拦路虎。得益于千伏闪充的发展与减碳减排的全球共识，电动汽车未来会从待选项成为必选项。

制约消费者选择电动汽车的重要因素，一方面是里程焦虑和充电体验；另一方面则是安全。当前，电动汽车动力电池全生命周期数据"上云"逐渐成为业界主流的电池安全保障手段，而未来，这种端云协同的模式将由电池安全管理向全动力域部件管理延伸。比如，华为 DriveONE-Cloud 端云电池管理系统，依托锂电池的多年应用数据基础总结出电池机理经验，建立精准的云端电化学模型，并通过 AI 模型海量数据训练和 AI 自学习，与电化学模型进行耦合迭代，辅以专家库修正，可实现业界领先的精准热失控预警（提前 24 小时），查全率大于 90%，误报率小于 0.1%/ 月。

据 Canalys 机构调研报告数据，2021 年全球电动汽车的销量超过 650 万辆，比 2020 年的 312.5 万辆增长了大约 108%，市场份额提高到了 9%（2020年为 4%）。其中，中国市场电动汽车销量超过 320 万辆——占全球电动汽车销量的一半，比 2020 年多出 200 万辆。

从近几年新能源汽车的产量、销售数据来看，其逐年增长的态势意味着新能源汽车已经从过去"政策驱动"进入了"政策 + 市场驱动"，这也是新能源汽车风靡的核心原因。一方面，在绿色可持续发展共识下，应用清洁低碳的新能源汽车减少交通领域的碳排放是实现"碳中和"目标的重要举措，各种鼓励性政策层出不穷。另一方面，新能源汽车安全性不断提高，也让越来越多的人接受这一"新物种"。

要知道，电动汽车的安全威胁不仅仅是智能化技术与功能设计的缺陷可能带来的风险，也有电池爆燃带来的安全隐患。因为电池与电机设备内部运行情况不可视，所以无法对故障风险进行预警、无法提前排除隐患，无明显征兆的突发安全事故时有发生。近年来公众对电动汽车安全性的关注度正在不断上升。中国工程院院士孙逢春提出过这样一组数据：在 2019 年，新能源汽车起火概率是万分之 0.49，到了 2020 年则为万分之 0.26。

背后的原因，是 AI、云计算、物联网等数字技术应用到了电动汽车的核心零部件中，这种创新改变了电动汽车的电池管理模式。

相对于传统汽车,动力电池、驱动电机、电控系统是新能源汽车的核心零部件,合称三电系统,是决定汽车性能的关键。

华为推出的三电云服务,将自身在通信设备电池、手机电池等领域的经验与电动汽车的电池相结合。具体来说,三电云服务基于车辆 VHR 数据,在云端对电池的温度、电压、内阻等数据进行学习和分析,得出模型后就能实现对电池问题进行提前预测、预警。

比如在驾驶电动汽车时,如果电池系统突然出现突发问题,很可能会造成交通事故,危及生命安全。三电云提供的电池故障预警服务,可以基于电池机理模型,实时分析预测高频电压、电流、温度数据,对渐变型电池故障进行提前预警,保障电池安全。

又如我们常说的电池燃烧爆炸,本质上是电池热失控。三电云通过多算法联合的方法,依据电压、电流、温度数据精准测算内阻值,基于电化学过程多物理场构建热失控安全边界模型,划定内短路阻值、SOC 与热失控的安全边界,建立热失控概率模型,对电池热失控进行预警。

总之,通过 AI、云计算和大数据可以对电池进行主动安全管理,提前识别故障和危险,对意外情况进行早期预警。

同时伴随着电池全生命周期动态管理的实现,电动汽车产业中很多固有问题也得到了解决。

例如,电动汽车的二手交易一直不够成熟,很大一部分原因是电池健康度、寿命等情况不透明。基于电池机理模型和 AI 能力,三电云能提供电池健康度评估和电池剩余寿命预测服务,不论是二手车交易还是日常用车,车主都可以全面掌握电池的状况。

这种端云协同的管理模式,正在逐渐从电池管理延伸到汽车的动力域部件管理。

比如在广受业界关注的 AITO 问界 M7 中,车辆前桥搭载 165kW 异步交流电机,后桥搭载 200kW 永磁同步电机,百公里加速仅需要 4.8 秒。在面对急速行驶或连续加减速工况时,AITO 问界 M7 可以通过智能油冷技术,按需精准冷却及润滑核心动力部件,从而保持极速性能不衰减。从市场反馈中不难看出,数字化、智能化技术正在深入汽车驾驶体验的方方面面。对数字技术的融合把握，也成为汽车厂商面向未来的主要竞争力。

综合来看，无论续航、电池的节能与安全管理，还是电动汽车的乘坐和驾驶，数字技术不仅重构了用户的使用体验，也逐渐描绘出了电动汽车未来的模样。未来电动汽车的发展，会更加倾向于端云协同的技术，不仅是电池安全管理上云，全动力域部件管理也会向云上延伸。电驱动、充电系统、电子元器件部件等，都能通过 AI 三态（设计态、生产态、运行态）的迭代优化实现数字孪生，对全生命周期的可靠性、安全性进行预测，提升用户用车的安全性。依靠云端强大的存储能力，结合大数据及 AI 算法的高精度与智能性能，可实现动力域部件全生命周期可视并保障安全。

要面对这种变化的，不仅仅是电动汽车的使用者，还有电动汽车厂商。

电动汽车厂商首先要做的，是积极拥抱变化。端云协同的全动力域部件管理将给电动汽车带来很强的安全保障，这已经是不争的事实。电动汽车厂商可以使动力部件更快地向域控制方向发展，尽快驶向这朵更加安全可靠的云。

再进一步，电动汽车厂商可以尝试提前布局动力域云平台，尽早引入数字技术，先人一步累积行业内的数据资产，从而实现算法、模型快速智能迭代。

企业拥抱新变化并不断创新是维持竞争力、提供优秀产品的前提。电动汽车的驾乘体验包含的细节众多，洞察与挖掘是第一步，持续迭代技术，推出重塑体验的产品与解决方案是核心，这其中蕴藏的机会颇多。数字技术的升级会带来更多创新的成果与可能，其为电动汽车赋能的同时，也会改变传统汽车的市场格局，为行业带来新的增长空间与机遇。

第四节　建筑行业：打造绿色低碳城市能源智能体

根据联合国人居署《2022 年世界城市报告》，全球城市化仍然是 21 世纪一个明显的重大趋势，2021 年城市人口占全球人口总数的 56%，到 2050 年预计增长至 68%。建筑是关系国计民生的基础设施，也是城市版图的基本组成单元。在城市化进程中，建筑行业迎来了快速发展。据国家统计局数据，2021年中国常住人口城镇化率为 64.72%。从城镇化的一般规律来看，城镇化率为30%～70%，意味着这个国家处于城镇化速度比较快的一个时期。中国城镇化率达到 64.72%，处在较快发展区间，这也意味着容纳城镇人口的建筑仍然需要不断增加。

提到建筑与园区，我们似乎很难将它们与碳排放联系在一起，但能造成碳排放的并不只有工厂隆隆作响的设备或汽车排放的尾气。如前所述，建筑行业占全球碳排放总量的 10%，建筑和园区也是碳排中的能耗大户之一。若按目前建筑能耗标准和管理水平计算，随着城镇化率的不断提高，建筑行业的温室气体排放量还将持续上升。国际能源署估计，要想实现 2060 年净零碳存量的目标，到 2030 年建筑行业的直接碳排放量需要减少 50%，间接碳排放量需要减少60%，这需要建筑行业的碳排放量在 2020—2030 年期间以每年 6% 左右的速度下降，也对建筑行业的减排速率与效率提出了更高要求。

面对行业整体的绿色低碳转型需求，建筑行业在实现"碳中和"目标的过程中面临诸多挑战。其中主要包括：

- 建筑行业产业链条长，涉及的环节多，数字基础设施薄弱，对于数字化、"碳中和"缺乏深入理解。相对科技行业来说，建筑行业是较为传统的行业，企业大多使用传统的能源管理系统，而对光伏、碳管理等技术了解不足。在利用数字技术降碳的过程中，建筑行业往往缺乏技术能力，并且其数字化基础设施也较为薄弱。尤其对于建筑施工、拆除等环节来说，数字化基础设施的建设普遍还有相当长的一段路要走。

- 存量建筑数量庞大，建筑能源体系的改造工程浩大。虽然目前很多新建建筑企业已经具备了能源优化、低碳减排的认知，但既有的存量建筑才是碳排放的重点。中国是世界上既有建筑和每年新建建筑量最大的国家之一。据中国建筑科学研究院建筑环境与节能研究院数据，中国现有城镇总建筑存量约 650 亿平方米，建筑规模位居世界第一。过去建造的建筑没有降耗减排的设计，存在高耗能、高排放的情形，因此对存量的建筑进行改造是一项颇为复杂、任务量巨大的工程。

- 当前各能源管理系统相对割裂，缺少相应的专业人才。能源管理系统的使用者主要是运维主管、专业工程师、监控人员、维修人员、物业经理和设施经理，他们大多对电力电子、硬件类产品比较熟悉，但缺少数字化运维经验。

这些挑战是阻碍建筑领域实现"碳中和"目标的实际困难，但也是建筑行业整体升级发展的机遇。面向建筑低碳化的发展方向，全球多国推出了相关的引导政策。比如中国在《国务院关于加快建立健全绿色低碳循环发展经济体系的指导意见》中明确表示，要推进既有产业园区和产业集群循环化改造，推动公共设施共建共享、能源梯级利用、资源循环利用和污染物集中安全处置等，并鼓励建设电、热、冷、气等多种能源协同互济的综合能源项目。

中国住房和城乡建设部 2022 年 3 月发布的《"十四五"建筑节能与绿色建筑发展规划》明确规定，到 2025 年，城镇建筑可再生能源替代率达到 8%，新增建筑太阳能光伏装机容量达到 0.5 亿千瓦。深圳市 2022 年 7 月 1 日实施的《深圳经济特区绿色建筑条例》规定，大力发展超低能耗建筑，鼓励开展近零能耗建筑、低碳建筑、近零碳排放试验区的示范建设，通过可再生能源等产品和技术降低建筑碳排放强度和减少碳排放总量，实现碳排放目标。几年之间，政策已经从指导意见发展到明确规划，最终到责任划分。建筑与园区的减碳行动，正在加速步入正轨。

"五步法"打造近零能耗建筑

接下来，我们从政策导向看建筑行业的具体"碳中和"实现方式。从整个建筑的生命历程来看，建筑的全生命周期包括建材生产、建筑设计、施工过程、建筑运行和建筑拆除等，如果从这个角度出发，有效减少建筑行业的碳排措施，主要隐藏在这些关键环节。

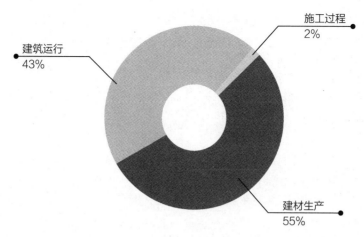

建筑各环节碳排放占比

据中国建筑节能协会发布的《2021 中国建筑能耗与碳排放研究报告》，在建筑领域碳排放中，建材生产占比大，为 55%，其次是建筑运行占 43%，施工过程仅占 2%。在能耗方面，建筑领域的碳排放主要来自生产和运行阶段，分别约占 50% 和 46%。建筑行业的数字技术主要对这些关键的流程进行干预，实现能源综合利用，降低碳排放。

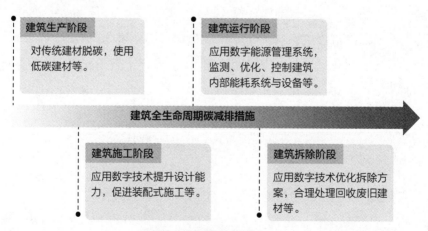

建筑全生命周期碳减排措施

- 在建材生产阶段，主要措施是对传统建材脱碳，使用低碳建材等。建筑生产阶段的碳排大户主要是钢铁、水泥等方面的建材。要在这个阶段减少碳排放，一方面要在这些建材生产过程中采用数字技术，提高其生产流程的能效，减少多余的操作和误操作；另一方面要在建筑材料中使用低碳水泥、零碳固碳等建材替代传统建材。要使用新型低碳建材，减少水泥的用量，提高固碳建材应用比例，从源头减少建造阶段的碳排放。

- 在建筑施工阶段，可以推进装配式施工、数字技术的应用。例如，在建筑设计之初应用 BIM（Building Information Modeling，建筑信息模型）数字技术。BIM 技术指的是以 3D 技术为核心，以建筑工程项目的各项相关信息数据为基础，通过数字信息仿真模拟建筑物所具有的真实信息。在建筑中应用 BIM 技术，可以实现集成化设计并且辅助建筑物进行朝向和形体选择，规避各领域协同交流中的问题，增进各方的系统协作，提高设计的动态管理水平，在减少风险与成本的同时，提高效率，减少浪费。例如，深圳某企业的总部大楼，通过 BIM 技术模拟了室内自然通风情形，因地制宜采用南北贯穿式的边庭，创造良好的自然对流风，全年可实现约 2000 小时自然通风，减少 140～160 吨二氧化碳排放，成为"会呼吸的写字楼"。

- 在建筑运行阶段，引入数字技术智能调控设备，减少设备能耗，提升建筑系统的能效。在清洁能源的就地消纳方面，应用数字化综合能源管理系统，协助建筑内"源—网—荷—储"等微电网的协同，实现建筑能源结构低碳化。例如，针对建筑中耗能较大的三类场景照明、空调、冷站，应用 AI、物联网、云计算等技术，结合设备系统数据智能分析和控制，提供能耗诊断分析和优化策略，降低能源消耗。通过物联网感知设备，实时感应室内外温度、光线和人流情况，自动控制照明、取暖等办公设备，真正实现人走灯灭，大幅提升建筑、园区的用电效率。

- 在建筑拆除阶段，碳减排的主要措施是优化拆除方案，减少拆除建筑过程工作中的能耗，对废旧建材进行回收利用等。收集废旧建材，并将其制成可继续使用的建材，或在景观铺地等过程中直接利用废旧砖石等材料，减少碳排放。

在分析完建筑各个阶段的减排措施后，我们认为，建筑行业实现"碳中和"的最优选择是打造近零能耗建筑。这里我们需要先来回答一个问题：什么是近零能耗建筑？"近零能耗建筑"一词源于欧盟《建筑能效指令》，顾名思义，近零能耗建筑即建筑的能源消耗接近零。目前阶段，全球各个国家与地区纷纷根据各自不同的国情需求及自然环境，针对近零能耗建筑提出了发展规划与目标要求。综合来看，近零能耗建筑的核心是需要适应气候特征和自然条件，最大幅度减少建筑供暖供冷需求，提高能源设备与系统效率，利用可再生能源，优化能源系统，以最少的能源消耗提供舒适的室内环境，且室内环境参数和能耗指标达到相应标准。

伴随着"碳中和"目标的明确及建筑产业转型升级的步伐，近零能耗建筑逐渐成为重要的产业机遇，不仅形成了新的经济增长点，同时还将为全球"碳中和"做出极大贡献。总体来看，想要实现建筑能耗降低，需要通过被动式设计、主动式设计及可再生能源的应用，最大限度地减少温室气体的排放。

被动式设计包括从建筑形态、布局、悬挑结构和遮阳装置等几方面着手提升节能效果。具体来说，主要指通过优化建筑的布局、朝向，结合当地的环境与气候，提高建筑的舒适度。通过使用高性能围护技术、无热桥的设计与建筑节点构造方式，最大限度地阻断建筑围护结构某些节点部位较为集中的热流传导，提高建筑整体的气密性。同时，还可以结合自然通风、自然降温、自然采光等被动式设计减少建筑物的能量需求。

相对来说，被动式设计以外的其他设计策略为主动式设计。近零能耗建筑应优先使用能效等级高的系统与设备，如高效的冷热源系统、照明及电气系统和物联网系统等，依靠科技手段实现建筑近零能耗。热泵、新风热回收、高效照明系统，以及高舒适度的辐射采暖制冷末端系统等技术，属于目前最为常见的近零能耗建筑主动式设计。

另一个近零能耗建筑的重要构成元素是可再生能源的应用。我们可以通过建筑本身及周边区域的可再生能源，推进建筑所产生能耗与自身能源供应体系趋于平衡。这里的典型例子是通过我们前面讨论过的分布式光伏，利用太阳能发电满足建筑内部的用能需求。除了发电，太阳能发热也是非常普及的家庭可再生能源解决方案。

在了解了近零能耗建筑的定义与概念之后，我们再来一同审视如何通过

"五步法"打造近零能耗建筑，实现整体产业的减碳减排。

- 减碳行动第一步：基础建筑的节能。通过建筑自身的"被动节能 + 主动节能"的设计，大幅降低建筑本身的耗能，从而减少碳排放量。随着物联网、云计算、AI、大数据等技术的发展，以数据为基点的服务大力发展，建筑楼宇迈入了智能时代。楼宇智能节能系统将与 ICT 深度融合，做到向下物联感知，向上云端治理。ICT 将助力楼宇的照明、暖通、电梯管理系统调优，实现各系统自学习，多系统自融合，降低管理运维的成本，改善运维人员和用户的体验。

- 减碳行动第二步：建筑光伏一体化。利用可再生能源为建筑提供绿色电力，减少碳排放量。除了在建筑屋顶安置分布式光伏，还可以利用光伏建筑一体化技术，在墙体安置光伏，实现建筑与园区用能自发自用，就地消纳。建筑的用能方式向绿色可持续方向转变。例如，位于北京的未来科学城国家能源集团园区内有一栋 BIPV（光伏建筑一体化）建筑，建筑通体由薄膜光伏组件组成，当太阳光照角度发生变化时，光伏组件会调整角度，最大限度地吸纳能量。这栋建筑全年预计发电量 7.5 万度，自发自用，可满足与自身规模相同的办公建筑 35% 至 40% 的用电量。

- 减碳行动第三步：园区电力组网。通过组建园区微网，对建筑与园区能源系统进行智能化管理。利用云计算、AI、物联网等技术，将园区的分布式光伏系统、储能装置、能量转换装置、负荷、监控及保护装置等，组成一个集"发、配、储、用"为一体的微电网系统。最大限度地利用分布式能源，实现园区层面的电力自给自足，并且在有余力的情况下向外部电网送电。通过园区电力组网，能够调控园区能源系统中的信息流、能源流，实现"比特管理瓦特"。结合数字技术与电力电子技术，通过一体化的协同方式，能对整个园区能源基础设施的设备管理、能源调度、能效管理等进行高效管控。

- 减碳行动第四步：能源网韧性运营。能源网是一种包含多类型的可再生能源，集冷热电联供系统、电 / 冷 / 热储能系统、地源热泵系统等于一体的混合能源系统。能源网可通过系统内横向电、气、冷、热环节的优化利用，纵向多能流协同，有效平抑可再生能源引起的波动，从而提高可再生能源渗透率和用户的用能品质，降低用户的用能成本等。针对新能源并网过程中的间歇性、波动性等缺陷，可以应用储能系统削峰填谷，缓解电网压力。新能源 + 储能可以较好地解决建筑新能源使用过程中不稳定的问题，提高新能源发电的可调节性，减少大规模新能源接入电网对电力系统造成的冲击。

- 减碳行动第五步：碳足迹交易管理。通过碳监测、碳金融、碳交易等手段实现对建筑、园区的碳足迹进行统计分析，对建筑碳资产进行有效管理。园区级碳管理系统可以实现碳排放监测与核算、能源综合管控、产品碳足迹管理、碳交易管理等。要用数字化手段监测生产经营过程中的碳足迹，助力园区、企业实现绿色生产，推动与碳交易平台的对接与交互。

建筑是组成城市的基本单元之一，低碳建筑、低碳园区是低碳城市的缩影，建筑行业也是关乎城市"碳中和"能否实现的关键因素。可再生能源如太阳能、风能与建筑的一体化，标杆零碳建筑、园区的推广复制等，这些绿色建筑措施是城市实现"碳中和"目标的关键。例如，在深圳福田区，安托山总部大厦园区给我们带来了近零碳园区的用能综合化示范样例。通过在建筑外立面铺设了近 3 万平方米的 BIPV 玻璃幕墙，其每年可生产约 150 万度光伏绿电，并就近消纳。此外，该建筑采用暖通空调节能、照明节能、光伏幕墙隔热节能、综合能源管理等一系列手段，年省电比例约达 51%，每年减少碳排放量约 63%。

讲完建筑行业不同环节、流程的低碳举措，大家可能会进一步产生新的疑问：如果我们在每个环节坚决推进建筑行业低碳转型，那么未来居住、生活、办公的建筑将会是什么样子的呢？我们认为未来智能化、低碳化的建筑，应该具有五大基本特征。

- **自优化：** 未来建筑行业的发展，可以通过被动节能与主动节能的设计，大幅减少建筑本身供热、供冷的用能需求，从而实现近零能耗建筑目标。建筑本身应该具有主动节能与被动节能能力，从根本上优化自身的能源使用情况。

- **自发电**：随着智能光伏的普惠化发展，越来越多的建筑将具备自发电能力。可再生能源供能，将成为未来建筑的主要能源来源。为了实现这一目标，我们需要在今天扎实推进分布式光伏的发展，建立光储协同系统，对建筑绿色发电进行更多深入探索。

- **自组网**：目前阶段，电力网络具有集中化、大型化的特点。而随着建筑自发电能力的不断提升，大量的新能源发电设备的接入，可能对传统的电力组网方式造成极大挑战。在未来，一个园区、一个小区可能就需要组建一张属于自己的微电网。通过在分布式光伏系统中搭配储能装置、能量转换装置、负荷、监控及保护装置等，可以组成一个集发、配、储、用于一体的微电网，最大限度地利用分布式能源，实现园区、小区的电力循环与调节。这种模式不仅可以有效提升建筑群的清洁能源使用效率，还可以减少新能源并网对大型电网的冲击。

- **自应急**：建筑中的用能虽然以电力为主，但热力、燃气同样占据重要地位。未来的低碳建筑，应该具有多种能源协同管理、协同利用的能力，从而可以在任何一种能源出现短缺的情况下，通过其他形式的能源转化完成能源补充。

- **自交易**：碳管理与碳交易，是"碳中和"时代大家非常关心的问题。未来，建筑应该通过 IoT 等数字技术，实时监控楼宇、园区的用能数据，直观地向用户展示建筑的碳排放情况。在此基础上，采用碳管理云平台对建筑的碳排放量做出预判，从而调整用能方案。另外，云平台也可以有效支撑用户在数字化平台上进行碳交易、开展碳金融活动，最终实现建筑系统平台自主进行碳核算、碳交易。

绿色低碳城市能源智能体

未来，低碳建筑给我们绘制出一幅美好的蓝图，由点到面，整个城市能源系统也将在技术的驱动下持续升级，转变为绿色低碳城市能源智能体。具体来说，是指通过分布式智能光伏、VPP、V2X、综合智慧能源、智能微电网等创新产品与解决方案，实现"源、网、荷、储"智能协同，最终构建一个基于智能电网、智能微网的城市能源互联网。我们认为，绿色低碳城市能源智能体应具备以下五大关键特征。

- **安全**：包括运行安全、供应安全稳定和消费安全可靠。通过数字化电网，提升电网的稳定性，同时通过智能调度和控制、VPP 等创新方案实现源荷互动、安全运行；大力发展分布式光伏、共享储能等，提升城市电力的供给能力；建立分布式能源及储能系统的安全标准体系，保障人身、财产安全。

- **韧性**：包括微电网、应急保障、电网网络安全。要建设园区级的自治微电网，提升城市每个园区的能源自我保障能力；在极端情况下，电动汽车的储能和 V2X 技术可以为城市提供应急备电；通过数字技术打造智能化、有韧性的智能电网，提升电网的网络安全防控能力。

- **高效**：包括能效优化和设备升级改造。采用数字技术和综合智慧能源模式对园区、工厂等高能耗场景的用能情况进行智能调度和管理，实现节能和能源高效利用；在工业领域，普及高效电源、高效变频器，实现能效优化，加速淘汰老旧高能耗设备。

- **低碳**：包括绿色电力的开发、消费侧的电气化，以及加速推进能耗双控转向碳排双控。要大力开发以光伏为代表的分布式可再生能源，提升绿色电力的比例；通过煤改气、气改电，加快电动车与充电产业发展等措施，加速消费侧用能电气化；政策管控层面，从能耗双控转向碳排双控。

- **智能**：包括能源数字化和融合创新。以 AI、云计算、大数据、5G、物联网等技术构筑"数字孪生的能源系统"，使整个城市能源系统向智能化发展；融合能源流和信息流，实现万"能"互联，推进科技创新，促进绿色产业发展，催生各种新型商业生态。

虽然绿色低碳城市能源智能体这样美好的场景还有待一步步去实现，但在目前阶段，我们已经能够在一些建筑案例中看到未来的踪迹。深圳国际低碳城会展中心就是如此。这座占地 4.8 万平方米的会展中心，总体规划以"呼吸之馆、活力之廊、生态之盒、生长之丘"为架构，创造一座可自由呼吸的、真正将绿色融于日常的"低碳之城"。整体建筑融合了112项绿色、低碳、智慧亮点节能措施,在业界率先试点应用了磁悬浮空调主机、高效太阳能光伏板、碳捕集技术(微藻氧吧)、智慧园区系统等13项国内外领先的低碳技术。其会展中心三栋建筑的综合节能率大于70%、本体节能率大于20%,全部达到了国家近零能耗建筑技术标准。据测算,深圳国际低碳城会展中心投入使用后,每年可生产约127万度绿电,园区用电基本实现自发自用,相当于每年可减少碳排放量约606吨。

建筑领域的"碳中和"路径,要从设计之初,到建设,再到运维,直到生命周期的最后一刻,通过数字技术的助力与创新,降低建筑全生命周期的能源消耗,减少碳排放。从金字塔到罗马柱,从万里长城到雕梁画栋,建筑史是人类文明的最佳注释。每一座建筑都尽情展现着设计者对世界的理解,对生活的热爱。一代有一代之建筑,伴随着电力电子技术与数字技术的深入发展,建筑也会呈现出新的模样:未来的建筑将拥有智能的"大脑",AI将控制整个建筑的中枢系统,数字技术渗透建筑的每个角落。建筑的设计、规划、选料、建造、运维等全流程,都会有数字技术的全程参与,建筑整个生命周期的能源利用方式将不断优化。智能化成为企业园区、写字楼、公共建筑等的管理基础与服务基础,近零能耗建筑将成为业界的主流模式。

深圳国际低碳城会展中心

无建筑，不低碳，将成为人类建筑师献给未来的诺言。

绿色智能的建筑使我们找到人与自然之间的平衡。低碳绿色的建筑顺应着可持续发展的趋势，不仅提高了生活品质，提升了居住体验，也让我们与自然的距离更近。像荷尔德林说的那样，人类终将诗意地栖居于大地。

第五节　ICT 行业：让每一瓦特承载更多比特和联接

想象一下，以新能源为主体的新型电力系统建成之日，在解决了电力与交通这两个分别代表源头和终端的"耗能大户"的能耗及排放问题之后，还有哪个行业的碳减排能够起到"四两拨千斤"之效？那就是绿色 ICT。绿色的数据中心、通信网络将成为"碳中和"时代的使能者。

联合国在 2008 年 8 月发布第四版国际标准产业分类时，给出的 ICT 定义为：主要通过电子手段完成信息加工和通信的产业和服务，或使其具有信息加工和通信功能。ICT 产业应用广泛，尤其在数字经济大时代背景下，ICT 是各行各业数字化转型的基础。通往"碳中和"的路上，ICT 主要有两个核心任务：一是 ICT 自身的绿色低碳化，即 Green ICT；二是 ICT 赋能千行百业降碳，即 ICT for Green。对于这一切，数字技术与电力电子技术是根基。我们可以通过融合数字技术与电力电子技术、能量流与信息流，加速能源数字化，实现"比特管理瓦特"，进而推动能源行业及社会绿色低碳转型。

从能耗占比情况来看，数据中心、通信基站等 ICT 基础设施能耗占全社会用电量的 4% 左右。但随着数字经济的加速发展，算力成为全新生产力，数据中心成为支撑数字经济发展的坚实底座，这必将带来能耗的持续递增。与此同时，随着 5G 网络的不断发展与普及，基站在助力更强联接的同时，其平均能耗是 4G 的 3 倍以上。

从碳排放数据来看，ICT 行业的碳排放与电力、工业行业等碳排大户相比，绝对值较小。但相对而言，ICT 行业的碳减排却能撬动千行百业减排。全球移动通信系统协会预计，到 2030 年，ICT 行业的碳排放量将占全球总排放量的 1.97%；根据 GeSI 的研究，预计在 2030 年，ICT 可以通过赋能其他行业帮助全球减少 20% 的碳排放量。也就是说，ICT 将通过网络化、数字化、智能化的技术手段以 10 倍杠杆效应推进千行百业向低碳化发展，同时提升政府监管和社会服务的现代化水平，促进形成绿色的生产生活方式，最终推动全社会可持续发展。这种基于 ICT 促进千行百业低碳发展的能力，正是我们在前文中提到的"碳手印"。作为 ICT 基础设施的重要组成部分，绿色的数据中心、通信网络将如何以"碳中和"时代的使能者这个角色，为人类创造一个个绿色奇迹呢？

数据中心：向"低碳共生、融合极简、自动驾驶、安全可靠"持续演进

随着数字经济时代全面到来，5G、云计算、大数据、人工智能等新一代信息通信技术加速与实体经济融合，赋能各行各业的数字化转型。作为数字经济的重要基础底座，数据中心在经济和社会发展中扮演日益重要的角色。与此同时，数字经济的全面开启与绿色可持续的发展需求，对数据中心提出了更新、更高的要求。

低碳可持续发展已经成为全社会的共识和使命，但数据中心面临着增长快、能耗高、碳排高的挑战，迫切需要建立与自然、社会的新型互动关系。实现数据中心低碳化，要从资源的全生命周期来考虑，即资源输入全绿色、资源利用全高效、资源循环全回收，最终实现数据中心与自然和谐共生。

低碳共生：绿色化源头，与自然共生

绿色发展成为全球共识，它是以绿色低碳循环为主的新型可持续发展模式，是指在保持经济持续增长的同时，减少对自然环境的损害或者能同时改善自然资源的状况。

数据中心的绿色发展体现为从源头实现绿色化。

- **电**：电力输入侧，将大规模使用绿电，就近消纳本地光伏、风电、水电

等绿色电力，减少火力发电，减少对化石能源的依赖。同时在数据中心园区部署分布式光伏，充分利用园区屋顶及土地资源，降低数据中心碳排放量 1%~2%。

- **水：** 减少水资源的消耗，要尽量减少对清洁水的使用，用中水（也称回收水，是指经过处理的污水回收再利用）替代，甚至不用水。全球很多地区的水资源越来越紧缺，冷却数据中心系统需要节约水资源。

- **土地：** 数据中心的建设将集约化利用土地资源，在数据中心规模越来越大的背景下，最大限度发挥土地价值，让每一平方米的土地产生更多算力。

- **气候：** 数据中心要多利用自然冷源，一方面选择气候适宜的区域；另一方面可以通过技术手段（比如提高进出风温度、扩大温差），进而最大限度地使用自然冷源。

通过资源源头的绿色化，实现数据中心与自然和谐共生。

中国三峡东岳庙数据中心，距离全球最大的水力发电站——三峡水利枢纽仅 3.6 公里，是三峡集团正在打造的华中地区最大绿色零碳数据中心集群的一部分，一期部署机柜 4400 柜，10 年预计可减少碳排放量 250 万吨。

可持续发展：从 PUE 到 xUE，全生命周期碳排放控制

2007 年绿色网格联盟（The Green Grid）提出将 PUE（Power Usage Effectiveness，电源使用效率）作为衡量数据中心电能效率的指标以来，它已

逐渐被业界广泛接受、认可和使用。但只用 PUE 无法完整地反映数据中心的资源利用状况。比如即使是同样的 PUE，火电和绿电所导致的碳排放量是完全不同的，冷冻水系统和间接蒸发冷却系统所消耗的水资源也是不同的。在一定的市电容量下，不同的方案能够部署的 IT 机柜数量也是不同的。

因此，我们应该建立从唯 PUE 论走向 xUE，即包含 CUE、PUE、WUE、GUE 等的多维评价体系，以此来判定数据中心是否高效利用资源。

- CUE（Carbon Usage Effectiveness，碳使用效率），是可量化的数据中心碳排放指标，用于衡量数据中心的碳排放量。使用不同能源产生的碳排放量不同，比如燃煤每千瓦时碳排放量为 1023 克，光伏每千瓦时碳排放量仅为 30 克，因此数据中心使用不同来源的电，其 CUE 大相径庭。
- WUE（Water Usage Effectiveness，水资源利用率），是衡量数据中心 IT 设备制冷时耗水量的指标，通过这个指标，我们可以调整耗水量大的方案和产品。
- GUE（Grid Usage Effectiveness，出电率），是衡量市电容量在一定的情况下可以部署的最大 IT 设备数量的指标。通过这个指标，我们可以促进整个行业优化产品，进而能够部署更多的 IT 设备。

不同的区域不同的行业所相应的指标关注度是有差异的，比如 2022 年中国正式启动 "东数西算" 工程，位于西部的内蒙古、甘肃和宁夏数据中心节点都是缺水地区，相对粤港澳、长三角地区等，水资源获取更难，WUE 要求也更高，内蒙古的乌兰察布已经禁止数据中心企业使用地下水进行冷却降温。在全球范围内，中东地区的温控系统，已经将无水方案作为主流选择，以追求极致的 WUE 指标。因此，未来可以根据区域和行业的特点对每个指标进行衡量，最终基于综合考虑选择最优的评价方案。

评价体系从单指标到多指标的综合转变，也从侧面反映了业界对碳排放的考察越来越细致。未来，数据中心的演进将从全生命周期角度对碳排放量进行控制。数据中心是耗能大户，也是 "产热" 大户，其所消耗的电能最终转化成热量排放到了环境中，未得到有效利用；同时还在数据中心周围形成热岛，影响制冷 PUE。余热回收是低碳时代的重要技术，也是未来数据中心的重要特征之一。《气候中和数据中心公约》（CNDCP）明确提出热回收是 2030 年实现"碳中和"的五大关键措施之一。欧洲可持续数字基础设施联盟（SDIA）已将热回收列入路标，数据中心余热回收比例大于 60%。通过余热回收，可以把回收的热量应用到如下方面。

（1）数据中心自用，可用于为办公区域生产热水，给油机房间加热。

（2）用于数据中心周边的配套产业，如为养殖业、商业综合体供暖。

（3）并入市政热管网。

除了数据中心的余热回收，还需要关注数据中心设备和设施本身材料的可回收性。未来越来越多区域将推广新型装配式绿色建筑，采用绿色建筑材料，材料回收率可超过 80%。在设备的元器件、单板、部件、辅料等层级，用无铅无卤的绿色可回收新材料代替传统的含铅等有害物质，可以提高回收率，促进数据中心为低碳循环经济助力。

华为预制模块化解决方案

材料 / 部件	重量百分比	处理方式
金属	89.9%	90% 回收利用，10% 填埋
塑料	1.8%	60% 回收利用，40% 焚烧
橡胶	0.1%	100% 焚烧
电池	0.02%	70% 回收利用，30% 填埋
制冷剂	0.04%	15% 回收损失，85% 回收利用
灭火剂	0.02%	100% 回收
电子部件及其他	8.2%	65% 回收利用，10% 焚烧，25% 填埋

根据《华为产品碳足迹评估报告》，华为预制模块化解决方案的金属占比为 89.9%，回收率达到 90%，电子部件及其他占比 8.2%，回收率达到 65%，数据中心整体回收率超过 85%。

架构、供电、温控：数据中心的"极简三叉戟"

数据中心模块化、高密化是满足数据业务和 IT 技术发展需求的必然趋势，但传统数据中心系统复杂、建设周期长，难以匹配发展需求。在数据中心不断升级发展的道路上，对"简单"的持续追求将驱动部件、设备、系统和数据中心架构融合极简。数据中心的融合极简包括以下三个方面。

- **架构极简**：主要针对快速上线和灵活扩容的业务需求。通过模块化的设计，将传统数据中心土建、供电和制冷的串行施工模式变为并行模式，将不同环节不同厂商负责的现场"攒机"变为工厂预制的"品牌机"，缩短建设周期，提升交付质量。

- **供电极简**：主要针对数据中心的高密化要求。数据中心的供电系统非常复杂，以一个 1500 柜数据中心的供电系统为例，它包含 450 面配电柜、225 个配电箱、3000 条 rPDU，接近 15 万米的线缆连接，整个供电系统占地面积约 1800 平方米，占比高达 15%～20%。通过提高设备功率密度，使不同设备融合，可实现供电系统极简化、高密化。

- **温控极简**：主要针对数据中心低碳化和高密化要求。传统温控系统链路长、能效低，以传统冷冻水温控为例，包含七大部件，需要四次换热，1500 柜数据中心就包含 6 台冷水机组、390 个流量表、15 台水泵，主管和支管加起来超过 1650 米。同时，随着机柜功率密度提升，对温控散热能力的要求加强，通过链路极简和风液融合可实现温控系统极简化、高密化。

架构极简，孕育建筑与机房新形态

《数据中心设计规范》（GB 50174—2017）将数据中心明确定义为"为集中放置的电子信息设备提供运行环境的建筑场所，可以是一栋或几栋建筑物，也可以是一栋建筑物的一部分，包括主机房、辅助区、支持区和行政管理区等"。数据中心被认为是一项复杂的工程建筑，传统建设模式是土建、供电、制冷等工程串行施工，施工流程冗长，并且在实际建设过程中，受天气、设计变更等的影响，面临多重不确定性。

未来，随着数据中心规模越来越大，无论建筑形态，还是机房形态，只有做到融合极简，才能匹配业务快速上线的需求，符合行业发展趋势。

建筑预制化：云数据中心企业要将数据中心化整为零，改变建筑形态和建设模式，从传统的"钢筋混凝土 + 现场施工"转变成"装配式钢结构建筑 + 工厂预制"。工程产品化，使数据中心的建设从串行走向并行，实现快速交付、按需部署,满足云数据中心时代的业务快速上线需求。

传统建筑建设模式全流程包括地基工程、主体工程、装饰装修工程、供配电工程、暖通工程、消防工程、监控系统安装调测等串行施工流程。预制模块化建设模式可以实现全面并行施工,具体体现在两个层面:第一个层面是,地基工程与工厂功能模块制造、预集成、预调试并行;第二个层面是,采用标准化的模块,可在工厂同步并行生产多个模块,通过工装、治具、模具等批量生产工艺大幅提升效率。在工厂预集成模块,预调测模块能够大幅提升模块的质量,支持现场快速部署和联调交付。

采用预制模块化建设模式建设一个 1000 柜的数据中心,在中国建设周期可从 18 个月以上减少至 6~9 个月,缩短 50%。这个差异在中东地区更为明显。受气候条件影响,每年的 5~10 月为中东全年最热的月份,每天 13:00—17:00 不允许进行户外施工作业,一个大型数据中心的建设时间远超其他地区。相较传统的建设模式,采用预制模块化建设模式后,数据中心的建设周期从 30 个月减少至 12 个月,缩短 60%。

机房模块化:边缘数据中心企业可采用模块化架构,重塑机房形态。传统的机房建设包括机柜、精密空调、UPS、配电柜、电池、消防,以及线缆等部件分散采购、分散安装、分散验收,给前期建设、后期运维及能效管理带来了较大挑战。未来,我们应通过模块化架构,将机柜、温控、供电、监控、消防等子系统集成到一个模块内,同时对冷风和热风进行隔离。通过改变机房形态,使交付周期缩短,运维难度降低,能效水平提升。

高密化与弹性扩容:数智时代,云计算业务带来的数据量和计算量呈爆发式增长,同时伴随 AI 应用的需求增长,AI 算力比重进一步提升。未来,IT 设备会持续向高算力、高功率密度演进,CPU 和服务器功率持续提升。为了应对持续增长的算力需求,平衡效率和成本,数据中心机房需要向高密化方向发展。在数据中心资源日趋紧张的情况下,只有通过提高机房单位面积内的算力、存储及传输能力,才能最大程度发挥数据中心的价值。预计到 2025 年,多样化算力协同将成主流,主流云数据中心功率密度将从 6~8kW/ 柜提升到

12~15kW/柜，并且这两种不同功率密度的云数据中心将形成混合部署形态，AI 计算中心功率密度达到 40kW/Rack 以上。未来，自带高密属性的人工智能计算中心等将迎来建设高潮。

建设数据中心基础设施需要考虑 IT 设备与基础设施的匹配度，为未来设备的升级保留增长的空间。IT 设备的生命周期一般为 3~5 年，而数据中心基础设施的生命周期为 10~15 年。为了提升数据中心的利用率，数据中心基础设施须支持弹性架构。未来，数据中心基础设施将以生命周期最优的 CAPEX 满足 2~3 代 IT 设备的功率演进，即 1 代基础设施匹配 2 到 3 代 IT 功率。同时，由于承载的 IT 业务不同，数据中心须具备弹性能力，匹配不同功率密度的 IT 设备，并进行混合部署，实现按需扩容、节省空间。

供电极简，部件重定义，全面锂电化，链路重塑

供电系统作为数据中心的"心脏"，为应对需求的增长，未来数据中心将对供电系统进行创新，主要在于对供电链路的所有设备进行融合创新，逐渐进入供电极简时代。

部件融合： 大型数据中心的供电系统，过去大多采用"UPS 并机 + 铅酸电池"的方案，设备多而杂，面临现场安装调试复杂、占地面积大等挑战。随着未来 IT 机柜功率密度越来越高，如果供电系统不改变，占地面积还将继续增加。

数据中心建设方应采用高密度数据中心供配电解决方案——将原来分散部署的设备进行一体化融合集成。在不改变供电链路的基

中交通信大数据（上海）数据中心（交通云）采用华为电力模块解决方案，相比传统方案，节省供配电系统空间 40% 以上，助力客户多部署 350 个 IT 机柜，节省电力电缆超 16000 米。

础上，数据中心对部件进行技术创新，以减少设备数量，缩短整个供电链路长度，从而减少供电系统的占地面积，使数据中心的空间等资源得到高效利用。一方面，利用开关小型化技术，在不减少开关数量的前提下减少开关柜的数量；另一方面，利用拓扑池化、器件优化等技术，提升 UPS 模块功率密度，从而有效减少占地面积，降低现场交付难度。

链路极简： 在"碳中和"大背景下，清洁能源应用、峰谷电价差、VPP 等推动数据中心叠光叠储成为趋势。传统方案是在供电链路上部署光伏系统（逆变器和光伏板等）和储能系统（变流箱和储能箱等）。更多设备的接入，意味着供电系统的复杂度提升，从而面临设备变多、链路变长、维护变难等挑战。

未来数据中心可在链路上进行创新，将全链路综合考虑，使其达到最简。比如将光伏逆变器和储能变流箱与不间断电源系统进行融合创新，构建新的中压不间断电源系统，用一套系统同时接入市电、光伏和储能，融合市电整流逆变、光伏逆变、储能三大功能，大幅降低供电链路的复杂度。

温控极简，冷热交换效率最大化

低碳化时代，数据中心节能降耗的关键是实现温控系统融合极简，追求冷热交换效率最大化。赛迪数据显示，温控系统能耗占数据中心整体能耗的43%，并且温控系统也是数据中心 IT 设备之外最大的耗能系统。

冷链极简： 过去大型数据中心温控主要采用机械制冷的方式为数据中心提供冷量。以冷冻水为例，包含 7 大设备（冷水机组、冷却塔、蓄冷罐、温控末端、冷却水泵、板换、管理系统），从冷源到热源经历 4 个换热过程，工程交付周期长达半年以上，工程复杂且制冷效率与交付质量强相关，施工质量的优劣影响制冷效率的高低。未来，数据中心温控系统需要将多部件融合成一个模块，实现"一模块一系统"，有效缩短安装、交付周期和运维难度。同时，数据中心直接利用自然冷源进行降温，从多次热交换变成一次热交换，缩短制冷链路，提升制冷效率。

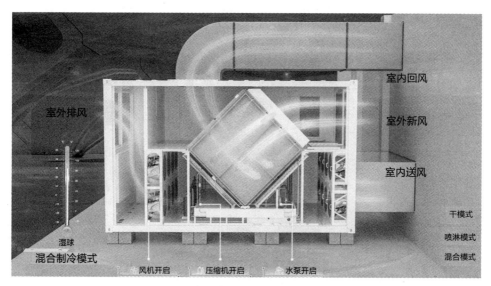

室内回风

室外排风

室外新风

室内送风

干模式

喷淋模式

湿球

混合模式

混合制冷模式

风机开启　压缩机开启　水泵开启

华为间接蒸发冷却工作模式

风进水退：数据中心传统的制冷方式采用冷冻水系统，主要包括冷冻水机组、冷却塔、冷却水泵等多个子系统。其架构复杂，整个系统制冷链路长、换热层级多、管路多，这不仅不利于快速部署和运维，更重要的是制冷效率也不高。在"碳中和"目标驱动下，数据中心的制冷方式需要变革，以适应未来不断增长的制冷需求。未来少水甚至无水的制冷系统将成为主流。间接蒸发冷却系统能够充分利用自然冷却资源，使室内外空气间接接触，只进行热交换，大幅降低制冷系统的电力消耗，在气候适宜区域将逐步取代冷冻水系统。

风液融合：随着 IT 设备功率密度的提升，尤其是人工智能、超算带来的超高功率计算场景，服务器和芯片散热对温控系统的制冷能力和效率提出更高的要求。因此，贴近热源制冷成为温控系统的又一重要发展趋势。制冷方式从传统房间级弥散式制冷，到使用密闭冷 / 热通道实现机房模块级制冷，再到机柜级和芯片级液冷制冷，最终实现直接从芯片上带走热量。因此，在高性能计算和互联网行业，要加速液冷技术的研究和应用，满足高功率密度机柜的散热要求，还要实现较低的 PUE 和较高的出电率。未来，对于机柜功率 20kW 以上的场景，应以液冷为主、风冷为辅，风液结合的制冷方式将成为主流。在不同业务场景下，风冷、液冷两种制冷架构将长期共存。

数智时代的算力考验：AI 技术不断深入，实现数据中心"自动驾驶"

随着数字时代的不断发展，数字化目标也愈发宏大。在自动驾驶、AI 大模型、VR/AR 技术大力发展的同时，数字化产业的算力需求也在不断增加。算力的爆发，会令数据中心从千柜建筑演变为万柜园区。这导致数据中心内部需要管理的对象呈指数级增加，其系统的复杂程度已经完全超越了人工管理能力，主要体现在运维方式、能效管理和运营模式上。

在运维方式上，当前主要以人工巡检为主，告警触发被动响应，成本极高，存在人工操作失误，导致运维质量难以保证。

在能效管理上，数据中心温控系统调节复杂，需要兼顾外部环境、IT 负载及设备运行情况，使用人工调节的方式能够实现局部优化，但难以实现全局最优。

在运营模式上，针对海量的资产盘查、服务器上架、SPCN（Space、Power、Cooling、Network 的简称）资源管理，手工账本在万柜数据中心难以满足运营要求。

综上，数据中心需要更先进的管理手段，通过智能手段改变现状，实现数据中心"自动驾驶"，即运维自动、能效自优、运营自治。

运维自动，实现无人值守

随着云数据中心向集约化、规模化发展，数据中心规模越来越大，运维难度也同步增加。

以一个 1500 机柜的数据中心为例，仅设备种类就超过了上百种，且多为"哑"设备，设备数量则以万计，需要配备 15～30 位专业运维人员，他们每天要进行 6～12 次现场抄表巡检，人工巡检难度大，故障定位时间长且巡检质量难以保证。此外，运维依赖于人工经验，人力成本占比持续上升，根据 Uptime 2021 的调研报告（Uptime Institute global supply-side survey 2021），数据中心运维人力成本从 2015 年的 4.5% 上升至 2020 年的 10%。另外，全球人口老龄化加速，劳动力减少，企业招聘到合适的运维工程师的难度增加。该报告还指出，47% 的数据中心企业难以招到合适的运维人员。

传统人工运维方式难以应对数据中心复杂的运维要求，自动化运维将成为未来数据中心的重要特征。数据中心运营方可将 AI 技术应用于数据中心运维，通过智能传感、声音及图像识别等，实现实时连续的运维和预测式的提前主动运维，减少人力运维的时间和成本。通过运维流程标准化，将专家经验云化共享并固化到流程中，快速提升运维人员的能力。

过去，1 名工程师巡检 2000 机柜的数据中心需要耗费 2 个小时，未来采用自动化巡检手段，如指标采集、摄像头图片分析、红外感知等，5 分钟即可完成 2000 机柜的巡检工作且无须人到机房，实现远程值守。

能效自优，从制冷到 "智" 冷

除了 IT 设备，数据中心制冷系统的电力消耗占比较高，传统制冷系统存在采集参数少于 10，可调节参数少于 3，调节速度慢且精度差，每次优化耗费 2 小时，调节效果持续时间短等问题，同时主要依靠人工调优，严重依赖专家经验，对于技能的要求非常高，而且为保证系统的可靠性，制冷需求往往会被层层放大，从而造成难以估量的能源浪费。

针对日益复杂的制冷系统，仅基于专家经验的传统人工调节方式，无法根据环境参数和负载率实时调优，未来数据中心能效调优的趋势将是自动化的 AI 智能运维。

数据中心运营方在进行数据中心能效提升改造时，应考虑用 AI 能效优化技术，建立能耗与 IT 负载、气候条件、设备运行等可调节参数间的机器学习模型，找到能效最优的配置逻辑，实现数据中心能效最优，降低能耗。

运营自治，资源价值最大化

在数据中心运营中，随着业务的变化，大量设备上下架给数据中心机柜空间资源的管理带来较大的挑战。数据中心经常出现某些机柜未充分利用甚至闲置的情况，同时某些机柜负载偏高，如何更高效地管理数据中心资源，使其得到最大化利用，是未来的数据中心需要考虑的问题。

数据中心运营方在进行资产管理时，应考虑采用基于 AI 的资源优化技术，对数据中心资产进行全生命周期管理，建立以设备管理为核心的管理模型及分析平台。通过 AI 仿真设备和 AI 业务预测，数据中心自动盘点资产状态，基于资产 U 位精准定位，对机柜可用空间、可用电力、可用制冷和可用网络等进行综合分析，智能推荐设备最佳上架机位，资源利用率提高 30%。

随着云计算、IoT、AI 技术的不断完善和普遍应用，数据中心将逐步实现由运维、节能、运营等单域的智能化，向规划、建设、运维、优化的全生命周期的数字化和"自动驾驶"演进。这一系列技术升级，将使 AI 技术逐渐替代数据中心运维管理领域的大量重复人工劳动。智能技术将全面融入数据中心，数智能力成为数据中心的关键，然后沿着这些关键点位深入到更加细微的层面。例如，前文所述的 AI 能效优化、实时调节参数；AI 运维、实时连续巡检、预测性维护；AI 运营、在线仿真、自动设计业务等，这些是数据中心智能化的开端与支点，业界正在陆续将更多智能化能力带到数据中心当中。

随着未来数据中心的能源输入和使用方式逐步多元化，未来的数据中心运营方借助 AI 自动驾驶平台，可以实现各种能源的灵活调度，在绿电直供、叠光、储能削峰填谷等方面实现按需调用，减少人为计算和操作，最大限度地挖掘资源的价值。

筑起全方位"防火墙"：数据中心从"被动安全"转向"主动安全"

数据中心基础设施在安全可靠方面依然面临巨大的挑战。根据 Uptime 2022 年报告（Uptime Institute global supply-side survey 2022），供电系统和制冷系统依然是造成数据中心运行中断的主要原因，占比高达 57%，其中供电系统占 44%，制冷系统占 13%。基础设施一旦发生安全问题，其带来的后果和影响也是巨大的。例如，2021 年欧洲某云服务提供商的数据中心发生火灾，造成 360 万个网站瘫痪，部分数据永久丢失，损失巨大。未来的数据中心低碳共生、融合极简、自动驾驶三大特征，无一不是建立在数据中心安全可靠的基础上的。

随着数据中心规模逐渐变大，从千柜级到万柜级，单个故障的影响范围扩大，数据中心必须满足高安全性要求。那么该如何进一步保障安全可靠？可以从主动安全和架构安全两个方面实现。

主动安全，从事后到事前，故障快速闭环

海恩法则提出"任何事故都是可以预防的，每1起严重事故的背后，必然有29次轻微事故和300起未遂先兆及1000起事故隐患"。高级别的安全可靠自然是防患于未然，以"治未病"替代"治病"。而传统的数据中心维护通常依赖人工的被动响应，难以发现隐患，难以有效提前预防故障的发生。

主动安全则是在数据中心全域可视可感的基础上，基于大数据和 AI 技术，实现从部件到系统的预测性维护。数据中心运营方在日常运营时，应考虑采用具有 AI 预测性功能的管理系统，电容、风扇这类关键器件和易损部件，可通过大数据采集和 AI 模型训练，预测寿命、提醒运维人员，避免发生故障后再进行维修，真正做到从"治病"到"治未病"。

另外，故障的响应机制也从工单驱动的人工响应到系统自动化故障响应。基于故障实时感知、可视化全景呈现、AI 辅助定位等，做到快速发现故障、快速完成分析、快速恢复业务、辅助故障实现闭环管理。

架构安全，从部件到 DC，全方位构筑安全防线

未来，数字技术将越来越广泛地应用到数据中心基础设施中，与电力电子技术进行深度融合，在部件、设备、系统等各层面保障安全，有效增强基础设施韧性，全方位构筑安全防线。

在部件层面，采用模块化设计，实现关键部件热插拔，使故障快速恢复。在设备层面，采用全冗余设计，实现单点故障后 0ms 无缝切换到冗余模块，确保设备运行无任何中断。在系统层面，基于全链路可视可管可控平台，系统可用性可达到 99.999%。

总之，数字技术通过架构级优化设计，减少能量的转换层级，去除多余部件，在减少故障点的同时，做到无损切换、无感知切换，实现系统永续在线，实现全方位全体系的架构安全。

通信站点：构建极简、低碳的"绿色能源目标网"

随着数字化转型加速，通信站点和数据中心的能源需求增加。根据全球移动通信系统协会（GSMA）的测算，全球移动网络每年碳排放量占全球总排放量的 0.4%。随着 5G 网络的部署，能源需求持续增长。以中国为例，2019 年 5G 基站耗电量在全社会用电量中的占比为 0.05%，预计到 2026 年，5G 基站耗电量将占全社会用电量的 2.1%（国家电网能源研究院，注：中国 5G 基站部署大概占全球的 70%）。

5G 加速了智能世界到来的脚步，但也带来站点功耗大幅攀升的问题，5G 单站平均功耗达到 4G 站点的 2~6 倍，同时 5G 站点覆盖范围小，配套设施发热大，站点整体功耗巨大。全球目前预计站点数量有 750 万个，大部分都将进行 5G 基站的部署和扩容。传统房站的全站能效大约在 55%~75%。传统电源密度和效率较低，房站空间较大，采用全屋制冷，会造成制冷浪费；同时，在房站建设与改造过程中，常面临改市电、改温控、租吊车等隐性成本，工程量大，耗时长。在能耗比例方面，传统房站的主要能耗集中在空调上，大约占全站能耗的 55%~60%，电源及其他大约占 40%~45%，电源模块转换效率一般在 90% 左右。由于非工作能耗占比高，造成巨大的能耗浪费。

从供电方式来看，纵使太阳能的应用已经在全球"碳中和"的驱动下得到了长足发展，但是运营商使用太阳能仍处于初始阶段，比例过低。以某较发达经济体的 Top 运营商为例，2021 年，50% 的站点的电力来自煤炭与天然气，35% 来自水能、风能等，只有 5% 来自太阳能。其他欠发达区域的太阳能比例则更低。此外，从运维管理角度来看，在传统站点能源管理下，能效碳排不可视，难以优化。传统站点多为哑设备，数字化程度低，难以感知整站的信息。部分站点基于动环监控可以做出简单的 0~1 的感知，但仅为"是"与"否"，无法精确衡量。同时，数字化程度低，人工下站排查问题导致人工成本较高。经过统计，某区域运营商 60% 的站点无法智能管理，90% 的站点没有错峰等节能措施，人工下站成本占运维费用的 60%。

在全球"碳中和"的背景下，对运营商而言，不论从能源成本还是碳排放的角度考虑，改变这一现状已成了燃眉之急。工业和信息化部等七部门联合印发《信息通信行业绿色低碳发展行动计划（2022—2025 年）》提出到 2025 年，信息通信行业绿色低碳发展管理机制基本完善，节能减排取得重点突破，行业整体资源利用效率明显提升，助力经济社会绿色转型能力明显增强，单位信息流量综合能耗比 "十三五" 期末下降 20%。国际电信联盟（ITU）指出，信息通信技术能帮助全球减少碳排放 15%～40%，全球电子可持续性倡议组织（GeSI）预测信息通信产业通过赋能其他行业，将帮助减少全球 20% 碳排放。GSMA 预测，到 2030 年各行各业将受益于 ICT。它所减少的碳排放量，是 ICT 行业自身排放量的 10 倍。在号召之下，全球的通信组织、运营商等都在积极采取行动。

传统站点能源面临建设复杂、能效低、管理性差、能源调度差等难点。为解决这些问题，2021 年 9 月 6 日，业界在以 "筑低碳网络，赢绿色未来" 为主题的绿色网络峰会暨第六届 JDC 能源论坛上推出了 "绿色能源目标网"，利用先进的电力电子技术、信息与通信技术及人工智能技术，用 "比特（Bit）管理瓦特（Watt）"，实现站点建设极简化、站点运行高效化、用能绿电化、站点管理智能化，最终使能源按需流动，帮助运营商应对内外部挑战，构建一个极简、高效、绿色、智能的能源网络，实现加 5G 不加能源 OPEX（运营支出）。

低碳建网是指从网络架构到设备做到极简，极简意味着高效、减少浪费、节能降碳。首先是架构极简，网络架构和基础供电架构减少中间冗余环节，如 5G 网络的 C-RAN 架构、一体化供电系统等；其次是建站极简，从传统的室内站到室外机柜站，再到可以挂杆的刀片站，大幅降低站点的占地面积、材料消耗、制冷能耗等。低碳建网在大幅降低碳排放的同时，还可以降低网络建设和运营成本。

在时代的召唤下，通信站点正在数字化技术的加持下，迎来了一场全面的重构。

当前通信站点包含 2G/3G/4G 站点，5G 站点及塔商共享站点，叠加 5G，功耗翻番，大量站点面临市电不足、电源和电池容量不足、温控不足、AAU 电压不足等问题。同时，随着设备和站点增加，网络的电费、租金、运维费用等与能源相关的 OPEX 将会大幅增加。传统的采用土建机房、方舱或多柜拼凑的方案，会带来高昂的端到端成本，比如市电改造、吊车租赁、地基、租金、线缆更换等成本。同时传统站点的用电管理方式较为粗放，无法有效识别和优化用电较高的负载，这会带来较高的能耗和碳排放（典型一频 4G+ 一频 5G 站点碳排放超过 28 吨 / 年）。而且，传统站点电源仅支持 −48V 供电，不支持面向多种业务的多制式供电方式。

业界领先的"一站一柜"解决方案——以柜替房，单柜支持 2G/3G/4G/5G 或共享站点部署，一柜替代传统多柜，通过极简部署和智能用电，节省站点端到端投资。其方案具备以下几大特征。

- 高密：智能锂电（下称云锂或 CloudLi）容量 150Ah@3U，能量密度是铅酸的两倍（150Ah@8U），实现相同空间、原位替换、容量翻番。

- 高效：高效器件、高效锂电、高效温控，实现站点级最高效率 90%，单站每年节省 10% 能耗，减少 3124kg 碳排放。

- eMIMO：多制式能源输入和输出，一套电源替换传统多套电源系统，适用于各种市电类型、各种供电场景。

- 全模块化：温控、整流、备电、交流输入、直流输出、多制式输出全模块化设计，促进业务平滑推进。

- 全链路智能：发 / 转 / 储 / 配 / 用全链路智能化，利用智能削峰、智能升压等智能特性实现极简部署省 CAPEX（资本性支出）；利用智能错峰、能源切片等智能特性实现智能用电省 OPEX。

- 智能用电管理：通过集成分流器、接触器、空开等功能的智能空开，实现软件定义空开，灵活配电；单路负载精准计量，明明白白用电；能源切片，按需备电，节省电池配置。

在"一站一柜"的基础上，业界进一步探索了"一站一刀"的解决方案。

通过刀片电源系统带来的仿生根系齿设计，"一站一刀"式站点可以实现自然散热，彻底去除空调。同样也就没有了传统风扇散热带来的噪声困扰和额外能源消耗。这种解决方案可以使站点能效达 97%，相比房站能耗进一步降低 37%。一方面，整站全杆站化，将站点占地面积直接降为零，从根本上免除了占地，达到零租金的效果。另一方面，刀片电源系统功率可以达到 18kW，能够满足整站供备电需求，实现 2G/3G/4G/5G 网络"一站一刀"，满足多种网络同步应用的需求。

在日本，通信运营商发展面临着土地面积少、价格昂贵、站点安装建设费用高的挑战。而在站点建设普遍采用"一站一刀"方案之后，可以实现相比传统柜站单站节省租金达到 90% 以上的效果。

随着 5G 的场景化应用越来越多，万物互联、高清视频带来无线接入网、家庭宽带、企业专线大幅提速，带宽急速提升；同时，伴随着核心网云化、边缘计算和 CDN 的部署 / 下沉，传统 CT 网络将全面走向 ICT 融合。这两大趋势将带来通信机房主设备的升级换代并新增 IT 设备，但会导致机房主设备功耗大幅提升及增加交直流融合供电需求，这给传统机房能源设施带来巨大挑战。

传统机房扩容普遍存在几大问题。首先是温控能力不足，存在局部热点，无法满足新增设备散热需求，增加空调需增加投资，房级空调大面积制冷，效率低、能耗高。其次，老旧电源电池效率低、能耗不可视、优化难。此外，机房空间不足，改造涵盖了电源、电池、空调、机柜，占地面积大、工期长、成本高。最后，供备电能力不足。

当前，业界推出了绿色机房电源解决方案——一柜替多柜，采用独特的"温供备"一体化设计，融合 eMIMO 电源、CloudLi、模块化温控，将它们统一集成在一柜内，单柜解决机房温控、供备电的需求。这样做的好处在于温 / 供 / 备高密一体，集成柜内空调，封闭精准温控，高效散热，解决局部热点问题，免改机房温控；柜内集成 eMIMO 电源、CloudLi、模块化温控，极致高密，1 柜替 3 柜，免新增机房；统一平台电源，交直流一体化供电，1 套替多套，57V 升压，线缆通流量增加 30%，免线缆工程改造；精准温控、智能联动、可调温控组件散热，高效节能。

加大绿电应用比例，站点供电绿色化也是运营商节能、减碳、节省成本的一大路径。过去站点供电主要依靠市电或油机，绿电比例仅约 1%。随着新能源技术的进步及新商业模式的出现，太阳能、风、氢等清洁能源在站点供电中越来越重要，站点供电呈现清洁能源多样化趋势。随着电价、油价上涨，同时清

华为 12kW 刀片电源实现"以刀替房"

洁能源成本进一步降低，运营商将在长期购电协议（PPA）购买绿电的基础上加大自建绿电比例。

当然，绿电引入存在一些障碍，在分散的站点部署分布式离网直流光伏系统，其收益常受制于站点条件，如周边遮挡物、可部署面积、朝向、组件公差带来的发电损失；无法与储能和油机等设备协同，导致最终消纳绿电效率受限；多点运维难以定位具体问题，哑设备不可视；光伏输出电压过高，导致铅酸损坏或长组串断开，火灾因高压无法及时救援等安全设计问题。

为进一步提升最终光伏消纳比和降低 OPEX，业界主张结合组件级电力电子技术 Module Level Power Electronics（MLPE）创新，电力载波通信技术创新，电力电子控制芯片技术积累与自适应自寻优算法控制技术创新。比如华为的站点叠光解决方案 iSolar2.0，其智能 iPV 光伏组件可实现组件发电信息与告警状态实时上传至 NetEco 管理平台，实现发电可视，故障可知；配合一体化设计的"四合一"光伏控制器，继续延续极简刀片的设计风格，大功率、小体积、高效率，全场景易部署；再配合华为 CloudLi 循化型锂电可实现光储协同，提升单站绿电消纳比。

若进一步，可引入先进控制器，实现光储协同，应对光伏超配、光伏错峰场景，可实现光伏优先消纳，结合错峰收益实现站点节能效益最大化。智能网管 NetEco 可助力光储协同算法，光伏控制器将自动统计历史发电数据并预测次日光伏超发电量，再由算法根据每日预测数据调整智能锂电充放电深度与时间，实现站点光伏 100% 消纳，提升网络绿电消纳比。在峰谷电价区域，光储寻优算法会在确保光伏优先被消纳的前提下，根据峰谷电价差和参与循环智能锂电容量情况，调节锂电充放时间，实现站点低碳用电的同时，进一步通过错峰降低站点 OPEX，整站低碳，更省 OPEX。

对于运营商来说，采用领先的叠光解决方案，不仅可最大化利用太阳能，实现高效发电，提升光伏系统的发电量，降低电费，更有助于节能减排。比如贵州移动率先实现了全省首个"低碳创新 智慧双碳"站点改造，改造后单站每年节省市电 5300 度，节省电费 38%，单站每年可减少碳排放约 4.3 吨。在杭州，浙江铁塔应用了极简杆站，可以实现以刀替柜和免空调的效果，通过智慧叠光每年节省了 867 元电费，单个站点每年实现了 3 吨的二氧化碳减排。在希腊绿岛，通过在站点叠加太阳能光伏的解决方案，当地某运营商对市电的使用降低了 51.2%，年省电达到了 14500 度。

在供电方面，除了引入绿电，智能锂电作为备电在站点低碳提效演进过程中，也扮演着重要的角色。传统站点备电通常采用铅酸电池或普通锂电池，这些电池是哑设备，难以与电源或上层管理系统通信，因此状态不可视、依赖人工上站运维效率低；同时电池仅拥有单一备电功能，造成价值浪费。比如现网扩容时，新旧电池不能混搭，需要完全以新替旧，浪费现有电池剩余价值；配置粗放，投资浪费，可靠性也低。

当前业界开发出了融合电力电子、IoT、云计算的第五代智能锂电储能系统，可以实现全场景下储能云管理，储能参数、状态可视。智能锂电通过 IoT 与 NetEco 智能协同，在任何电源场景下实现站点储能价值最大化、投资精细化、运维高效化、安全可视化。

比如从人工运维到极简、智能运维。传统铅酸电池是哑设备，电池的使用状态、老化程度、剩余备电时间等均无法得知，只能依靠人工上站定期检测简单的电压、电流、SOC 等状况，因此人工运维效率很低。例如，人工上站进行电池测试时，人员需上站、等待、记录、绘制曲线、分析等，需要花费非常多的时间、精力及费用。普通锂电虽然有简单的 BMS 管理，可以检测电池的 SOC、电压、电流等信息，但普遍无法与管理系统对接，无法可视化管理，仍需人工上站检测。随着 5G 站点数量增加，管理问题更加凸显。通过站点数字化和锂电智能化等手段，站点将从简单管理走向全面智能化，数据可在 NetEco 上可视化，NetEco 可智能分析锂电上传的各类数据，提供合理建议与及时预警。

NetEco 一键远程测试免去人工上站测试的繁杂过程，极大减少无效上站，帮助客户节省运维成本、提升运维效率、提高备电可靠性。

从"能源消费者"向"能源消费者、生产者、使能者"转变

我们可以看到一个趋势——备电正走向错峰用电，再走向虚拟电厂（VPP）。传统通信站点的储能往往只给通信设备备电，功能单一、资产闲置。随着峰谷电价等政策出现，越来越多的运营商开始探索错峰用电、VPP 等商业模式，让储能资产参与电网协同调度，站点储能从简单备电发展为备储一体化，走向循环型。这对于运营商而言，可以盘活闲置资产、增加收益、节省电费；对于电网而言，多了一份供电保障，提高了电网稳定性。在此过程中，通信运营商正从"能源消费者"向"能源消费者、生产者、使能者"转变。作为能源消费者，通过构建绿色网络、绿色站点等，提升网络能效和站点能效，最大限度提高数字基础设施的用能效率；作为能源生产者，通过站点叠光、错峰用电、VPP 等，参与能源生产与调节，使基础设施价值最大化；作为能源使能者，通过数字技术，使以新能源为主体的新型电力系统变得更可靠。

在中国，华为正在积极与行业伙伴探索通信站点 VPP 业务。2022 年 12 月，在深圳举办的 2022 年碳达峰碳中和论坛暨深圳国际低碳城论坛上，华为与深圳虚拟电厂管理中心、中国铁塔、中国电信、中国移动、中国联通等合作伙伴签署六方合作协议，将合力推动全市 5G 基站储能系统到 2023 年全部接入该中心，保障能源电力系统安全，提供快速、灵活的调节能力。通过共同探索推动 5G 基站、园区光储等深度参与 VPP，实现源荷互动、有序用能，增强负荷侧响应能力。据悉，深圳市 5G 基站密度全球第一，目前正在规划在第 1 阶段将 2 万个地面站及楼面机柜站接入虚拟电厂，其中首批可接入虚拟电厂的基站达 3600 多个，可调负荷潜力 20 万千瓦，支撑可调负荷能力达到 20% 的目标。在东北欧，某运营商也在行动，通过 VPP 模式参与电网调频，让基站储能资源成为智能电网中的"调节器"和"蓄水池"，实现了从"能源消费者"向"能源生产者"的转变。

无论如何演进，安全可信始终是第一要素。它包含两个方面：第一是网络安全，第二是硬件安全。在能源数字化大发展的趋势下，如何减少攻击风险与自身安全风险，已经成为各个国家和地区越来越重视的焦点，一系列安全规范要求将持续出台。在硬件方面，通常铅酸电池与普通锂电的使用状态不可视，备电不足或发生故障时无法及时预警，因此无法及时运维，难以保障备电可靠性。业界先进的智能锂电从电芯、pack、智能 BMS 管理、全场景极限验证等方面，实现储能端到端安全设计，辅以云 BMS 进行全网储能安全管理、智能内短路预判等智能管理功能，实现安全可视化、管理智能化，保障站点储能使用安全、业务安全、资产安全。

"碳中和"不仅仅是为了人类的可持续发展，再往深一层看，同样意义非凡，那就是让能源普惠，实现能源公平，让世界上每一个角落，每一个人都能享受能源带来的益处。全球大多数地方已经实现电力和通信的普遍覆盖，但是仍然有 7.89 亿人无法用电。亚洲、非洲、中东等区域因为市电不稳及无市电，不得不使用油机供电，预估有 50 多万通信站使用油机。油机给通信站点带来高 OPEX，大幅侵蚀运营商的利润。在非洲部分地区燃油高达 1 美元 / 升，基站 24 小时工作带来高昂的燃油费用。此外，油机需要高频维护，也带来高昂的管理及维护成本。另外，电池 / 燃油均属于易被盗资产，全球平均被盗率 10%，这也会给运营商带来损失。因为站点电池被盗或者油机维护不及时带来的宕站占到总宕站的 80% 以上，同时油机工作带来的震动及噪声严重扰民，碳排放大，造成环境污染，与全球的节能减排倡议不符。

业界提供了几种先进的方案。

- 先进电混：在市电不稳场景，通过云锂的超级快充功能，1 小时可充满，另外可通过 AI 技术预测停电模型，延长电池寿命。通过 Grid-MPPT 技术追踪电网最大输出功率，在市电不稳场景中最大程度利用市电，在偶尔超长停电时使用移动锂电进行应急保障，实现站点零油机的同时保障站点 SLA，ROI 小于 2 年。

- 先进油混：在无市电区域传统方式油机工作 24 小时，先进油混方案通过油机 + 云锂循环工作减少 75% 的油机运行时间；通过智能锂电充电增加油机的带载率，AI 技术控制使油机保持恒定的 80% 带载率，实现度电油耗减少 50%，ROI 小于 1.5 年。

- 先进光混：在无市电及偏远区域，太阳能作为主要能源，减少油机的使用，油机仅作为备份，实现光能 + 电池储能 + 油机备用，站点省油节油，理想状态下可实现零油机、零维护。

全球大势，浩浩汤汤，一往无前，站点正在演进，一张极简、高效、绿色、智能的绿色能源目标网正在编织，零碳之路，就在不远的未来。

第六节　传统能源行业：比特孪生瓦特，推进存量革命

"碳中和"背景下，新能源成为公认的未来能源结构主力。但不可忽视的是，煤炭、石油、天然气作为国家能源安全的重要保障，短期内不会退出历史舞台。在数字技术的加持下，传统能源提质增效将对实现"碳中和"目标具有重要作用。

当前传统能源行业，面临着经济效益下降且运营成本居高不下的挑战，这就需要在能源的生产和运营两方面提升效率。通过使用 5G、云计算、AI 等数字技术，打造数字世界与能源世界的孪生系统，大力推进传统能源行业的数字化转型，持续提升能效。

与此同时，建立在旧基建之上的传统能源基础设施，也来到了不得不革命的十字路口。只有那些抢占先机、积极培养数字化思维并将之贯穿生产运营全流程的企业，才能赢得未来主动权。

罗马不是一天建成的，传统能源的数字化转型也必将是一场持久战，任重而道远。

以煤炭行业为例。在公众的认知里，煤炭行业几乎与"黑"脱不开干系：工作环境烟尘弥漫，机器昼夜轰鸣，煤矿工人坐着罐笼或猴车从井下出来，全身上下黑乎乎，开口笑的时候露出白色的牙齿，这是经常在大众媒体上见到的

煤矿工人的写照。

今天，煤炭行业再也不是停留在大众过往认知中的模样。不需要人工下井，利用手持遥控终端就能实现远程操作。即使免不了下井开展人工检查作业，无轨胶轮车往返一趟，工人的脸还是白的，衣服也是干净的。

以上只是煤矿智能化的一个侧影。人工智能、工业物联网、云计算、大数据、智能装备等数字技术正在深度改造煤矿行业，形成全面感知、实时互联、分析决策、动态预测、协同控制的智能系统，进而实现煤矿的开掘、运输、通风、洗选、安保、运营、管理全过程的智能化。

在煤炭行业全面推进数字化转型的当下，如何抓住数字化变革浪潮，构建数字化工作方式，引领业务创新发展和降本增效，是传统煤炭企业面向未来构建核心竞争力的核心命题之一。作为资源、劳动密集型行业，如何又好又快地实现数字化转型，是一项挑战。华为助力山东能源集团，以智能穿戴硬件为切入点和突破口，促进煤炭行业数字化转型。山东能源集团搭配华为"矿鸿"系统，使智能矿灯、手表、便携仪等设备实现了更加智能的交互感知，再加上端云协同、远程控制等应用场景，帮助矿区在保障安全生产的同时提高了作业效率。

在"碳中和"背景下，传统火电厂也迫切需要来一场系统性变革。这一变革体现在两个方面：一方面是火电厂低碳技术的应用，包括发展超超临界机组，推动煤电的节能降耗改造、碳捕集与碳封存等；另一方面是采用数字技术，引领传统火电厂向智能化、绿色化智慧电厂方向发展。

例如，通过 HT 可视化技术和 3D 建模打造的数字孪生火电厂，可以对电厂各区域的建设、运行、安全、环境等情况了如指掌，效率的提升在生产运营管理方面表现得尤为明显。以中国沿海省份某电厂为例，该电厂配置了 4×660MW 超临界燃煤发电机组，通过结合数据传输技术，将厂区运行信息及现场重点设备运行参数与状态实时展现在虚拟数字电厂的显示屏中，厂区运维人员足不出户即可实现对整个厂区生产、安全信息的全面掌控，提升运行管理效率。

再看传统油气行业。从大规模增长到高质量发展，效率提升是关键。在原有信息化 1.0 的基础上，以物联网、大数据、人工智能、区块链等技术为代表的能源互联网与数字化转型，正在重构产业链上、中、下游生产与运营管理，实现上游生产过程实时监控、智能诊断、自动处置、智能优化；中游储运加工过程实现智能感知、分析优化与预测、高效协同，构建高效供应链，进行精细化运营、安全化工控、互联化运维；下游借助智能化技术与新零售理念，推进业务转型升级，构建人、车、家庭智能生活生态圈，实现智慧化销售、数字化运营、一体化管控。此外，站在油气产业全生命周期视角，构建智能支持平台，全面提升工程风控、质量与运行效率。

以中国某沿海燃气电厂为例，除了 3 台 700MW 的发电机组主设备，该电厂还配备了燃料输送系统、冷却系统及供电系统等。电厂对安全性方面的要求非常高，设备需要定期检查和维护，受限于传统电厂生产流程和设备智慧化能力不足，维护成本非常高。以这个电厂为例，传统方式为采用"五值三班"（每个班组 38 人，五个班组三班倒，24 小时维护），"定时、定检、定责"的人工巡检机制，运维成员多达 114 人，运维效率低，成本高。此外，这种高度依赖人工的巡检方式，不仅时间长，也很难避免人为错误。

自 2021 年下半年，该电厂启动了智慧化改造，通过使用人工智能、大数据和云平台，构建了一个"三无一减"的智慧电厂，即无安全事故、无人值守、无人巡检、节能减排。比如智慧电厂正逐步上线设备三维可视化、运行和视频监控的联动、物联网的厂区管理等方案。该项目交付后，巡检点的巡检时长从 2 小时 / 每次降低到 10 分钟 / 每次；针对电厂设备常见的"跑冒滴漏"现象，AI 智能识别能将厂区内设备的风险识别率从人工识别的 60% 提升到 95% 以上；全场景智慧化覆盖，对电厂所有设备进行远程监控和管理，可实现"计划检修"到"状态检修"，从而为整个智慧电厂的运营、管理、维护的流程优化，打下了坚实的技术基础。

作为输送电力的大动脉，电网方面也正在加速推进智慧化转型。通过融合数字技术和电力电子技术，降低能源转换、存储和使用过程中的消耗，从而提升能源利用效率。华为与中国南方电网公司利用 AI 技术自动识别典型隐患场景、本体缺陷。采用以智能分析为主、人工判断为辅的崭新巡检模式，原本需要 20 天才能完成的现场工作，现在仅需 2 小时就可完成，巡检效率提高了 80 倍。

多产业协同推进的"碳中和"征程

综上所述，电力、工业、交通、建筑、ICT、传统能源等关系国计民生与经济发展的支柱行业，将在"碳中和"这一共同目标的驱动下，掀起绿色转型与低碳发展的浪潮。在这场席卷千行百业、千家万户的征程中，你中有我、我中有你，需要多产业协同，持续发力、久久为功，方能为人类拼出一个绿色、低碳、智能的理想未来。

例如，传统能源与电力行业作为支撑经济发展的基础底座，它们的绿色化之路将从源头助力千行百业节能降碳。工业结构调整与转型升级，将进一步促进经济实现高质量发展。ICT 行业则作为数字经济、智能社会的重要基础，其绿色化之路还将赋能千行百业实现效率倍增的目标。

与此同时，以余热回收再利用为代表的能源循环利用与回收也在持续推进，共同汇入千行百业的节能大潮。在不远的将来，电动汽车作为"行走的充电宝"，有望集电能生产、消费、存储于一身，在数字技术的加持下，助力智慧电网"源网荷储一体化"目标的实现。

无论智能转型，还是绿色发展，未来产业在"碳中和"目标的驱动下，涓涓细流终成大海。

"天育物有时，地生财有限"，中国古代诗人白居易一语道尽古人的朴素生态观，"绿水青山就是金山银山"的绿色理念则被今人奉为圭臬。古往今来，变的是说法，一以贯之的是"人与自然和谐共生"的理念。

从消费者到企业，从产业到国家，这场广泛、深刻又持久的变革，无人能够置身事外。绿色能源拼图中所涉及的产业、组织乃至个体，都将深深融入构建人类命运共同体的宏大叙事中。

行百里者半九十。在人类加速迈向"碳中和"的征程中，华为愿携手全球志同道合者，融合数字技术和电力电子技术，发展清洁能源与能源数字化，推动能源革命，共建绿色美好未来。

第 5 章 | Chapter 5

迈向数字化的
能源新时代

想象力比知识更重要，因为知识是有限的，而想象力是无限的，它包含了一切，推动着进步，是人类进化的源泉。

——爱因斯坦

回顾前三次工业革命，核心能源在持续更迭，但都以化石能源为主。大量报告指出，使用化石燃料所导致的能源安全、温室效应等问题，已经愈发引起世界各国的重视。各国都在积极发展低碳经济，通过转变生产方式、调整产业结构来提高资源、能源的使用效率，进而保护生态环境。在第四次工业革命中，人类社会将开始迈向数字化的能源新时代，这意味着能源产业必须且必然要以一个全新的面貌示人，一场新的能源革命正悄然兴起。

数字化的能源新时代，将改变能源系统的发展范式和路径，呈现出区别于化石能源时代的显著特征。这些特征将渗透能源系统的上下游全产业链，无论在能源供给侧，还是能源消费侧，都将带来多行业多场景的能源体验升级。数字化的能源新时代不仅意味着社会生产力的发展、能源系统的转变，还将催生衣、食、住、行等生活方式的转变，最终引发人类社会的系统性变革。

低碳化、智能化、电气化是达成"碳中和"目标的必由之路，而整个能源体系的变革需要顶层设计、宏观规划。对于政府来说，国家的作用在能源革命中尤为重要。各国政府、各类组织机构要从法律法规、行业政策、标准等方面做出前沿探索和系统性部署，从根本上保障数字能源的发展与落地。

对于个体来说，一方面，发展数字能源、实现"碳中和"将对每个人的生存环境带来有益的影响，全民携手为可持续发展做出贡献；另一方面，个人主动选择低碳产品、消费绿电、降低能耗、参与绿色低碳活动，能够从中直接获得经济回报。

对于产业来说，以"碳中和"为目标的能源转型，需要多行业、多主体、产业链上下游共同参与、统筹推进、协同创新，这既给传统能源行业、ICT 行业带来了挑战，同时也意味着市场格局的变化与机遇。产业充分发挥数字技术在能源变革中的关键作用，开发新的产品和服务，有望在后化石能源时代获得竞争优势。

总而言之，新一轮全球能源革命已经开启，清洁的可再生能源比重逐步上升。在清洁能源逐步替代传统化石能源的过渡期，多种能源并存发展是最普遍的状态；利用数字技术对传统能源的使用效率进行优化，并解决新能源的不稳定和不可控问题，也成为数字化的能源新时代的必答题。在此基础上，人类将逐渐打破以往化石能源时代全球能源的区域限制，全球能源会逐渐消弭地域界限，快步进入无界限时代。

数字化的能源新时代，将是一个能源平等、普惠的崭新时代。

第一节　特征：以"四高"为核心

托马斯·库恩曾在《科学革命的结构》一书中提出，在一场深层次的科技变革中，产业发展不能沉浸于旧有的发展模式，而是需要积极践行范式转化，在新的技术与解决方案基座上完成飞跃。面对"碳中和"的大背景，传统化石能源及其产业模式已经出现了一系列瓶颈，找到能源产业向前发展的新范式成为必然。前三次工业革命都是以能源品类为依据进行划分的，而后化石能源时代，则以数字技术作为核心驱动力，这显然是一种全新的发展范式——数字技术本身并不是一种能源，而是一种使能工具，以此来影响整个能源产业的发展效率，改变千行百业、千家万户的能源应用方式。

数字技术将从两个方面给能源体系带来根本性的改变：一是大力提高能源的利用效率，让全球能源产业从资源依赖走向技术驱动，减少化石能源的消费总量。数字技术赋能能源、工业、交通等几乎所有产业的数字变革与绿色变革，推动这些行业在生产、流通、运维等关键环节降低能耗，在节能减排的同时提升企业竞争力。二是加速发展可再生能源，减少化石能源的消费占比，推动可持续发展。数字化的能源新时代，人类获取能源的方式变得更加丰富，除了传统的化石能源煤炭、石油、天然气，风能、太阳能等离散分布式的能源，也成为能源系统中的重要支撑。多种类型能源并存的局面下，数字技术能够提升能源系统"发、输、配、用、储"等环节的能效，保障能源系统安全稳定、互联互通、清洁低碳。

显而易见，相比传统化石能源时代，数字化的能源新时代的产业范式将呈现"四高"的特征：高比例可再生能源、高比例电力电子装备、高度数字化、高度智能化。

- **高比例可再生能源：** 数字化的能源新时代，可再生能源将逐步在比例上占据压倒性优势，取代化石能源成为主力能源，这将颠覆传统的能源供给与消费模式。具体来说，以风能、太阳能、水能为代表的可再生能源，将加速绿色电力的开发与消费侧的电气化。在发电侧，以光伏、风电为主的新能源将替代传统能源，成为发电的主力能源。在用能侧，电气化是关键，"源、网、荷、储"进入城市、园区、建筑、家庭，企业、家庭和个人将从单纯的能源消费者转变为能源生产者和消费者相结合的形式。例如，光伏和储能的结合，可以让冗余电力进入市场自由流动，实现可再生能源的高效配置。

- **高比例电力电子装备：** 随着新能源发电占比逐年上升，电力系统规模日益扩大，构成趋于复杂，传统电力系统面临着越来越多的发展瓶颈。要解决这些问题，从发电、输配电到用电的各个环节，电力系统的电力电子化是大势所趋。可以预见，未来新型电力系统是以新能源为主体，"源、网、荷、储"协同的系统，"发、输、配、用、储"都将全面构建在电力电子技术基础之上。在发电侧，电子电力技术具有对电能进行变换和控制的能力，因此新型发电系统将以电力电子技术和设备为基础。在输配电侧，电力电子化可实现传统系统无法突破的远距离输电、大规模能源跨区调配。在用电侧，将出现越来越多以电力电子装备为载体，发、储、用一体的电力系统。

- **高度数字化、高度智能化：** 未来的新型电力系统由成千上亿的分布式能源系统构成，分布在大型的电站、园区、建筑、家庭、电动车等之中。这些海量的分布式能源系统，只有通过数字技术、智能技术，才能实现智能化，最终实现整个电力系统"自动驾驶"。具体来说，这些海量的光伏电站、储能电站、分布式光伏系统、分布式储能系统、电动车等分布式能源，要想协同管理，必须依靠数字化、智能化的技术，让每个系统做到可管可控。数字化和智能化的最终目标是实现"比特管理瓦特"，实现能量流与信息流的融合。数字化是智能化的基础，在能源的"发、输、配、用、储"各环节，云计算、AI、IoT 等数字化技术将实现能源系统的数字化感知、数字化控制、数字化管理。智能化是数字化发展的高级阶段，未来的能源系统是多学科交叉、多领域融合、多产业协同的有机体，要实现全面感知、实时互联、分析决策、动态预测、协同控制的目标，通过 AI、数字孪生等新技术打造能源系统的"智慧大脑"是必经之路。

第二节　标志：以新能源为主导、以电为中心

面对"碳中和"的宏大远景，各国纷纷提出了有针对性的能源改革发展目标，从中可以发现，"以新能源为主导、以电为中心"已经成为实现"碳中和"的普遍选择。中国国家发展和改革委员会及国家能源局发布的《能源生产和消费革命战略（2016—2030）》中提出，2030 年中国新增能源需求将主要依靠清洁能源满足；欧盟《2030 能源和气候政策框架》提出，到 2030 年将其可再生能源消费目标提高到 38%～40%；美国则要求到 2030 年，美国电网 80% 的电力来自无碳排放的能源。国际能源署的报告显示，2018—2050 年，可再生能源发电占比由 25% 增至 90%，电力占能源消费比例将由 21% 增至 51%。

与化石能源"解绑"被视作人类社会可持续发展的必然，为什么在第四次工业革命乃至更久的将来，人类选择与新能源，尤其是电力，进行重新"捆绑"呢？"以新能源为主导、以电为中心"为什么是数字化的能源新时代的主要标志呢？

要回答上述问题，我们需要首先回答这个问题：在一个"碳约束"的世界里，在能源产业从以化石资源为主导的"资源依赖型"发展范式，向以新能源为主导的"技术驱动型"发展范式的转移过程中，电力扮演了怎样的角色呢？

首先，电力是能源转型的"先行者"。据国际能源署《2050 年能源零碳排放路线图报告》，能源领域是当今约四分之三的温室气体的排放源。其中，电力

行业属于能源领域中的高能耗行业，国际能源署的数据显示，2018 年，电力部门二氧化碳排放增长占总增长量的近三分之二，这与电力系统的规模化、大范围应用有着直接关系。目前，电力系统的规模已经成为一个国家经济发展水平的标志之一，夜间灯光数据与国内生产总值统计数据被认为存在一定关系。美国国防气象卫星（DMSP）搭载的业务型线扫描传感器（OLS）经常被用来研究区域和全球的 GDP。由此可见，高速增长的经济体要实现"碳中和"目标，构建新型电力系统成为必然。

其次，电网是数字技术的"拥抱者"。国际能源署发布的一份关于到 2050 年实现净零排放的报告指出，为了实现将全球二氧化碳排放量减少到净零的目标，需要彻底改变生产、运输和使用能源的方式。在能源系统中，电力系统由于产业链冗长复杂，在"源－网－荷－储"各环节的数字化需求大，因此引入新一代 ICT 成为电力行业转型升级的必然选择。在政策端，许多国家加快电动汽车、海上风电等领域的基础设施布局与加大投资；在行业侧，各大电网企业相继启动了数字化战略。

最后，电能是清洁能源的"引路者"。要构建清洁、低碳、安全、高效的能源体系，需要控制化石能源总量，实施可再生能源替代行动。可再生能源，指的是取之不尽、周而复始的能源，重点包括太阳能、风能、生物质能、潮汐能、地热能等非化石能源。这些能源要为各行各业、民生经济所使用，往往选择经由电力网络来输出。从某种程度上来说，电能将是可再生清洁能源的核心转化结果。不过，这些新能源的生产依赖于自然天气，会对电力系统的稳定和平衡造成挑战，因此我们需要发展新型电力系统进一步推动多种能源的互补融合，使新能源从增量主力发电走向整网存量主力发电，带动能源消费从以化石能源为主走向以清洁能源为主，实现能源的转变。

上述三个角色，共同决定了"以新能源为主导、以电为中心"是数字化的能源新时代的重要标志。

那么，能源产业的电气化究竟如何实现呢？从产业链来看，目前可再生能源呈现多方分立格局，将各个领域的新能源汇聚到新型电力系统之中是前提。在科技和政策等多方引导下，光伏、风电等新发电方式逐渐成为新能源的主力，但与此同时，必须意识到新能源的快速增长也给电力系统带来了全新的挑战。

一是消纳不足。新能源具有区域性，以中国为例，光能和风能资源主要分布于西部、北部地区，而用电大省的需求集中于东部、南部地区，新能源供应和下游的能源需求呈逆向分布，两者分布的不平衡加之电网外送能力有限，易出现弃风、弃光现象。

二是稳定性弱。光伏、风能等新能源电力为间歇性发电，存在一定的波动性。据《新能源消纳关键因素分析及解决措施研究》，风电的日波动最大幅度可达装机容量的 80%，并且呈现一定的反调峰特性，无法像常规电源一样对风电场按计划进行安排和控制。光伏发电则受到昼夜变化、天气变化、移动云层的影响，机组发电稳定性弱，对电网调峰要求高。

三是单位成本高。新能源产业碎片化、复杂化，在整个电力系统中占比不高，容易出现管理困难、传输损耗、利用效率不高等情况，从而推动了单位成本的上升。国家统计局的数据显示，中国 2021 年的发电量达到了 81121.8 亿千瓦时，其中以煤炭作为主燃料的火力发电量约占中国全社会发电量的 71.13%；水力发电量占比 14.6%；风力发电和光伏发电仅占 6.99%、2.26%。国网能源研究院认为，随着技术的不断迭代和产业的不断升级，光伏发电的度电成本仍有下降空间。未来要推动新能源发电的大规模工业化普及，持续降低其边际成本，离不开一个以新能源为主体的新型电力系统。

能源系统的变革不会一蹴而就，一旦成功应对上述挑战，以"新能源为主导、以电为中心"的新型电力系统将逐步成形，并引发能源革命的连锁反应：首先，多元的清洁电力大量并入电网，为整个能源系统带来了更多的绿色电力；其次，发电侧、配电侧、储能侧等每个端口都完成数字化并协同互通，进而使得新能源发电成本下降，与电网系统的融合率进一步提升，消费侧绿电比例提高，能源企业获得市场回报，从而更愿意积极发展清洁电力；最后，随着电气化率的进一步提升，社会用电量持续增长，会带动社会经济生活水平和 GDP 的提高，形成正向循环。

"碳中和"战略目标的提出，吹响了能源产业转型的集结号。随着"绿色发展"思路的逐步深入和各地"碳中和"战略的落地实施，新能源迎来了高速发展。"以新能源为主导、以电为中心"的新型电力系统这一路径,驱动着可再生清洁能源逐步取代化石能源成为主力能源。电力系统的绿色变革随同"碳中和"目标将不断向前快速迈进。

第三节 融合:能量流与信息流的互联互动

从遍及全球的诸多新能源应用案例不难看出,数字技术与电力电子技术的融合,犹如"两驾马车",正不断牵引着行业的迭代与升级。数字技术和电力电子技术的融合,本质上是能量流与信息流的完全融合。能量流来自电力电子世界,能量流可以理解为能源系统或能源网络中能够流动的能源单元。通过能源系统中的电网、油气管道、能源运输网络等介质,实现能量的流动、转换、储存,实现集约化或市场流动的价值。信息流来自数字世界,可以看作比特信息在 ICT 系统中的流动,是指通过一个信息源向另一个单元传递的全部信息集合。信息的流动可以互通连接、控制调解、辅助决策等。

信息流与能量流都是非实物化的传递方式,对于能源系统来说,二者融合是大势所趋,这是由传统能源系统自身的端口孤立、资源损耗大等局限性导致的必然选择。例如,传统能源行业的"发、输、配、用"端口之间彼此孤立,全链路存在一些电力电子的哑设备,需要人工维护,效率相对低下。对于整个能源系统来说,这些哑设备也无法协助电网构筑一张网罗各个节点的大网。而信息流与能量流的融合,打通了原本孤立的端口网点。数字技术能够管控这些端口,使能源供给侧与消费侧进行灵活匹配。例如,在光伏电站中,通过能量流与信息流的结合,AI 技术能够代替部分专家的知识经验,应用智能跟踪算法,让光伏组件、支架、逆变器等电力电子设备协同运行,找到最佳角度,最大化地吸收光照资源。

我们再把目光移回到技术层面,在能源领域,不同的能源类型共同构筑了当前的能源体系。此前,技术无法实现对能源的供需进行分析、判断和匹配,因此会出现一定范围内的能源供需不平衡现象。一些地区的电力供应过剩，消纳不了；另外一些地区的能源电力供应不足，不得不限制用能。

当数字技术应用在能源领域时，则可以实现相对精准的分析和预测，解决电网调度难题。

电力电子技术则是针对不同的用电需求，通过使用电力电子器件（如晶闸管、GTO、IGBT 等）对电能进行变换和控制。发电机发出的电进行升压或者降压需要电力电子技术的支持。

尤其是在新能源发电大幅增长的情况下，电力电子技术的直接作用是提高电源的稳定性和安全性。此外，电力电子技术的应用可以减少电压等级转换过程中的能量损耗，提高转换效率和能源利用性价比。

以美国光伏电站的失火情况为例，2018 年以前，美国每年的光伏电站起火事故数量接近 50 起。2018 年后，随着电力电子技术的进步，组件级快速关断技术和系统拉弧检测技术在光伏系统中得到强制应用，当地光伏电站起火的情况大幅减少。由此可见，组件级电力电子技术的进步，对于新能源行业的安全发展起到了保驾护航的作用。电力电子设备和系统也正朝着应用技术高频化、智能化、过程控制数字化、系统化及绿色化方向发展。

如果说电力电子技术是给能源安全发展加了一把锁，那么数字技术是让全能源行业插上了腾飞的翅膀。

数字技术的应用对于传统能源领域极其重要。有了数字技术，化石能源开采过程中的安全和效率问题得到了更好的解决。煤炭的数字化转型，对于整个行业的由"黑"转"绿"发挥着重要作用。新一代信息技术正在助力煤炭行业实现节能减排。比如煤矿井下，通过智能技术实现主运皮带的智能调速，减少设备空载，实现能源节约；在洗选环节，建设智能化黑灯选煤厂，实现高度自动化的闭环生产；在物流运输领域，通过智能调度，减少车辆等待时间，提升单车周转效率，大幅减少油耗。

截至 2021 年底，中国已完成 116 个智能化煤矿建设，智能化采煤工作面已完成省级（中央企业）验收 132 个，智能化掘进工作面已完成省级（中央企业）

验收 105 个，26 种机器人在煤矿现场得到应用。[①]

油气行业同样如此，全行业正面临一个快速变化的数字化环境，为了可持续发展，越来越多的油气公司开始加速产业与数字技术的深度融合。

数字化一方面可以提升油气产业的行业价值，如预测性维护、全渠道零售和互联业务现场、互联员工、远程作业、动态能源选择模式等；另一方面也能提升油气产业的社会价值，如帮助客户提升生产效率、减少水资源消耗、降低二氧化碳排放等。普华永道在一份报告中预计：到 2025 年，油气公司通过将人工智能部署于上游业务，可以节省 1000 亿～10000 亿美元的资本和运营支出。

在数字技术中，分布式账本技术、人工智能、虚拟现实和量子计算这 4 种技术有潜力改变油气行业的未来，其中人工智能带来的影响最为显著。

"碳中和"是一场广泛而深刻的经济社会变革，也是一场能源生产与消费的变革。"碳中和"的关键是构建以新能源为主体的新型电力系统。以新能源为主体的新型电力系统具有"四高"特征：高比例可再生能源、高比例电力电子装备、高度数字化、高度智能化。在电力系统低碳化转型的过程中，分布式发电将占据重要地位。这些特征决定了电力系统转型过程中离不开数字技术的支撑。

一些传统的电力用户具备发电和用电的"双重身份"，电力系统因此需要去中心化，实现自我优化和自动拓展。在多种能源共生并存、"源－网－荷－储"一体化发展的大局之下，数字技术在电网调度、发电功率预测、电力市场化交易、用电安全管理等方面都会发挥重要作用。

在新能源大幅增长的当下及未来很长一段时间内，新能源与储能的融合将是必然。但电化学储能电站中电芯不一致的问题会影响储能系统的安全性，储能自身能量损耗等问题在没有数字技术之前也都是难以量化和分析的。

未来需要的储能系统一定是融合电化学技术、电力电子技术、散热技术、云计算和 AI 构成的整体，要用电力电子技术和数字技术的可控性解决电芯不一致性和不稳定性的问题。

电网调度过程也同样需要数字技术。因为用电负荷的波动性决定了电网本

---

① 《煤炭行业数字化由"黑"转"绿"之路》，作者：王改静，2022 年 4 月 25 日。

身也具有波动性。怎样进行电力调度，尤其是在未来"vehicle to grid"成为调峰的重要手段之时，电网如何实现安全管理？这些都需要人工智能、5G、云计算等为依托的 ICT 的支持。通过智能化运算和数据分析，ICT 甚至可以预测到每天电网的峰谷值出现的时间和周期，提前做好相应的调峰安排。

有专家预测，在智能化时代，全球能源体系都将发生变革，可再生能源发电将与数以亿计的智能化建筑、智能化移动终端、智能化交通设备有机结合，全球电网将构建起以数字技术和智能网络为载体的智能化电网。

在实现"碳中和"目标的过程中，各个行业、企业并非"孤岛"，仅仅依靠自身降低碳排放是远远不够的。数字技术充当"助推器"角色，可以使新能源 + 各个产业的优势得到完美发挥，从而实现"1+1>2"的减碳效果。

物质、能量、信息是构成世界的三大要素。它们自身的动态流转，以及相互之间的协同约束关系，是我们把握未来绿色发展挑战和方向的出发点。在数字化的能源新时代的进程中，要持续融合数字技术与电力电子技术、能量流与信息流，"比特管理瓦特"是千行百业实现绿色低碳化转型的重要技术手段。

第四节　无界：消弭界限，走向全球能源普惠

在资源依赖的能源时代，能源分布的地理限制使不同国家和地区的能源产业发展不平衡，由此导致地区甚至全球性的矛盾与纷争。数字化的能源新时代，将为这个历史遗留问题带来哪些新的解？

在全球范围内，国家和地区之间的"数字鸿沟"客观存在，一些基础设施薄弱、国民经济发展程度不高、数字技术基础薄弱的国家和地区，会不会在数字化的能源新时代掉队呢？这也是全球共同关心的命题。联合国 2030 年可持续发展议程中曾明确提出"不让任何一个人掉队"，全球发展倡议得到 100 多个国家和国际组织的支持。

近年来，"数字包容"理念逐渐成为全球共识，指的是消弭数字鸿沟，增强

数字技术可及性，让不同人群共享数字化发展成果。具体到能源行业，数字包容型的能源变革要"为人而转"，让数字技术惠及能源行业的所有利益相关者，推动能源普惠。就像杰里米·里夫金在《零边际成本社会》一书中所预言的："在分布式太阳能和风能得到充分利用的未来，人们可能可以像今天通过互联网近乎免费地生产和消费信息一样，借助能源互联网近乎免费地生产和消费能源。"

数字化的能源新时代能够解决当前全球能源分布不均衡的矛盾。在分布式清洁能源发展初期，全球能源分布的地理限制带来了发展的不平衡、矛盾与纷争。比如全球的石油主要分布在中东、北美、俄罗斯三大区域，分别占世界总量的 35%、21%、19%。煤炭则主要分布在亚太地区，储量占比 42.8%；而北美地区占比 23.9%。化石能源集中分布在特定的区域与国家，这导致在经济发展过程中，能源资源丰富的国家拥有天然优势和话语权。石油是工业社会发展的"血液"。人类利用化石能源创造了繁荣的现代文明是不争的事实，开发多样化的能源，增强能源供给的稳定性是大多数国家的战略选择。如果没有进一步开发能源的技术能力，那么通过出口能源增加收入，是许多能源丰富国家的选择，比如沙特阿拉伯、卡塔尔等中东国家。但能源价格的波动也会冲击这些国家的经济，而对进口的国家来说，价格也是影响民众幸福感的重要因素。

对于一些能源贫乏的国家来说，没有能源，就只能通过贸易进口获取能源。但是，国际环境错综复杂，地缘冲突事件等加大了国际能源的市场波动。能源交易阻塞，带来能源价格上涨，为民众的日常生活带来了压力。能源供应格局多极化的趋势进一步凸显，能源分布的不均衡增加了生活与发展的障碍。

能源发展的不平衡也会让后发展国家陷入在发展与环境之间取舍的两难境地。发达国家在全球绿色可持续发展趋势和"碳中和"战略目标起势前，就已经走完了以高耗能换取快速发展的历程。发达国家的能源消费居于高位，发展中国家能源的需求则快速增长。相比发达国家，发展中国家在实现碳减排的道路上需要付出更大的努力，在解决本国的经济、环境、就业等主要问题的同时，还需要兼顾全球气候变化和可持续发展的需求。但发展中国家欠缺先进技术与资金的支持，走"先污染后治理"的道路成为必然。

发展不平衡、能源冲突、后发展国家的发展与环境取舍难题等，这些客观存在的困难仅靠别国先进技术与资金的支持，难以长久维系。而以新能源为主导、以电为中心的新能源系统变革，可以助力全球能源的发展，带来解决上述困境的答案。以非洲地区为例，作为后发展地区，其拥有丰富的光照资源，却因技术限制没能充分开发利用，今后则有望通过"平价"技术的普及后来居上。当能源资源的获取不再受制于资源禀赋，转而由技术驱动时，因资源争夺引发的区域冲突也将烟消云散。

可喜的是，这种变化正在照进现实。在喀麦隆，农村地区电网接入率不足 20%，80% 的农村人口以木材作为生活能源。根据电力发展规划，水电、火电、电网建设短期内无法覆盖广大农村地区，但当地光照资源较好，大部分农村地区等效光照时长

喀麦隆某村庄部署的光伏电站

4.5 小时以上。通过部署华为智能光储解决方案，融合数字技术与光伏、储能技术，350 余个偏远村庄实现通电，农村电网接入率提升 5%，造福偏远地区 30 万人，5 万个家庭受益，同时为学校、医院、路灯、农业灌溉供电，在消除全球能源鸿沟的过程中迈出了坚实的一步。

在秘鲁，政府鼓励优先采购清洁能源，使其并网发电，促进太阳能、水电等可再生绿色能源行业长远发展。在亚马孙河边的偏远村庄，华为助力建设的光伏电站和储能系统于 2022 年 11 月开始运行，持续为 8200 多个家庭的近 2 万村民供应稳定、清洁的电力，每天节省近 1 吨的燃油，为亚马孙雨林点亮了一盏盏绿色、明亮的希望之灯。

以风电、光伏发电为主的可再生新能源，打破了传统化石能源严重依赖地理位置的固有优势，增加了电源结构的多样性，保障了各国和地区的稳定电力生产。数字技术在能源系统中的应用，可以实现对传统发电、可再生能源发电的精细化高效运营，有效降低能源生产和经营环节中的风险与成本，让普惠电力成为可能。

　　数字化的能源新时代，通过储能、特高压等一系列技术的广泛应用，能源将可以在全球范围内无界限地流通，能源贸易将从此由油气市场转向电力市场。一张能源大网会将全球的能源连接起来，地区与地区、地区与国家、国家与国家之间的能源往来变得更加便捷，全球能源的流通性大幅增加，其能够保障电网的稳定性和弹性，消弭传统的能源边界，助力国家和地区之间的均衡发展，通过普惠能源为全球民众带来福祉。消弭界限、普惠全球，这也意味着过去发展与治理不可兼得的状况将彻底得到扭转。

　　综上所述，数字化的能源新时代为我们勾勒了这样一幅未来能源世界的蓝图：以"高比例可再生能源、高比例电力电子装备、高度数字化、高度智能化"为特征，以"新能源为主导、以电为中心"为标志，在实现能量流与信息流融合的同时，也将打破和消弭区域界限，将人类带入一个平等、普惠的能源时代。

　　实现"碳中和"目标的过程，意味着一场广泛而又深刻的全球变革。围绕这场能源革命，各个国家与地区、行业与企业，乃至每一个人，共同组成了"能源命运共同体"，一起书写崭新时代的能源发展蓝图。

"碳中和"之企业实践

没有行动就没有结果，世界上没有哪一件东西不是由一个个想法付诸实施得来的。

——约翰·洛克菲勒

"碳中和"是一场关于人类意识的自我觉醒、充分发挥主观能动性与创造力、奋起而改变自身命运、拯救地球家园的英雄史诗。人类社会的巨轮正在滑向不可预见的深渊，今天的人类，像他们的先祖那样，拿出直面现实的勇气，肩负起拯救苍生黎民于水火的使命，挽狂澜于既倒、众志成城、引吭高歌、身体力行，谱写了一曲曲动人的"生命赞歌"。

第一节　国家电投：实践"2035 一流战略之路"

十年，能改变什么？国家电力投资集团有限公司（以下简称"国家电投"）的答案是：让荒漠变绿洲，让"风吹草低见牛羊"的景象重返戈壁荒原。

2012 年，在中国青海省海南州共和县一处名为"塔拉滩"的戈壁上，架起了第一块光伏板。这里曾饱经风沙肆虐侵袭，是黄河上游风沙危害最严重的地区之一。十年后，曾经的荒漠戈壁变成了绿洲。蓝天白云之下，水草丰茂的草原、悠闲吃草的牛羊与整齐的光伏板阵列和谐统一，构成一道"科技与自然共生"的靓丽风景。

这里就是国家电投旗下黄河上游水电开发有限责任公司（以下简称"黄河水电"）依托黄河与塔拉滩荒漠开发的全球最大水光互补发电站所在地。

2022 年 6 月 26 日，吉尼斯世界纪录正式宣布：龙羊峡水光互补发电站，光伏装机容量 850 兆瓦，水电装机容量 1280 兆瓦，总计 2130 兆瓦，荣获"最大装机容量的水光互补发电站"吉尼斯世界纪录称号。

然而这并不是国家电投第一次获吉尼斯世界纪录认证。三年前，国家电投位于内蒙古境内库布齐沙漠的一座外形轮廓酷似骏马的光伏治沙项目，也获得了"世界最大光伏板图形电站"吉尼斯世界纪录认证。

两次打破吉尼斯世界纪录，国家电投凭什么？

智能光伏：从黄河走向世界

上述"最大装机容量的水光互补电站"位于塔拉滩龙羊峡水库左岸，占地面积 25 平方公里，于 2015 年全部建成并网。2016 年 11 月，青海清洁能源首次外销，输送到近 2000 公里外的江苏省，有效解决了当地用电短缺问题。2020 年，"青豫直流"特高压建成投运，作为全球首条 100% 输送清洁能源的特高压输电线路，西起青海海南州、东至河南驻马店，全程跨越 1563 公里，源源不断地将清洁绿电送往中原，助力当地改变主要依赖煤电的能源结构。

而就在最大装机容量的水光互补电站背后，是同时荣获"全球最大装机容量的光伏发电园区"吉尼斯世界纪录认证的海南州"千万千瓦级生态光伏发电园区"。园区规划占地总面积 609.9 平方公里，规划总装机容量为 1902.5 万千瓦，是中国首个千万千瓦级太阳能生态发电园区，也是目前全球一次性投入最大、单体容量最大、集中发电规模最大的光伏电站群。

塔拉滩光伏园区建成后的很长一段时间里，光伏行业流传着这样一句话：世界光伏看中国，中国光伏看青海。也正是在这片土地上，国家电投与华为强强联手，扛起了智能光伏的大旗。

双方的合作肇始于 2013 年。彼时黄河水电与华为在青海格尔木光伏电站中开启组串式逆变器应用于大型地面电站先河，这不仅打破了原先集中式逆变器一统天下的局面，更引领了后来光伏行业的发展。2014 年，双方携手推出基于组串式逆变器的智能光伏解决方案，集成智能 IV 诊断技术、数字信息技术与智能手持终端，不仅实现了大型地面光伏电站的智能运维、大数据分析、远程诊断与实时维护，还依托光伏园区建设成立了"智能光伏联合创新中心"，支撑百兆瓦实证基地和中国最大新能源集控中心的运转，并为光伏平价时代早日到来贡献力量。

基于黄河项目上的默契合作，双方又在中国内蒙古库布齐沙漠光伏治沙项目上再次联手，仅用 4 年时间，按照"板上发电、板间种植、板下治沙"模式开发的 40 万千瓦光伏电站，令沙漠重现生机。其中，近 19.6 万块光伏板，与周围的低矮植被、黄沙构成了一匹奔腾的骏马图样，经吉尼斯世界纪录认证为

库布齐达拉特旗"骏马电站"

"世界最大光伏板图形电站"。

截至 2022 年 9 月底，黄河水电总装机容量 2751.21 万千瓦，90.5% 为清洁可再生能源，占国家电投清洁能源装机的 25%，其中水电占据国家电投水电装机的半壁江山，达 46.86%；光伏、风电分别贡献了国家电投光伏和风电装机的 18.47% 和 12.42%。

凭借最大装机容量水光互补电站的建设经验，以及国家电投在风电、水电、核电、氢能等清洁能源领域的布局与突围，国家电投有底气在 2020 年承诺将于 2023 年实现"碳达峰"，成为中国首家提出在 2023 年实现"碳达峰"的能源企业，比国家目标提早了 7 年。

两次破壁：从清洁到智慧

国家电投于 2015 年由中国电力投资集团（简称"中电投"）与国家核电技术有限公司重组而成。以此为契机，国家电投补全了核电产业链，成为中国三大核电运营商之一。依托原中电投衣钵，国家电投用 7 年时间完成了两次破壁：第一次是奋力跳出传统发电产业窠臼，利用新能源装机跃居中国五大发电集团之首；第二次则是以综合智慧能源为抓手，投身于智慧城市、乡村振兴等国家战略的滚滚洪流。

重视清洁能源的发展，是国家电投长期坚持的传统。风、光、水、核、氢全面发力，尤其是风电和光伏，成为继水电、核电之后最近 7 年最重要的增长极。

截至 2022 年 9 月底，国家电投总装机突破 2 亿千瓦，清洁能源装机占比达

62.75%，相比 2019 年的 50.58% 再上新台阶。[①] 其中水电装机 2463 万千瓦，光伏装机 4581 万千瓦，风电装机 3936 万千瓦。

截至 2021 年底，国家电投规划了内蒙古乌兰察布风电基地、青海海南州清洁能源基地等 9 大国家级清洁能源基地，规划建设装机总容量近 7000 万千瓦。其中，光伏规划装机 2720 万千瓦，风电规划装机 1250 万千瓦，风光合计规划装机占比超过 57%。[②]

2018 年，国家电投明确提出了"建设具有全球竞争力的世界一流清洁能源企业"的战略目标。在风、光领域抢占先机的国家电投，开始探索布局氢能、储能等当时很多人看不准的新领域。

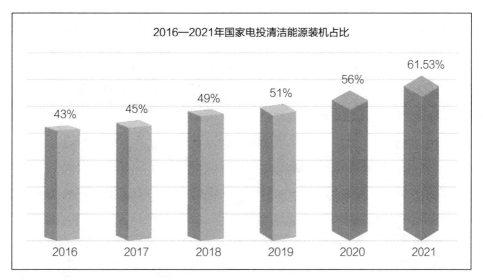

2016—2021年国家电投清洁能源装机占比

数据来源：国家电投 2016—2021 年社会责任报告

在氢能领域，国家电投于 2017 年成立氢能科技发展有限公司，专门从事氢能产业技术创新与高精尖产品的研发；2018 年，国家电投成立氢能工程领导小组，由一把手亲自挂帅，以灵活高效的体制机制为依托，致力于攻关包括氢燃料电池在内的产业核心技术。

[①] 《国家电投 绿色、创新、融合 真信、真干、真成 开启建设世界一流企业新征程》，《人民日报》2022 年 10 月 16 日。

[②] 数据来源：国家电投《2021 年企业社会责任报告》，第 23～24 页。

2021年2月，国家电投又提出了正式进军绿色交通的全新战略。战略发布之时，其推出的换电重卡及电动工程机械设备业务规模已经突破5000台，并形成了以换电重卡为核心的"电能替代"生态圈。

目前，国家电投发布的"氢腾"百千瓦级氢燃料电池电堆，关键技术和产品材料全部实现自主化，指标达到国际先进水平，已步入产业化推广实施阶段；应用轻量化空冷燃料电池的智能新能源飞机已正式下线试飞。

整体投资业务之外，国家电投也在很早就开展了储能技术研发。2019年7月16日，从事储能技术相关研究的国家电投储能技术研究中心揭牌，主要负责液流电池等储能技术的研究，使其成为国家电投储能技术中坚力量。铁－铬液流电池技术在山东海阳储能项目中试点应用，取得不错的效果。2022年1月30日，"容和一号"铁－铬液流电池堆量产线正式投产，成为国家电投研发出的第一代铁－铬液流电池储能产品。目前，国家电投已掌握铁－铬液流电池、基于热力循环的新型储能、储热蓄冷等技术，并具备锂电池、压缩空气、飞轮等各类型储能技术的系统集成和评估能力。

如今，"双碳"时代来临。国家电投提出，要把综合智慧能源作为"未来牌"，作为未来发展最重要的增长极。

综合智慧能源是指以数字化、智慧化能源生产、储存、供应、消费和服务等为主线，追求横向"电、热、冷、气、水、氢"等多品种能源协同供应，实现纵向"源－网－荷－储－用"等环节之间的互动优化，构建物联网与互联网无缝衔接的能源网络，面向终端用户提供能源一体化服务的产业。

2020年5月20日，国家电投综合智慧能源科技有限公司正式成立。两个月后，其综合智慧能源总体解决方案发布：包括基于典型场景的智慧城镇型、产业园区型、集群楼宇型、能源基地型四大类综合能源解决方案。

一直以来，发电企业基本不与终端用户打交道，是典型的B2B行业。不过，在国家电投看来，当前供给侧发展空间已经受限，发电企业应该主动贴近用户侧，实现从能源生产型企业向能源服务型企业的转变。

截至2021年底，国家电投综合智慧能源在运项目514个、在建项目237个，成功打造"绿色小岗村低碳乡村"等样板。示范场景包括整县分布式、综合智慧能源、光储直柔技术、三网融合等多场景应用。

例如，2021 年 10 月 16 日投产的"国和一号 +"智慧核能综合利用示范项目一期工程，就是涵盖光伏发电、核能供热、海水淡化、海上风电、核能制氢的"零碳、智慧、综合"能源新模式示范项目，也是中国核电行业首个综合智慧能源业态。该项目依托智慧能源管控与服务平台，将核能、光能、风能、储能等多种能源集中采集、集中监控，实现多能互补、供需互动和效益最大化。

根据相关规划，未来国家电投的目标是继续做好四个转型。一是以化石能源为主向以清洁能源为主转型；二是传统发电企业向综合智慧能源企业转型。国家电投还有 8000 万吨煤炭及相当比例的煤电，未来既要加快增量，又要改造存量；三是以投资驱动为主向以创新驱动为主转型；四是由传统生产型企业向国有资本投资公司转型。

如今，国家电投正在努力实现新能源与各产业的深度融合，形成一种经济社会发展的新态势——"新能源 +"。这既是推动新一轮工业革命和人类文明进步的重要力量，也是抢占全球科技创新制高点的战略选择，更是推动经济社会高质量发展的强大动力，深化国际合作和构建国际新结算体系的战略抓手。

以光伏产业为例。2021 年 9 月 29 日，国家电投在北京发布《建设世界一流光伏产业宣言（升级版）》（简称《宣言》），其提出到 2025 年国家电投将基本建成全球光伏装机规模最大、核心技术领先、具有综合竞争力、生态环境友好的"世界一流光伏产业"。《宣言》还明确，国家电投将通过"水风光储"多能互补及"源网荷储一体化"模式，进一步推动光伏集中式与分布式协同开发，探索光伏与多种电源、储能、电网、用户的智慧融合发展，持续提升清洁化、数字化、智能化水平，确保"十四五"期间国家电投光伏利用小时数持续保持行业领先水平，为中国加快建设以新能源为主体的新型电力系统贡献"国家电投方案"。

"十四五"时期，期待国家电投展现全新形象。

第二节　三峡集团：清洁能源航母的优雅转身

2022年6月6日，中国长江三峡集团有限公司（以下简称"三峡集团"）发布《2021年可持续发展报告》（以下简称《报告》）。

《报告》显示：截至2021年底，三峡集团清洁能源装机突破1亿千瓦，可再生能源年发电量超过3400亿千瓦时。

在这份报告中，三峡集团明确提出：力争于2023年率先实现"碳达峰"、2040年实现"碳中和"的目标。其中，"碳达峰"相比国家目标提前7年，"碳中和"则提前20年。

这份底气从何而来？

"国之重器"的两次跨越

应世纪工程——三峡工程而生的三峡集团，自出生之日起，就自带清洁能源光环。

我们梳理其发展历程不难发现，被誉为"国之重器"的三峡集团，在完成举世瞩目的三峡工程之后，实现了两次跨越，分别是：转战金沙江、发力"风光三峡"。

因三峡工程建设需要，1993年，中国政府批准成立中国长江三峡工程开发总公司，也就是三峡集团的前身。当时的三峡集团，作为三峡工程项目法人由国家计划单列，归国务院三峡工程建设委员会直接管理。

2009年，三峡工程全部完工。32台当时全球最大的水电机组（单机容量70万千瓦）共同发力、气贯长虹，三峡工程以2250万千瓦的总装机一举超过巴西伊泰普水电站登上全球第一大水电站宝座。

2009年9月27日，三峡集团完成现有名称变更，开始了转战金沙江水电开发的新征程。随着金沙江上溪洛渡、向家坝、乌东德、白鹤滩 4 座巨型水电站的建成投产，三峡集团一跃成为全球最大的水力发电与运营企业。

时至今日，6 座世界级水电站的梯级联合运行调度，不断发挥着防洪、航运、发电、抗旱、补水等综合效益，足以载入世界水电史册。

2014 年，三峡集团开始积极发展陆上风电、光伏发电，同时大力开发海上风电，尤其是加快了推进以沙漠、戈壁、荒漠为重点的大型风电、光伏发电基地建设的步伐。

2015 年 6 月，三峡集团注册成立中国三峡新能源有限公司（以下简称"三峡新能源"）。作为三峡新能源业务的实施主体，其战略目标直指"风光三峡"和"海上风电引领者"。按照规划，三峡新能源不仅要在"十三五"末建成"风光三峡"，还要争取早日上市、打造千亿市值和千万千瓦装机规模的一流新能源上市公司。

2020 年 6 月，中国三峡新能源（集团）股份有限公司（简称"三峡能源"，股票代码：600905）在沪市主板上市，成为中国电力行业史上规模最大 IPO。招股说明书内容显示，截至 2020 年 3 月底，三峡新能源的发电项目装机规模达1072.17 万千瓦，是 2008 年[①] 的近 75 倍。其中，风电 628.25 万千瓦，光伏发电 421.14 万千瓦，这在中国新能源企业中名列前茅。

在首次公开募股的 250 亿元资金中，有 200 亿元投向了海上风电，其中包括位于广东省阳江市阳西县沙扒镇 30 万千瓦海上风电在内的 7 个项目。

自此，围绕"风光三峡""海上风电引领者"战略，秉持"风光协同、海陆共进"开发思路，三峡能源坚持自主开发与合作并购两条腿走路，不断加快风电、光伏等新能源业务发展步伐。

2022 年 10 月 11 日，三峡能源发布公告称：2021 年，三峡能源的风电、光伏发电并网装机容量合计达到 2268.11 万千瓦，超过三峡水电站 2250 万千瓦的装机容量，如期建成首个"风光三峡"，实现了继 2011 年百万千瓦、2018 年千万千瓦之后新的历史性跨越。

---

① 备注：2008 年，中国水利实业开发总公司并入三峡集团，三峡集团后更名为中国三峡新能源有限公司，当时持有的电力装机仅为 14.3 万千瓦。

至此，"国之重器"的两次跨越宣告完成。

借助水电三峡和"风光三峡"，三峡集团成功跻身全球清洁能源企业第一梯队，清洁能源装机占公司权益总装机的比重高达 96%。

数字新征途

2022 年 3 月 29 日，历时一年的三峡东岳庙数据中心一期工程正式竣工投产，三峡集团在通讯指挥楼举行了隆重的竣工投产仪式。

数字经济方兴未艾。作为中国首个大型绿色零碳数据中心，三峡东岳庙数据中心也被看作三峡集团紧随国家战略、转型发力数字经济的标志。

三峡东岳庙数据中心位于湖北省宜昌市三峡坝区右岸，占地面积 10 万平方米，规划建设 26400 个机柜，分三期建设，其中，一期共建设 4400 个机柜，建筑面积 4 万平方米。

在数据中心领域，三峡集团无疑是"后来者"。但作为三峡集团"十四五"数字化转型的重大项目、总部回迁湖北后首个交付的重大"新基建"项目，三峡东岳庙数据中心从规划伊始就被寄予厚望。三峡集团不仅要按照国家 A 级机房标准建设东岳庙数据中心，采用世界最先进的技术和自主安全可控产品，还要响应国家"双碳"号召，实现从电流到数据流的全流程"零碳"转换。

得益于中国"双碳"目标的提出、"数字经济""新基建""东数西算"带来的行业风口，三峡工程所在地具备的区位优势、1000 多亩存量土地，三峡集团可谓占尽天时地利。但要实现后来居上，高起点、高标准建设绿色、零碳数据中心，三峡集团还需要找到真正的"懂行人"携手同行。

华为在 ICT 领域拥有 30 多年的技术储备与经验积累，加上华为数字能源提供的智能电力模块 UPS、智能锂电、iCooling@AI 智能温控、iPower 预测性维护等全栈数据中心解决方案，可以促成双方在东岳庙数据中心项目上的"天作之合"——该项目中，华为给东岳庙数据中心提供 L0+L1 全栈解决方案，包括整体方案设计、系统架构设计、主设备供货与集成、项目建设管理与交付。

实际上，三峡与华为结缘可以追溯到 2013 年。彼时三峡新能源在河北省保定市曲阳县建设了 5 万千瓦光伏扶贫电站。经过反复比选，电站全部采用华为智能光伏控制器与解决方案，用以保证电站全生命周期内的综合效益。此举开启了中国山地场景下智能光伏应用的先河，项目于 2016 年并网发电。截至本书付梓，三峡集团与华为数字能源共合作建设了 35 座智能光伏电站，累计装机 150 万千瓦。

众所周知，数据中心作为赋能千行百业数字化转型、支撑数字经济蓬勃发展的坚强底座，在"双碳"大背景下，本身的节能降碳也成为越来越重要的衡量指标。

具体到东岳庙数据中心项目上，华为数字能源提供的智能电力模块和 SmartLi 智能锂电备电方案，做到了省时——交付期从 2 个月缩短至 2 周，满足客户快速部署要求；省地 40%，满足客户多部署机柜需求。模块化 UPS 在过滤劣质电、保证持续高质量供电输出的同时，还能"即插即用"，实现类似飞机空中加油的效果——在设备运行期间直接更换而不影响供电质量与效率。

建设之初，三峡集团提出东岳庙数据中心的 3 个定位，那就是：国家数据"保管员"、绿色零碳"引领员"、东数西算"调度员"。

每一步都难如登天。

要成为绿色零碳"引领员"，东岳庙数据中心除了要充分利用清洁水电供电，还要在作为数据中心耗能大户的温控系统方面开动脑筋。

华为数字能源提供的 iCooling@AI 智能温控解决方案，可以实现从制冷到"智冷"，支持 15～20℃的进水温度。同时通过数字技术，大量收集现场气候环境及数据中心能耗数据，再经过 AI 和云计算的能效优化技术，只需一分钟即可从几十万种暖通系统调优控制组合中计算出最优解，提高制冷系统整体效率，持续优化数据中心 PUE 并将其控制在 1.25 以内，且制冷效率相比传统方案提升 15%。

水利三峡，水流变电流，点亮万家灯火；数字三峡，电流变数据流，造福千行百业。至此，三峡集团这艘能源航母再一次完成优雅转身，化身数字经济时代的弄潮儿，开始了披荆斩棘、乘风破浪的数字化新征途。

2021 年 9 月 26 日，生于湖北、长于湖北的三峡集团将其总部回迁湖北武汉。清洁能源航母三峡集团将站在推动清洁能源发展和长江生态环保"两翼齐飞"的新起点，必将为实现"碳达峰、碳中和"目标、促进经济社会发展和全面绿色转型做出更大的贡献。

第三节　国家电网：何止一张"网"

若要问，减少电力领域的碳排放，最关键的环节是什么？不同的人会给出不同的答案。无论发电侧如何"开源"、用户侧如何"节流"，人们始终绕不开的连接点就是电网公司。

电力系统要减少碳排放，就需要大量引入清洁电力，电网需要将其进行合理调配来保证消纳，只有这样，电力行业的低碳、清洁化发展才不是一句空谈。

作为连接发电企业和用户的桥梁，电网公司不生产电，是名副其实的电能"搬运工"。与国家电投这样的电力生产企业不同，电网公司更侧重于电力的管理与调度。在接入电网的电源类型不断增加、电网布局更加精细化、需求越来越多样化的背景下，电力管理与调度必须启用新技术，数字技术应用于电网管理与调度就成为必然之选。

作为全球最大的公用事业企业之一，国家电网有限公司（简称"国家电网"）位列 2021 年《财富》世界 500 强第二位[1]。其业务以投资建设运营电网为核心，供电范围覆盖中国 88% 的国土，在 26 个省（区、市）拥有分支机构，供电人口超过 11 亿。

作为全球"坚强电网"的典范，国家电网在构建新型电力系统的进程中，有哪些重要举措和业绩？

---

[1] 《财富》，2021 年度世界 500 强企业榜，2022 年 8 月 2 日。

特高压开道

提到国家电网，就不得不提特高压输电大动脉。

在中国，80% 以上的能源资源分布在西部和北部地区，而 70% 以上的能源消费却集中在东部和中部。因此，利用特高压进行大规模、远距离、高效率电力输送意义重大。

为攻克新能源电力消纳与远距离输送这一世界难题，特高压直流工程及相关技术成为关键支撑。2009 年以来，随着特高压直流工程相继投运，西南地区充沛的水电、西北地区丰富的风电与光伏绿电，被源源不断地通过特高压输电大动脉，跨越千里输送至华中、华东、华南地区的经济大省，这有力促进西部资源优势转化为经济优势，为全国新能源大基地的开发提供了坚强后盾与保障。

截至 2022 年 9 月，国家电网已累计建成投运 30 个特高压工程，经营区跨区跨省输电能力达到 2.5 亿千瓦。[①] 特高压交直流关键技术如"特高压交流输电关键技术、成套设备及工程应用""特高压 ±800 千伏直流输电工程"都获得了国家科学技术进步奖特等奖，使得"特高压"成为与高铁齐名的中国国家名片之一，享誉全球。2014 年，"疆电外送"的首个特高压直流输电工程——±800千伏哈密南—郑州特高压直流工程投运，成功推动了西北地区风电、光伏的集约化开发。2017 年，±800 千伏酒泉—湖南特高压直流输电工程投运，不仅促成甘肃以风电为主的清洁能源的大规模消纳，还带动了相关配套装备产业在当地形成集群。[②]

2019 年，全球电压等级最高、输送容量最大、输送距离最远的特高压工程——±1100 千伏准东—皖南特高压直流输电工程投运。工程全长 3324 公里，途经新疆、甘肃、宁夏、陕西、河南、安徽六省区，跨越秦岭与长江天堑，来自新疆大漠戈壁的风点亮了华东的万家灯火。

---

① 《【非凡十年】国家电网公司：创新潮涌敢争先 科技强企动力足》，《国家电网报》总第 4014 期，2022 年 10 月 11 日。

② 国家电网官方微信公众号，《喜迎二十大丨国家电网发展成就系列报道之七 电网纵横神州 点亮锦绣中华》2022 年 10 月 14 日。

2020 年，世界首条 100% 输送清洁能源的"空中走廊"——±800 千伏青海—河南特高压直流输电工程建成投运，每年输送清洁电力约 400 亿千瓦时，约占目的地河南省年用电量的八分之一。

为适应新型电力系统构建需要，国家电网将大规模新能源发电通过特高压直流和柔性直流送出的协同控制、"特高压直流 + 柔性直流电网"混合级联输电技术研发及可控自恢复消能装备、高参数 IGBT 等关键设备器件研发取得重要进展，为支撑大规模新能源安全友好接入创造了条件。[①]

《国家电网环境保护报告 2021》数据显示：截至 2020 年底，国家电网特高压线路变电（换流）容量超过 4.4 亿千瓦，累计送电超过 1.6 万亿千瓦时。

整个"十三五"期间，国家电网区域消纳的风电和太阳能发电量为 5872 亿千瓦时，减少电煤消耗 2.5 亿吨，减排二氧化碳 4.5 亿吨。[②]

2021 年 3 月 1 日，国家电网发布的《"碳达峰、碳中和"行动方案》显示："十四五"期间，国家电网规划建成 7 回特高压直流，新增输电能力 5600 万千瓦；到 2025 年，公司经营区跨省跨区输电能力将达到 3 亿千瓦，输送清洁能源占比达到 50%；到 2030 年，跨省跨区输电能力将提升到 3.5 亿千瓦。

构建另一张"网"

构建以新能源为主体的新型电力系统，被国家电网视为历史机遇与技术创新支点。实体电力网络之外，还需要构建另一张虚拟之"网"。在此过程中，数字技术将发挥关键作用。

作为世界上输电能力最强、新能源并网规模最大的电网运营商之一，截至 2021 年底，国家电网经营区新能源发电装机容量 5.4 亿千瓦，风电、光伏发电装机容量均居世界各大电网首位，新能源利用率保持在 97% 以上，处于世界先进水平。[③]

---

① 《国家电网有限公司社会责任报告 2021》第 31 页。
② 国家电网《"碳达峰、碳中和"行动方案》。
③ 《全面打造原创技术策源地 实现高水平科技自立自强 为建设科技强国贡献国家电网智慧和力量》，作者：辛保安，《科技日报》2022 年 5 月 23 日。

2015—2020年国家电网经营区新能源发电装机容量及占比

数据来源:《国家电网有限公司服务新能源发展报告2021》第4页

国家电网发布的《"碳达峰、碳中和"行动方案》中提出,到2030年,国家电网经营区的风电、太阳能发电总装机容量将达到10亿千瓦以上,水电装机达到2.8亿千瓦,核电装机达到8000万千瓦。

与此同时,随着分布式光伏规模化开发、分散式风电的建设,以及电动汽车、充电桩等大量分布式新能源接入城乡电网,电网形态正在由单向逐级输电为主的传统电网向能源互联网转变,这对电网韧性与智能化水平提出了更高要求。

在此形势下,国家电网以数字技术为电网赋能,不断提高配电网的适应性、可靠性,以及数字化、智能化水平,在电力系统广泛应用"云大物移智链"等现代数字技术,推动电网向能源互联网转型升级,更好支撑新能源科学高效开发利用和多元负荷友好接入。

与输电技术、大电网安全运行技术比肩同行,国家电网的智能电网技术也走到了世界前列:江苏电网的大规模"源网荷"友好互动系统实现了毫秒级用电负荷控制;张北柔性直流电网工程创下12项世界第一;国家风光储输示范工程实现了风、光、储多组态、多功能、可调节的联合优化运行,为大规模新能源发电接入电网提供了技术支撑。

国家电网已在中国多个省份构建基于电力大数据的智慧监管系统，通过挖掘电力大数据价值，有效地将政府、电网及重点排污工业企业连接在一起，这起到支撑生态环境保护智慧监管的作用。

目前，国家电网已建成全球规模最大的新能源云平台，为新能源规划建设、并网消纳、交易结算等提供一站式服务。截至2022年7月，其累计接入风光场站超过283万座，建成全球覆盖范围最广、接入充电桩最多、车桩网协同发展的智慧车联网平台；累计接入充电桩超过170万个，为超过1100万用户绿色出行提供便捷智能的充换电服务，强有力地助推了中国电动汽车产业发展。[①]

依托"网上国网"、新能源云等线上平台，国家电网还打造了户用光伏建站并网结算全流程一站式服务，以提升服务客户的能力，构建分布式光伏服务生态圈。

2022年7月23日，国家电网《新型电力系统数字技术支撑体系白皮书》指出：新型电力系统数字技术支撑体系分为"三区四层"，即生产控制大区、管理信息大区和互联网大区"三区"及数据的采、传、存、用"四层"，旨在强化共建、共享、共用，融合数字系统计算分析，提升电网可观、可测、可调、可控能力。

以技术之力降碳

节能是生态文明建设的重要内容，也是推进"碳达峰、碳中和"，以及促进经济社会高质量发展的重要支撑。

伴随着风电、光伏等低碳能源输入比例的提升，需要增强电网抵御极端事件的能力。为加大力度规划建设新能源供给消纳体系，2022年4月22日，由国家电网发起，31家企业、高校及社会组织共同组建了新型电力系统技术创新联盟（简称"联盟"）。联盟围绕新型电力系统构建过程中共同关注的发展方向、发展路径、技术攻关、市场机制和示范应用等五大合作方向开展工作，并全面启动了包括新型电力系统实施路径研究、大型风光电基地输电通道电源优

---

① 《为美好生活充电 为美丽中国赋能》，作者：辛保安，《求是》杂志2022年8月1日，第15期。

化和示范研究在内的八大创新示范项目。

国家电网在跟踪用电过程中的碳排放方面,也取得了突破性进展。2021 年 9 月 29 日,中国首个电力系统"源网荷"实体碳表应用示范工程在常州举行启动仪式。国家电网和科研院校联合研发的碳表系统和能源碳计量平台,能够帮助企业明晰自身每道工序的用电碳排放情况,并为企业所生产的每件产品都打上"碳耗"标签,为企业出口产品碳排放认定提供依据,同时也为企业开展"低碳响应"的减碳方式提供引导。

除此之外,国家电网还推出更多举措来促进"碳中和",其中包括对电网建设过程中使用的材料进行回收和利用。

在绝缘材料中有一种名为"六氟化硫"的物质,其效温室效应是二氧化碳的 2.39 万倍,自然寿命超过 3200 年,对全球气候变化存在较大影响。针对这种材料,国家电网始终坚持严格管控,及时回收利用。

国家电网通过技术创新攻克了高压电气设备调试、运行、检修、解体过程中的六氟化硫气体循环再利用关键技术难题。根据《国家电网环境保护报告 2021》,整个"十三五"期间,国家电网累计回收六氟化硫 583 吨,相当于累计减少二氧化碳排放 1393 万吨。[①]

图片来源:《国家电网环境保护报告 2021》第 39 页

① 《国家电网环境保护报告 2021》。

国家电网还通过科学方法减少噪声、电磁辐射对环境产生的污染，通过新技术对废旧铅储能电池进行回收再利用，建立了全国首家梯次利用的电网侧储能电站。就连水泥制成的电线杆，国家电网也通过技术实现了二次利用，用于城市路基、隔音板等产品。

面向"十四五"，国家电网将在实体电网和数字电网方面继续"两条腿走路"，并进一步服务国家九大清洁能源基地的建设与电力外送，同时为越来越多的分布式清洁能源的接入与传输提供坚强网架支撑。

第四节　中国石化："油气氢电服"开新局

大约在2015年，中国新一轮电改方案出炉之际，有业内专家就通过媒体向"三桶油"[①] 喊话：将来你们可能不只是卖油了，还要去卖电！

一语惊醒梦中人。

传统的中国油公司，因为其重资产及历史遗留问题，通常给外界留下一个"船大难掉头"的刻板印象。但过去七年，中国石油化工集团有限公司（以下简称"中国石化"）努力求变，通过一系列跨界动作频繁"火出圈"，不仅一跃成为中国便利店之王，还在传统油公司转型方面成为当之无愧的榜样。

开油车的中国车主，大概都经历过这样的场景：当他们到遍布中国的3万多座中国石化加油站去加油时，一定会有美丽大方又热情的易捷便利店小姐姐甜美的嗓音从柜台后面询问："欢迎光临！请问需要买点什么？"这里卖咖啡、矿泉水、瓜子、小饼干，匆匆旅人所需的一切几乎都可以在这里买到。买完东西，油也正好加满。

不久，加油站变成了充电站；再后来，加油站又可以加氢了。

---

① 备注：中国人对中国石油、中国石化、中国海油三大国有油公司的昵称。

这样的转变因何而来？中国石化频繁"火出圈"的背后，都有哪些不为人知的努力与探索？

十年求变：从"黑"到"绿"

实际上，中国石化的求变之路从 2006 年就开始了。2008 年，经过两年酝酿，中国石化正式推出易捷便利店品牌，"卖油郎"从此开始了跨界之路并一发不可收拾。14 年后，根据中国连锁经营协会发布的《2021 中国便利店发展报告》，易捷以 2.76 万家排名第一，比排名第二位的美宜佳多出 2000 家，成为"中国便利店之王"。

而在"碳"上面做文章，则要追溯到 2011 年。2011 年，中国石化将"绿色低碳"作为企业的基本发展战略之一。

2018 年 4 月 2 日，中国石化宣布正式启动"绿色企业行动计划"，立志以"奉献清洁能源 践行绿色发展"为理念，提升绿色生产水平，到 2023 年建成清洁、高效、低碳、循环的绿色企业，将绿色低碳打造成中国石化的核心竞争力。[1]

当时的中国石化还提出了绿色企业远景目标，即：到 2035 年，绿色低碳发展水平达到国际先进水平；到 2050 年，绿色低碳发展水平达到国际领先水平。时至今日，中国石化的减碳目标在 2018 年的基础上进一步细化，即：以 2018 年为基准年，到 2023 年实现减少二氧化碳排放 1260 万吨，捕集二氧化碳 50 万吨/年，封存二氧化碳 30 万吨/年，回收利用甲烷 2 亿立方米/年。[2]

十年来，中国石化已经一改传统油企模式，在光伏、风电、地热、加氢站、充换电站等可再生能源领域不断跨界并卓有成效。

---

[1] 《中国石化 2023 年将建成"绿色企业"》，人民网能源频道 2018 年 4 月 2 日。
[2] 《中国石化可持续发展报告 2021》第 30 页。

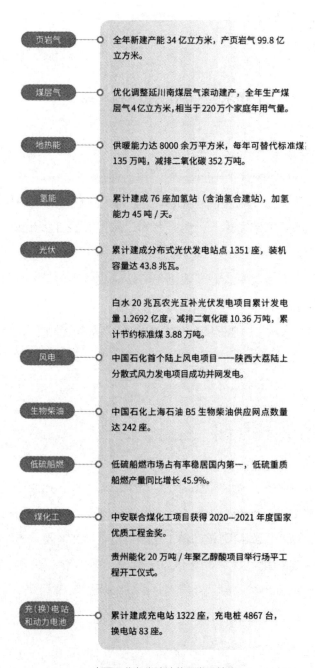

中国石化各类清洁能源发展情况
图片来源: 2022 年 8 月 12 日, 中国石化《2021 年度社会责任报告》

在光伏领域，中国石化在油田、加油站等不同领域都有应用。其中，最具代表性的莫过于中国石化胜利油田建成的光伏发电项目，总装机容量 3.7 万千瓦，面积相当于 65 个足球场，年发电量可达 5000 万千瓦时，减排二氧化碳 5.2 万吨。

此外，中国石化还利用加油站的屋顶和空地，安装分布式光伏。2021 年 5 月中国石化在江苏常州建成中国首座光伏发电"碳中和"加油站。经测算，该站光伏发电项目年发电量为 12.7 万～14.7 万度，可减排二氧化碳 91.2～105.6 吨。

"十四五"期间，中国石化还将规划建设 7000 座分布式光伏发电站点，总装机容量 40 万千瓦，预计年发电量约 4.8 亿千瓦时。

在风电领域，2021 年 12 月，中国石化首个陆上风力发电项目——陕西大荔陆上分散式风力发电项目成功并网发电，实现了中国石化在风力发电领域零的突破。该项目总装机容量 2 万千瓦，年上网电量约为 4286 万千瓦时，可满足 2 万余户家庭清洁用电需求。

在地热领域，2014 年，中国石化成功打造地热能开发利用"雄县模式"。2017 年，河北雄县成为中国首个供暖地热城。2021 年 7 月，"雄县地热项目"入选国际可再生能源组织全球推广名录。中国石化数据显示：全公司地热业务已辐射中国 9 个省市的 50 余个城市，累计建成供暖能力 8000 万平方米，每年可替代标准煤 185 万吨，减排二氧化碳 352 万吨。[①]

在充换电领域，科幻电影中的智能场景已在中国石化的换电站中实现。置身北京石油朝英加油站智能换电站，强烈的科技感扑面而来，一座银白色座舱的舱门上印着中国石化和蔚来汽车的 LOGO，车主将车开进舱内，无须下车就可以完成泊车换电业务，整个换电过程仅需 4.5 分钟。

在福建省龙岩市中心城区，有一座中国石化福建石油与国网福建省电力公司合作打造的莲花超级充电站，其作为中国石化首座社区超级充电站，于 2022 年 8 月 30 日正式投入使用。该项目规划面积约 4800 平方米，可同时为 24 辆车充电，最快 25 分钟可充满拥有 400 公里续航能力的普通家用轿车，预计年均充电量约为 300 万千瓦时。

---

① 数据来自 2022 年 4 月 18 日中国石化新闻办发布的信息。

在充电车位上方，150 片光伏雨棚格外醒目。这些光伏雨棚总面积约 410 平方米，采用国内领先电池组件，发电总功率达 82 千瓦，日发电量可达 369 度。光伏发电将补充上网，大约可供 6 部电动汽车充满电，可实现年减排二氧化碳 13.4 吨。

中国石化未来可利用全国 3 万多座加油站的网点优势，统筹布局充电业务，探索换电模式，规划到 2025 年充换电站达到 5000 座。

2022 年 8 月，中国石化宣布："从'十三五'至今，公司累计减排二氧化碳 1443 万吨，全方位推进化石能源洁净化、洁净能源规模化、生产过程低碳化，坚定不移地迈向'净零'排放。"[①]

氢舞飞扬：打造"中国第一"

2022 年 2 月 4 日晚，冬奥会开幕式在国家体育场如期举行。主火炬和点火方式历来都是奥运会的最大看点，每个主办国都会在上面绞尽脑汁。这一次，中国以"微火"代替了原来的熊熊大火，尤其是采用氢气作为燃料，传递了低碳、环保的绿色奥运理念，实现了冬奥会历史上火炬的零碳排放。

对于中国石化来说，发展氢能，除了业务拓展需要，更为重要的是绿氢能够在石化主业中发挥减碳作用。

一方面，以绿氢替代传统灰氢可以让炼化领域实现深度脱碳；另一方面，以绿氢合成化学品，比如甲醇，可以拓展氢能的应用范围。此外，将绿氢与天然气混合燃烧，有利于工业领域实现脱碳。

新疆库车绿氢示范项目是中国石化绿氢代表项目，它也是全球在建最大光伏绿氢项目之一，贯通了光伏发电、绿电输送、绿电制氢、氢气储存和输送、绿氢炼化全流程。该项目拥有 30 万千瓦光伏装机容量、2 万吨/年电解水制绿氢能力、21 万标立方储氢设施。项目于 2021 年 11 月 30 日启动建设，第一条制氢生产线预计在 2022 年底产氢、2023 年全面建成投产。中国石化称：该项

---

① 中国石化总经理赵东在 2022 年清华大学"碳中和经济"论坛上的演讲《中国石化加快全产业链绿色转型，助力实现碳中和》。

目替代塔河炼化现有天然气和干气制氢，预计年减排二氧化碳 48.5 万吨。

中国石化的绿氢应用范围除了石化领域，也在氢能交通方面发挥了强大的推动作用。截至 2022 年 8 月，中国石化已发展加氢站或油氢合建站 83 座，成为全球建成和运营加氢站最多的企业之一。中国石化推动电解水制氢、甲醇制氢、氨分解制氢、天然气制氢等站内制氢，实现制氢加氢一体化，此外也在积极研究液氢站。

目前，中国石化已成功打通氢气制备提纯、储存运输、终端加注全产业链。截至 2021 年，中国石化氢气年生产能力超 350 万吨，约占全国总产量的 14%。[①]

2021 年 1 月 16 日，中国石化宣布了两项重要目标：一是签署了《中国石油和化学工业碳达峰与碳中和宣言》，郑重承诺以碳的"净零"排放为终极目标；二是确立了"油、气、氢、电、服"综合能源服务商发展方向。

中国石化在生物质能、大气污染管理、固体废物管理、水资源管理等方面都有详细布局规划，旨在为守护碧水蓝天、降低碳排放做出不懈努力。一个以石油和化工起家的老牌石油公司正在一点一滴由"黑"转"绿"，实现完美蜕变。

"双碳"目标提出后，中国石化迅速响应，部署了"碳达峰八大行动"33 项具体措施。"十四五"期间，中国石化还积极发展以"氢能供给、清洁供热、清洁供电、生物燃料供应"及"新能源业务与现有业务绿色发展相融合""新能源业务与新科技新模式发展相融合"为架构的"四供两融"业务，努力为中国经济社会发展提供更安全、更洁净、更多元的能源保障。

第五节　中国移动："三能六绿"谱新篇

众所周知，在"碳中和"大势之下，各行各业正在加速向深度脱碳迈进，移动通信领域同样面临碳减排问题。相关研究机构预测，从 2019 年到 2025

---

① 中国石化《2021 年度社会责任报告》2022 年 8 月 12 日。

年，全球 5G 产业爆发式发展的同时，电信行业的碳排放从 2.33 亿吨飙升至 4.06 亿吨，6 年内增幅将达到 74%，远超全球各行业平均水平。[①]

从互联网到移动互联网，数字经济的蓬勃发展始终离不开 ICT 基础设施的支持，通信运营商作为提供联接的主体，在其中扮演着至关重要的角色。

早在 2007 年，中国移动通信集团有限公司（以下简称"中国移动"）就开始开展"绿色行动计划"，积极主动承担节能减排责任，其成效显著。"十三五"期间，单位电信业务总量综合能耗下降 86.5%，单位信息流量综合能耗下降 92.6%，各项措施累计节电近 100 亿度，减少二氧化碳排放约 630 万吨。

作为移动通信领域"绿色低碳"的实践者，2021 年 7 月 15 日，中国移动在北京将持续 14 年的"绿色行动计划"升级为《C^2 三能——中国移动碳达峰碳中和行动计划》（以下简称《计划》），其提出到"十四五"末，在公司电信业务总量增加 1.6 倍的情况下，碳排放总量控制在 5600 万吨以内，并助力全社会减排量超过 16 亿吨；单位电信业务总量综合能耗、单位电信业务总量碳排放两项指标降幅均超过 20%，企业自身节电量超过 400 亿度。[②]

也正是在这份计划中，中国移动"三能六绿"正式对外亮相。作为未来中国移动践行"碳中和"的行动总纲，"三能六绿"将对这家成立于 2002 年 4 月、资产规模为 2.1 万亿元的电信运营商产生怎样的影响？

改造存量：打造"智慧超级站"样板

实际上，在节能减排方面，中国移动已取得了突出的成绩。中国移动是唯一一家入选 CDP（全球环境信息研究中心）"应对气候变化最高评级 A 名单"的中国企业，并且是自 2016 年以来第四次入选该名单。

到底什么是"三能六绿"？中国移动官方介绍如下：

"三能"代表"节能、洁能、赋能"三条行动主线，节能即千方百计节约企

---

① 《"双碳"下的 5G：如何绿色"适度超前"？》，作者：党博文，通信产业信息网 2022 年 4 月 15 日。
② 《C^2 三能——中国移动碳达峰碳中和行动计划》。

业自身能耗，洁能即提升清洁能源使用比例，赋能即充分利用信息化技术助力社会减排降碳。

"六绿"是指六条实现路径，一是以绿色架构、节能技术为驱动打造绿色网络；二是以能源消费电气化、绿电应用规模化为目标推进绿色用能；三是以科学制订设备节能技术规范、完善绿色采购制度为保障建设绿色供应链；四是以线上化、低碳化为方向倡导绿色办公；五是以拓展信息服务应用、推广"智慧环保"解决方案为依托深化绿色赋能；六是以加强宣贯教育、弘扬绿色低碳理念为抓手创建绿色文化。通过"六绿"，中国移动将绿色低碳发展理念贯穿于公司生产经营各环节，带动产业链上下游各企业，作用于经济社会各领域。①

新型智能化综合性数字信息基础设施
图片来源：《中国移动社会责任报告 2022》

近年来，中国移动牢牢把握数字经济新赛道带来的重要机遇，全力构建基于 5G + 算力网络 + 智慧中台的"联接 + 算力 + 能力"新型信息服务体系。

目前，中国移动已经建成全球规模最大的 5G SA 网络。截至 2021 年底，

---

① 2021 年 7 月 15 日中国移动官方微信公众号文章："中国移动召开'C² 三能——碳达峰碳中和行动计划'发布会"。

中国移动累计开通超过 73 万个 5G 基站，基本实现全国市、县城区、乡镇、重点区域 5G 信号的良好覆盖，建成全球规模最大的 5GSA 网络；千兆光纤覆盖超过 1 亿户，网络平台覆盖全部市、县城区；物联网智能联接超过 10 亿。如此规模的公司，无论基站，还是数据中心都是耗能大户，背负着巨大的碳减排责任。

自 2017 年开始，中国移动针对老旧通信机房、站点展开了专项节能改造，组织全集团因地制宜采用冷源优化、冷量分配优化、末端设备优化、温膜加温等措施，降低机房 PUE，提升能效、节约用电。截至 2020 年底，中国移动已完成了超过 2200 个通信机房的改造，年节省电量约 2 亿度。

此外，自 2015 年开始，中国移动积极采用安全可靠、高效经济、节能环保、灵活柔性的设计理念，不断加大节能措施的应用力度，逐步提升了新建数据中心能效批复标准，设计 PUE 从 1.4 下降到 1.31。

根据《计划》，中国移动要在"十三五"通信基站节能改造成绩的基础上进一步加大老旧机房改造力度。在浙江杭州，中国移动首次通过"智慧超级站"解决方案改造的和瑞国际科技广场站点，成为自"三能六绿"发展新模式以后首个落地的绿色、节能基站标杆示范样板。

改造之前，该站点有 6 个机柜，包含 6 套制冷系统，各系统独立安装并独立供电，设备占地空间大、电源系统效率低、耗电量巨大，其采用华为"智慧超级站"改造后，原来分布在 6 个柜子中的电源、设备、电池被统一收编，集成在 1 个柜子里，实现"一柜替六柜"。项目节省了 80% 的占地面积，用来安装华为智能光伏发电系统，自发自用，较传统光伏发电量提升 20%，更大程度减少了对市电的消耗。经测算，这一站点改造后每年节省电费支出 1.3 万元，电费支出降低约 58%；节省运维费用 75%，减少碳排放 8 吨。

除此之外，华为"智慧超级站"采用 Cloud Li 智能锂电替代传统铅酸电池，功率密度提升 2 倍以上，将传统备电单元升级为智能储能系统。更为重要的是，其自带的 AI 智能错峰特性能够实现低谷储电、高峰放电，对于像浙江这样推行峰谷电价的省份来说更是重大利好。按照当前峰谷价差最小的居民电价标准来计算，如果整个杭州市的所有通信网络基站都按照这个标准改造，每年将节约电费 1 亿元左右；如果配合智能电源系统实现远程智能运维，运维费用进一步降低 75%，真正实现"加 5G 不加 OPEX"。

加快增量：抓牢"东数西算"新风口

2021 年 5 月，国家发展改革委等四部委联合印发《全国一体化大数据中心协同创新体系算力枢纽实施方案》，提出根据能源结构、产业布局、市场发展、气候环境等，在京津冀、长三角、粤港澳大湾区、成渝及贵州、内蒙古、甘肃、宁夏等地布局建设全国一体化算力网络国家枢纽节点，并要求国家枢纽节点之间要进一步打通网络传输通道，加快实施"东数西算"工程，提升跨区域算力调度能力。

一时间，"东数西算"被称为数字经济时代的"南水北调""西电东送"和"西气东输"，中国移动等相关企业站在了时代的风口浪尖。

中国移动积极落实国家"东数西算"部署，发布《算力网络白皮书》和发展倡议，系统阐述算力网络愿景、理念、架构和路径，加快推进算力网络技术、标准、产业和生态布局，使"东数西算""东数西存""东数西训""东视西渲"等多种应用场景一一呈现。

中国移动与中国西部重要节点贵州省在数据领域的合作由来已久。贵州是中国首个国家级大数据综合试验区，也是算力网络国家枢纽节点。中国移动（贵阳）数据中心是移动云的南部低成本中心，是集团布局的三大跨省数据中心之一，也是国家级的容灾备份中心。据悉，该项目前期已完成投资约 15 亿元，投产数据中心标准机架约 1 万架。2022 年 11 月 25 日开工的三期工程总建筑面积约 4.5 万平方米，总投资约 9 亿元。全部投产后，总装机能力将超 2 万架，贵州将成为全国先进的绿色算力枢纽样板和国家"东数西算"工程的战略算力保障基地。[1]

---

[1] 《中国移动发布贵州省首个一体化行业算力服务》，中国移动通信集团贵州有限公司"贵州移动慧管家"微信公众号 2022 年 11 月 30 日。

该数据中心地处贵安新区，该地气候凉爽、地质稳定，全年平均气温保持在14℃，对于建设耗能巨大的数据中心具有明显优势。贵州是"西电东送"的主要省份之一，电力资源、水资源极为丰富，不但可以为数据中心企业提供稳定的电力支持和水冷支持，还具备一定的价格优势。

中国移动紧紧围绕5G发展带来的新基建、新要素、新动能，与能源巨头开展全产业链的数字化、网络化、智能化合作，共同谋划产业联盟的协同创新，加强通信网与能源网的深度融合。

例如，中国移动联合内蒙古宝日希勒打造5G智慧矿山项目，建设了2套边缘计算中心、6个5G基站及总长37.45公里的环矿区光缆网络，并对5台220吨矿用自卸卡车进行无人驾驶改造，与配套的电铲、遥控推土机、洒水车、平路机等辅助作业车辆协同，实现了世界首个极寒工况（零下50℃）下矿用卡车的无人驾驶应用。

随着5G技术的演进，通信基础设施建设的密集程度将会越来越高。中国移动持续创新技术手段和管理手段，推动5G网络和数据中心节能降耗。

截至2021年底，5G新增单站能耗较2020年实际下降10%。中国移动西藏公司优先利用太阳能、风能等新能源供电，其中，太阳能供电站4075个，占总站点数的34.97%；浙江公司开展单相浸没式液冷技术试点，将机房PUE降至1.1以下；宁夏公司中卫数据中心利用DCIM（数据中心基础设施管理）系统、神经网络算法学习等AI技术让数据中心实现最佳效能。

当前，能量、信息正呈现出高度一体化趋势，数据中心需要源源不断的能源特别是绿色能源来提供动力，大数据则为能源系统的智能化与低碳高效运行提供了大脑决策支持。面对新形势，中国移动开创性地提出打造算为中心、网为根基、多种信息技术深度融合的算力网络，推动算力成为与水、电一样，可"一点接入、即取即用"的服务。

"算为中心"就是要推动信息基础设施的核心功能向信息感知、传送、存储、处理全环节延伸，增强信息的处理能力；"网为根基"就是要发挥网络的广泛分布和互联互通优势，支撑算力的大规模整合与运用；"多种信息技术深度融合"就是要推动网、云、数、智、安、边、端、链等新一代信息技术深度集成、系统创新，提供多要素融合的一体化服务。

2022 年 7 月，中国移动发布低碳能源最新研究成果——《绿色低碳网络能源 "3+1+1" 方案》，其中 "3" 是三大场景，即站点、机房、数据中心；两个 "1"，一个是以智能光伏为代表的绿电应用，另一个是指一套管理平台，让能源与网络智能协同。

中国移动通过低碳建网，实现站点室外化、机房集成化和数据中心设备装配化。截至 2022 年 7 月，中国移动在全国 31 个地区推广部署了 2 万余套设备，年节电量超过了 2000 万度，相当于减少了 2 万吨的碳排放。

中国移动还联合了一些供应商，在广东、湖南等 10 余个省份建设了 1 万多个极简基站，单站的节电率超过了 30%，通过简化工程，减少建设过程当中的碳排放约 45%。

联接的密度与计算的精度将决定数字经济的强度，但要保持长期活力，还需要增加一个新维度，那就是碳减排的力度。而 ICT 行业带来的全球节能与减排量，将远远超过自身运行产生的能耗和碳排放量。因此，以中国移动为代表的 ICT 企业，肩负着助力千行百业数字化转型的重任，任重而道远。

第六节　中国宝武："钢铁侠"除碳记

2021 年 7 月 16 日，全国统一的碳排放权交易市场正式开启上线交易。十年磨一剑，双刃今始成。经历了概念提出到试点运行等一系列过程，在全球人口最多的国家推行全国性的碳交易市场，中国为此做足了准备。

在中国迈向"四个现代化"的征程中，钢铁行业作为中国工业的支柱性行业立下过汗马功劳。钢铁行业涉及面广、产业关联度高、消费拉动幅度大，在经济建设、社会发展、稳定就业方面发挥着重要作用。无论遍布中华大地的输电网架，还是鳞次栉比的摩天大楼，抑或是老百姓日常生活用具，处处可见钢铁的身影。中国用 40 年时间，以钢筋混凝土为主要材料，在 960 万平方公里的国土上勾勒出如今的基础设施面貌。然而伴随而来的是，中国钢铁产量占据全球钢铁总产量的半壁江山，同时钢铁行业碳排放占中国碳排放总量的15%。

随着"碳中和"进入倒计时，作为八大控排行业之一的钢铁行业，正在面临去产能和碳减排的双重压力。

2016年，中国两家巨无霸钢铁企业中国宝钢集团与武汉钢铁集团完成联合重组，成立新的中国宝武钢铁集团有限公司（以下简称"中国宝武"）。世界钢铁协会发布的《世界钢铁统计数据2022》显示：2021年，世界粗钢总产量为19.51亿吨，中国粗钢产量为10.33亿吨，占比达52.9%。其中，中国宝武占据了其中的6.2%，产量居全球第一。

中国未来社会的绿色、低碳发展，与这位"钢铁侠"的行动密切相关。

率先宣布 2023 年碳达峰

据国际咨询机构麦肯锡的测算，如果要实现21世纪末全球平均气温上升不超过1.5摄氏度的目标，到2050年中国钢铁行业需减排近100%，这是一个极具挑战的目标，需要从钢铁的消费、生产、技术、供应等多个关联领域共同推进零碳转型。[1]

2020年，中国宝武钢产量达到1.15亿吨[2]，实现了"亿吨宝武"的历史性跨越，问鼎全球钢企之冠。

面对全球低碳冶金的新形势，2021年11月18日，中国宝武发布《中国宝武碳中和行动方案》，郑重承诺：将在2023年力争实现"碳达峰"；2025年具备减碳30%的工艺技术能力；2035年力争减碳30%；2050年力争实现"碳中和"。

---

[1] 《"中国加速迈向碳中和"钢铁篇：钢铁行业碳减排路径》，作者：华强森、许浩、汪小帆、廖绪昌、麦肯锡。

[2] 数据源自中国宝武官网。

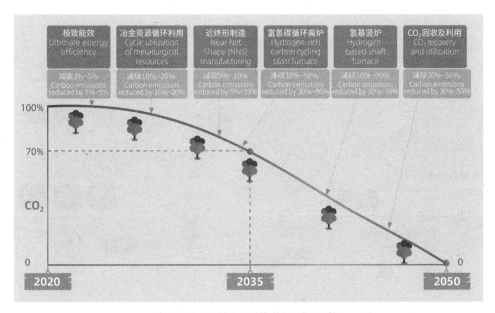

中国宝武主要技术的减排潜力和部署时间

图片来源：《中国宝武钢铁集团有限公司：2021 绿色低碳发展报告》第 23 页

　　在钢铁生产方面，碳排放与工艺强相关。目前，中国钢铁行业的主流工艺是长流程炼钢工艺。该工艺的原材料主要是铁矿石，高炉和转炉是关键设备，在高温冶炼时，常以焦炭作为燃料和还原剂。作为还原剂，焦炭中的碳与铁矿石的氧结合，形成二氧化碳；作为燃料，燃烧反应产生热量的过程中也会形成二氧化碳。如果通过氢能炼钢，氢气作为还原剂与铁矿石反应生成铁和水，不产生二氧化碳，就能够实现低碳冶金。

　　中国宝武低碳冶金技术主要包括极致能效、冶金资源循环利用、近终形制造、富氢碳循环高炉、氢基竖炉和 CO_2 回收及利用等六方面的内容。[1]

　　氢能是中国宝武实现"碳中和"的法宝，减碳技术路线中富氢碳循环高炉、氢基竖炉是中国宝武最倚重的两项技术。

----

[1]　引自《中国宝武钢铁集团有限公司：2021 绿色低碳发展报告》。

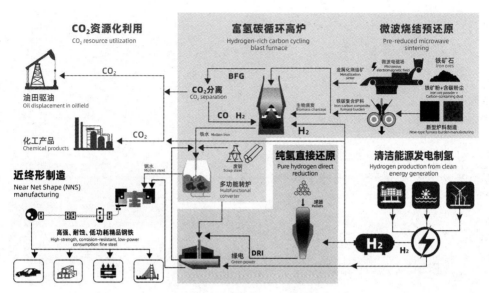

中国宝武碳中和冶金技术路线图

图片来源：《中国宝武钢铁集团有限公司：2021绿色低碳发展报告》第22页

以富氢碳循环高炉为核心的高炉——转炉工艺路径，是指从微波烧结、新型炉料等技术生产的绿色原料，进入到富氢碳循环高炉进行炼铁，高炉铁水加入大量废钢进入多功能转炉炼钢，再通过近终形制造生产出高强、耐蚀、低功耗精品钢铁，对富氢碳循环高炉煤气分离出来的二氧化碳进行资源化利用，从而形成完整的高炉转炉"碳中和"绿色产线。

以氢基竖炉为核心的氢冶金工艺路径，是指通过可再生能源发电制氢，氢基竖炉还原铁矿石再接电炉，连同近终形制造，形成氢冶金"碳中和"路径。两条工艺路径可以在炼钢时交汇，用于应对低品位炉料的挑战。

《中国宝武碳中和行动方案》已经规划建设绿氢全流程零碳工厂。

中国宝武绿色业绩

指标	单位	2019 年	2020 年	2021 年
节能环保投入	亿元	70.98	143.55	111.49
绿色电力消纳量	亿度	—	—	19.9
绿色电力占比	%	—	—	0.5

续表

指标	单位	2019 年	2020 年	2021 年
万元产值综合耗能（可比价）	吨标准煤	1.44	1.49	1.18
万元产值综合耗能下降率	%	1.65	3.43	22.2
吨钢综合能耗	千克标准煤	583	574	564
吨钢综合能耗下降率	%	0.5	1.54	1.65
吨钢二氧化碳排放下降率	%	—	1.25	0.63
BETTER（优良）型绿色产品销量	万吨	816.82	858.18	999.83
BEST（尖端）型绿色产品销量	万吨	224.34	269.49	386.89
绿色产业销售收入	亿元	250.09	524.47	1138.3

数据来源：《中国宝武钢铁集团有限公司社会责任报告 2021》

"氢"装上阵

在富氢碳循环高炉方面，位于乌鲁木齐的八钢富氢碳循环高炉是中国宝武面向全球、开放性的低碳冶金创新平台，也是全球首个工业级别的全氧富氢碳循环实验高炉。2020 年 10 月，富氢碳循环高炉突破传统高炉富氧极限，达到鼓风含氧 35% 的一期实验目标；2021 年 8 月，富氢碳循环高炉风口成功喷吹焦炉煤气，开始富氢冶炼，并最终实现了 50% 高富氧、碳减排 15% 的二期实验目标；2022 年 7 月，三期点火投运，是中国宝武打通高炉煤气自循环全工艺流程、具备减碳 30% 以上工艺技术能力的重要开端。

湛江钢铁是中国宝武探索氢基竖炉工艺路线的实践基地。2022 年 2 月，湛江钢铁零碳示范工厂百万吨级氢基竖炉开工建设。该项目是国内首套百万吨级氢基竖炉，也是首套集成氢气和焦炉煤气进行工业化生产的直接还原生产线，项目总投资 18.9 亿元。未来，湛江钢铁在氢基竖炉的基础上，将利用南海地区光伏、风能搭配"光－电－氢""风－电－氢"绿色能源，形成与钢铁冶金工艺相匹配的全循环、封闭的流程，产线碳排放较长流程降低 90% 以上，并通过碳捕集、森林碳汇等打造绿氢全流程零碳工厂。该项目预计 2023 年底建成，每年可减少二氧化碳排放 50 万吨以上。

在氢能产业方面，中国宝武各大钢铁基地有 23 套制氢装备，拥有 100 万吨/年氢能资源，整合钢厂焦炉煤气副产氢资源，探索利用光伏、风能、核能等制取绿氢的路径。中国宝武于 2019 年 11 月成立了宝武清洁能源有限公司（简称"宝武清能"）。宝武清能以"贯通氢能全产业链的商业化示范"为目标，结合新能源、天然气等产业，大力发展氢能业务。

2020 年 12 月，首批 60 辆氢能重卡在旗下宝钢股份宝山基地正式投入运营，中国宝武规划 2023 年以上海为龙头先行城市，带状联动，加氢站占全国的 13%；2025 年多点联动、促带成网，加氢站占全国的 17%。

中国宝武高度重视国际合作。2021 年 11 月，由中国宝武倡议并联合全球钢铁业及生态圈伙伴单位共同发起的全球低碳冶金创新联盟正式成立。这一联盟的目标是聚集全球钢铁业及上下游企业、大学及研究机构的研发资源，合作开展基础性、前瞻性低碳冶金技术的开发，形成钢铁低碳价值创新链，推动钢铁工业的低碳转型。

2021 年，中国宝武持续推进整合融合，已形成了沿江（长江）、沿海（海岸线）、沿路（丝绸之路）、沿线（胡焕庸线）的"双弯弓搭箭"布局，其充分发挥规模效应，提升价值创造能力，经营业绩创历史最优。在 2022 年《财富》发布的世界 500 强榜单中，中国宝武首次跻身前百强，排名第 44 位，继续位居全球钢铁企业首位。

中国宝武致力于构建以绿色精品智慧的钢铁制造业为基础，新材料产业、智慧服务业、资源环境业、产业园区业、产业金融业等相关产业协同发展的"一基五元"格局。2022 年 6 月，经国务院国资委专项评估，中国宝武由国有资本投资公司试点企业正式转为国有资本投资公司，标志着基本完成了产业集团向国有资本投资公司转型。

我们期待中国宝武成为国有资本投资公司后，在构建低碳钢铁、智慧钢铁方面有更大作为。

第七节　中国中车：跑出低碳"加速度"

谈到中国的新名片，人们脑海里首先浮现出的一个词就是"高铁"。

2021 年，中国高铁"复兴号"历史性地实现了对 31 个省区市的全覆盖，4000 多组高铁列车奔驰在中国的广袤国土之上，连同超过 4 万公里的高铁网络，驱动中国这个 14 亿人口国家的经济流动与社会文化交往。

作为这张"中国名片"的缔造者之一，中国中车集团有限公司（简称"中国中车"）厥功至伟。在中国中车的业务版图之上，不仅包括奥运版"复兴号"智能动车组、碳纤维地铁列车、超级电容储能式有轨电车、新能源客车，还有屹立在中华大地之上的大量风电机组。

这一切都源于中国中车除了拥有"绿行"梦想，还有一个"绿能"梦想。

立起来的"高铁"

在中车人心目中，高铁是"国家名片"，而风电则是"立起来的高铁"。中国中车将 60 余年所积累的国际尖端轨道牵引电机技术引入风力发电机研制全过程，并成为风力发电机技术的领导者。

2021 年 10 月 18 日，在 2021 北京国际风能大会暨展览会（CWP2021）上，中国中车提出"中车源动力，提速碳中和"口号，组织旗下从事风电整机、零部件制造及智能运维等全产业链子公司，展示了其研制的 4.XMW、5.XMWD175 和 6.XMWD185 整机平台；13.XMW 永磁半直驱、10MW 级模块化永磁、7.XMW 双馈等一系列风力发电机；风电叶片抗冷冻技术、4.XMWD175 齿轮箱、5.XMW 三电平变流器、"水龙"号挖沟机、全寿命周期智能化运维系统等新产品、新方案。此外，中国中车还通过 VR 全面展示了公司首个自建风电场——后水泉（骆驼山）风电场项目。

作为中国最早从事风电装备制造的企业之一，经过 20 年的发展，中国中车已经成为中国风电产业的重要力量。中国中车在风电领域形成了从发电机、叶片、塔筒、齿轮箱、变流器、超级电容、变桨系统等核心部件，到资源开发、项目 EPC、整机制造、智能运维等风电全产业链优势。

2022 年 8 月 4 日，中国中车围场县风电场项目正式获得河北省承德市行政审批局核准批复，这标志着项目正式落地。围场项目采用 20 台 5 兆瓦风电机组，总装机容量 100 兆瓦，设 220 千伏升压站一座，配套 15 兆瓦 /30 兆瓦时储能装置和产能 500 标准立方米 / 小时电解水制氢装置。中车新投公司负责全寿命周期管理，项目管理囊括投、融、管、退等业务，设备供应涵盖中国中车风电装备的全产业链。

中国中车风电和高铁的主传动、电气总成等核心技术同根同源且同时起步。中国中车本着"相关多元、高端定位、资源支撑、行业领先"的原则，将其在轨道交通产业积累的先进技术向风电产业延伸，促进新能源的开发与利用。

2021 年，中国中车风电发电机销量排名中国第一，叶片销量排名中国第二，塔筒销量排名中国第三，风电整机陆上新增装机容量排名中国第四，正在从风电产业零部件领域的"隐形冠军"快速转型为风电整机的明星集成商。

中国中车风电整机"箕星"平台化产品

图片来源：中国中车

2022 年 9 月 5 日，中国中车在解答投资者提问时指出："'一核三极'作为公司战略，主要是指以轨道交通装备为核心业务，以风电装备、新能源客车、新材料为重要的业务发展极。"由此可见，风电装备已经成为中国中车重要的业务板块之一。

6G 牵引全产业链 "碳中和"

"双碳"目标提出后，中国中车统筹推进"双碳行动计划"落地，着手构建中车"1+N"政策体系和碳排放核算体系框架，完善绿色低碳制造体系；积极打造零碳产业示范基地，加快推动风光电"系统＋"模式，实现与地方和产业链上下游伙伴合作共赢；推广智能数字技术的应用，升级开发能碳智云系统，全面支撑能源管理和碳管理，以绿色低碳改革推动高质量发展。

为此，中国中车明确了"6G"发展理念，即："绿色投资、绿色创新、绿色制造、绿色产品、绿色服务、绿色企业"。目标是到 2035 年，实现企业运营"碳中和"，力争到 2035 年减排 50%、2040 年减排 80%、2050 年实现全价值链"碳中和"。[①]

与此同时，中国中车将自己未来的发展目标定位为"三者"：绿色制造领跑者、绿色生活创造者、绿色发展先行者。

在绿色制造方面，以"轻量化"为抓手，中国中车加快了新产品、新工艺、新技术的应用与推广，为实现绿色出行做出贡献。

"轻量化"是轨道车辆实现节能降耗的重要途径，尤其是碳纤维复合材料，由于其强度高、质量小，被称为"轻量化之王"。中车四方股份研制的碳纤维地铁列车，实现了碳纤维复合材料在车辆主承载结构上的全面应用。与传统金属材料的地铁车辆相比，碳纤维地铁列车大幅"瘦身"，整车重量减轻 13% 左右，每行驶 1 公里，可省电 1.5 千瓦时。

尤其值得一提的是，中车长客股份以"绿色办奥"理念为引领，研制了奥运版"复兴号"智能动车组。智能动车组以"鹰隼"为头型方案，较以往车型再减阻 7.9%，采用轻量化设计，其重量减轻 20 吨左右，综合能耗降低 10% 以上，一列车每年可节约用电量 180 万度。同时，动车组开发形成了系统的环保技术解决方案，内装材料可回收率达 75%，可降解材料占 50% 以上，车内外噪声总体指标降低 2dB，节水率超过 10%，每天节水 260 升。

[①] 《中国中车社会责任报告 2021》。

依托 T6 技术平台，中国中车电动新能源客车实现效率最优，能耗较一般产品下降 14%。以 8.5 米纯电动公交车为例，实地测算百公里能耗为 49.95kWh，相比行业同类产品，百公里能耗减少 5～12kWh。截至目前，中国中车电动新能源整车累计销量近 5.5 万台，电驱动系统销量近 17 万套，每年可减少碳排放 577.5 万吨，相当于植树 3151.5 万棵。[①]

此外，为了解决列车制动能量的浪费问题，中车株洲电力机车有限公司研制出了一款储能式有轨电车。这款电车的储能系统充放电效率达 95%，储能电源系统可吸收车辆的再生能源，效率达 85% 以上，相比传统网受电方式轨道交通车辆，可降低牵引能耗 30% 以上。

除了上述研发，中国中车还开启氢能机车先河。2021 年 10 月 29 日，由中车大同公司研制的中国首台氢燃料电池混合动力机车缓缓驶出内蒙古锦白铁路大板东站，这标志着中国轨道交通装备在新能源领域的重大突破。这列列车由国家电投内蒙古公司、国家电投氢能科技发展有限公司与中车大同公司联合开发，设计时速达 80 公里，满载氢气可单机连续运行 24.5 小时，平直道最大可牵引载重超过 5000 吨。据测算，相较内燃机车，氢燃料电池混合动力机车每万公里减少碳排放约 80 千克，全部锦白铁路干线使用该型机车后，每年可减少碳排放量约 9.6 万吨。

交通与能源，既是事关国计民生的基础设施，也是走向"碳中和"的重要一级。或许不久的将来人们能看到，一幅由"风能＋氢能"提供动力供"高铁＋磁悬浮"奔驰的壮美画卷，在中华大地上的高铁线上展开。

第八节 法国电力：力争 2050 年"碳中和"

2022 年 9 月 3 日，法国电力集团（以下简称"法国电力"）中国区高级执

---

① 《中车"6G"绿动地球》中国中车官方微信公众号。

行副总裁宋旭丹出席了在北京首钢园举行的"2022 中国碳中和发展论坛"并发表演讲。她表示，基于中国国情，核电具有能量密度高而且可用率和可靠性非常稳定的特点，它可替代一部分煤电，与快速发展的可再生能源相结合，是电力行业减碳的有效措施。

作为全球核电行业的翘楚，法国电力与中国的合作已有 40 多年，双方共同见证了中国改革开放 40 年这一重要时刻。2015 年，中法两国携手合作，为《巴黎协定》的签署做出了重要贡献。作为中国人民的老伙伴，法国电力不只在核电领域与中国有着深入合作，其在可再生能源领域与中国的合作也越来越密切。早在 2013 年底，法国电力成立了 EDF（中国）投资有限公司，负责公司在华的所有业务。时至今日，法国电力与中国企业在光伏、风电、氢能、碳资产管理等众多领域都有合作，其已经成为中国低碳转型过程中的助力者之一。

截至 2022 年底，法国电力业务覆盖发电、输电、配电、售电、大宗能源交易、技术咨询、能源服务等领域，其生产的电力 90% 以上都是零碳排放，其中核电发电量位居全球第一，可再生能源发电量和输配电网位居欧洲第一。[①]

这家在 1983 年就建成了法国第一座光伏电站的国有电力公司，从最初起步的核电到如今核电与风电、光伏、水电、生物质能发电等多种清洁能源协同发展，法国电力在实现"碳中和"的道路上不断开辟新路。

不断优化的电源结构

成立于 1946 年的法国电力，是法国电力行业的代表性企业，也是欧洲能源市场重要的电力垂直一体化企业，业务涵盖发电、输电、配电、电力销售，以及电力优化管理等领域。

法国电力官网数据显示，截至 2022 年上半年，法国电力总发电装机容量为 1.23 亿千瓦。其中，核电占比 56%，水电占比 18.4%，天然气发电占比 8.9%，风电、光伏等非水可再生能源占比 10.5%，燃油发电占比 3%，煤电占

---

① 宋旭丹在"2022 中国碳中和发展论坛"上的演讲，2022 年 9 月 3 日。

比只有 3.2%。

由此可见，法国的能源结构是以核电为主体，多种能源共同发展的模式，化石能源发电占比较低，所以法国电力在发电领域的碳排放量处在相对较低的水平。据法国电力官网数据，2021 年，公司累计发电量达 5237 亿千瓦时，零碳电力占比高达 91%；公司的碳排放量仅为 48 克／千瓦时（2020 年为 51 克／千瓦时），远低于全球电力行业碳平均排放量 458 克／千瓦时，[①] 比欧洲平均水平低 2 成。同时，公司在法国的碳排放量仅为 14 克／千瓦时，比欧洲的平均水平要低 14 成。

法国电力通过不断扩展低碳电源，缩减化石能源发电装机的方式降低碳排放量。它用了 30 年的时间，将整个集团在法国的二氧化碳排放量从 1991 年的 3540 万吨的峰值降低至 2020 年的 410 万吨谷值，降幅超过 88%。

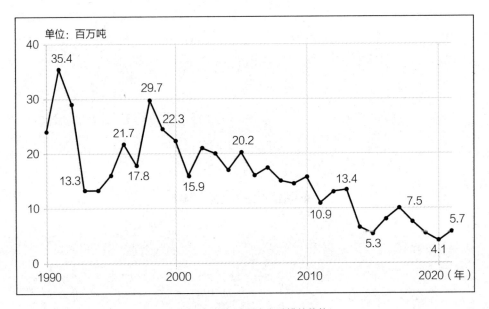

1990—2020 年法国电力碳排放趋势

数据来源：法国电力官网

基于其在电力行业多年的碳减排经验，法国电力承诺将二氧化碳排放量从 2017 年的 5100 万吨，降低到 2030 年的 3000 万吨，到 2050 年实现"碳中和"。

---

① 数据来源：法国电力官网。

在"碳中和"目标引领下,法国电力计划依靠其核电的优势,加快可再生能源的发展,特别是风电、光伏发电、水电的快速发展。

在其能源愿景中,法国电力提出:未来更多的电力将来自可再生能源;核电将陆续收缩,作为可再生能源等更有竞争力的低碳能源的有力补充;鼓励节能和提高所有行业的能源效率,推进可再生能源(如生物质能、地热和废物转化能源)的开发和利用,合成燃料和气体。

到 2030 年,法国电力计划将全球可再生能源装机容量提高 70% 以上,新增装机容量达到 6000 万千瓦。在发电业务领域,法国电力的核能、热能、水电等可再生能源均居于世界领先地位。

左手核电,右手新能源

要想 2050 年实现"碳中和",法国电力将如何做呢?

其实,回顾法国电力的发展历程,便可见一斑。法国电力正在走一条核电 + 新能源的低碳发展之路。

1963 年,法国电力第一座核电站在希农投运,这拉开了法国电力发展核电的序幕。在其后的十年中,法国电力的电源类型仍然以燃油发电为主,水电为辅,彼时核电占比仅为 8%。

时至 1973 年,法国受欧洲石油危机的影响,决定大力发展核电。于是 1974 年 3 月 6 日,时任法国总理皮埃尔·梅斯梅尔(Pierre Messmer)发表全国电视讲话时宣布了一项宏大的核电发展计划,这项计划直接推动法国在后续的两年内开工了 13 座核电站。

截至 2021 年底,法国电力拥有法国 56 台在运机组,总装机容量 6137 万千瓦,成为法国电力的主力电源。

在发展核电的同时,法国电力也在不断布局其他电源领域,特别是可再生能源发电领域。

1966 年,法国电力首家潮汐能电站正式揭幕;1983 年,法国电力在东比利牛斯省的塔尔加松建成光伏电站。此后,法国电力持续加大新能源领域的投资。2011 年，法国电力通过并购成立法国电力新能源公司，正式独立运营新能源业务，加快风能和光伏领域的发展。

法国电力集团电力装机构成

其他 0.2GW

太阳能 3GW

风电 9.6GW

净装机容量
35.4 GW

水电 22.6GW

数据来源：截至 2022 年 6 月底，《法国电力集团 2022 年上半年财报》，第 18 页

截至 2022 年上半年，法国电力在全球共计拥有 3540 万千瓦可再生能源装机容量。其中，水电装机容量 2260 万千瓦、风电装机容量 960 万千瓦、光伏装机容量 300 万千瓦，以及其他可再生能源装机容量 20 万千瓦。[1]

此前，法国电力已经通过了一项长期规划：将包括水力发电在内的可再生能源装机容量，从 5230 万千瓦增加到 2023 年的 7400 万千瓦、2028 年的 1.13 亿千瓦。要想实现这些增量，主要通过增加风能和光伏装机容量。

在风电领域，2013 年，法国电力已在英格兰东北部建成 6.2 万千瓦的蒂赛德海上风电场，发电量可以满足大约 4 万个家庭的年用电量。[2]2016 年，法国电力收购了在中国发展和运营风电项目的 UPC 亚洲风力管理有限公司 80% 的股权，正式进军中国新能源市场。

《法国电力集团 2021 年度报告》显示：2020 年，法国电力陆上风电装机容量 140 万千瓦，在中东还有 40 万千瓦的风电项目正在建设中。

在光伏领域，《法国电力集团 2021 年度报告》显示：截至 2021 年底，法国电力太阳能光伏装机规模达 300 万千瓦。在阿布扎比，法国电力及其财团正在建造目前世界上最大的光伏项目，规模为 200 万千瓦。到 2035 年，法国电力

---

[1] 数据来源：《法国电力集团 2022 年上半年财报》。
[2] 数据来源：法国电力集团官网。

计划成为法国光伏光电领域的领导者，占据全国 30% 的市场份额，累计完成约 3000 万千瓦的发电装机。

不仅如此，法国电力还利用废旧火电厂进行了光伏电厂改造。当地 Aramon 热电厂关闭后，法国电力在其旧址上建设了光伏电站，这个项目虽然规模只有 5 兆瓦，却是废弃火电厂转型再利用的一次尝试。

为了提高风电、光伏等清洁能源在电源端的占比，解决电网安全稳定方面的问题，法国电力提早在储能领域进行布局。法国电力发布的《法国电力集团 2021 年度报告》显示，到 2035 年，法国电力计划在全球发展 1000 万千瓦的储能。

除了在储能领域加大建设力度，法国电力在氢能领域也做出相应的部署。2022 年 4 月，法国电力在新闻发布会上表示，将加大在可再生能源领域的投资，尤其是氢能相关项目，将通过子公司 Hynamics 用核能和可再生能源电解水制氢，开发 300 万千瓦项目，实现年产氢 45 万吨，项目预计投资金额约 20 亿欧元至 30 亿欧元。法国电力也定下了到 2030 年成为欧洲绿氢市场领导者的目标。目前，法国电力正在欧洲开发众多制氢项目，助力工业和交通运输行业脱碳。

在火电方面，法国电力一直履行退役火力发电厂的承诺。自 2010 年至 2019 年底，法国电力关闭了 23 座燃料油和煤炭装置的煤电厂，其中包括法国（10 台）和英国（2 台）的 450 多万千瓦煤电厂。

为了解决关闭煤电厂带来的能源短缺问题，法国电力也在研究"生物质能 + 碳捕集"的技术，希望通过生物质能发电替代煤电，将 120 万千瓦的科德梅斯（Cordemais）发电厂的燃料来源从煤炭转化为生物质能。

目前，研究人员正在研发生物质能源的最佳用途，根据技术、经济、环境标准，比较不同领域应用生物质能产生的二氧化碳捕集和回收的解决方案。

法国电力官网显示：法国电力的研发部门目前正在推动利用生物质能发电的项目，该项目利用棕榈树残渣进行发电，功率为 4.6 万千瓦，计划在 2023 年年中启动。

如果此项目试验成功，法国电力在推广利用"生物质能 + 碳捕集"技术方面将取得长足进步，也能为法国电力实现生物质能发电替代火电开辟新的技术路径。

法国电力在"碳中和"方面，还有诸多研发与战略目标计划。

2017 年，法国电力作为第一家加入 EV100 倡议的法国公司，提出到 2030 年，法国电力的轻型车队将 100% 实现电动化。

2018 年 10 月，法国电力启动电动汽车解决方案，计划到 2023 年在法国、英国、意大利和比利时 4 个主要国家，使电动汽车在充电市场中占比达到 30%；到 2023 年开发 150000 个充电桩，其中，智能充电桩达到 10000 座。

为实现零碳排放，法国电力正在积极监测负碳排放技术，并探索特定的解决方案，如二氧化碳捕获和储存、基于自然补偿的解决方案。公司承诺执行一系列标记为负排放的项目，如在自然汇（森林和土壤）中进行碳封存。

在多能互补技术创新方面，法国电力还通过技术创新用核电参与调峰，核电站的功率调度更灵活。目前，法国电力已实现最快 30 分钟内可实现核反应堆 80% 的功率调节，以应对风电、光伏发电的波动性。

法国电力正在将清洁能源技术应用到低碳能源生产、输电、碳捕集、交通运输等行业，支持政府和行业实现其能源可持续发展目标，优化该地区的低碳电力生产，以及创建智慧城市和实现节约能源，以更好地为客户服务。

相信未来，法国电力能不断通过技术创新和改造，让全球享受更多清洁低碳能源。

第九节 通用电气：多元化驱动可持续未来

上一节我们讲到了法国电力，它有着很明确的"核电""电力"标签。但说起通用电气（General Electric，GE），你或许很难给它贴上一个标签。有人说它是能源公司，有人说它是医疗公司，还有人说它是航空公司……

它的业务范围多到一只手数不过来。根据通用电气的官方数据，目前该公司的业务覆盖航空、发电、可再生能源、数字技术、石油、运输等多个板块。

尽管业务众多，但通用电气的事业起点和目前的核心业务依然是电力。1879 年，爱迪生在门洛帕克实验室发明了第一只商用白炽灯；三年后，他在纽约珍珠街上建造了第一个直流电发电站，开启了电力商业化时代。1892 年，在爱迪生电灯公司基础之上，通用电气成立，开始登上世界工业舞台。

在传奇 CEO 杰克·韦尔奇的领导下，通用电气曾经是美国市值第一的公司，市值接近 6000 亿美元。

百年老店的撒手锏

如果要书写全球工业发展史，通用电气的重型燃气轮机一定是不容忽视的选项。燃气轮机被誉为制造业"皇冠上的明珠"，是衡量一个国家工业水平的高端制造产品。作为全球发电用燃气轮机的鼻祖，直到今天，发电燃气轮机仍然是这家百年老店的撒手锏。

1949 年，世界上第一台用于发电的燃气轮机在美国俄克拉何马州贝尔岛的电站投入商业运营，这台燃机由通用电气设计制造，出力为 3.5 兆瓦。此后，通用电气开发并推出了一系列燃气轮机、蒸汽轮机、发电机、余热锅炉、凝汽器及电站辅助设备，并成为当今燃气发电领域首屈一指的原始设备制造商。

美国页岩气革命以来，价格相对便宜的天然气发电大量取代燃煤发电，这也推动了通用电气天然气发电技术的变革，燃机系列不断向高效率迭代。在经历了 F 级到 H 级再到 HA 级不断向高效率迭代的跨时代壮举之后，通用电气也在"碳中和"目标提出之后，在燃气轮机的节能降碳方面动起了脑筋。

在通用电气看来，当燃煤电厂转型为燃气电厂，并开始使用目前世界上最先进的燃气轮机和蒸汽轮机联合循环时，可以减少 60% 的碳排放；再加上风能、太阳能和电池储能等，碳排放将减少 80% 之多。天然气发电和可再生能源相结合，可以比单独使用这两种技术更有效地降低碳排放。

2022 年 4 月 22 日"世界地球日"当天，通用电气发布了能源转型白皮书《加速可再生能源和天然气发电增长，及时有效应对气候变化》。其指出，单独采用可再生能源与天然气发电都无法满足需求，但二者联合部署后实现的低碳效果，无论在速度上还是规模上都有助于达成可观的气候目标。

虽然天然气发电排放的二氧化碳大量减少，但是依然有煤电的一半。通用电气的新方向是，用天然气掺氢来降低碳排放，直至用纯氢作为燃气。

目前，通用电气已经有多款燃机在执行掺氢燃烧"使命"，包括 GE HA 系列、GE 6B 系列、GE 7F 系列。其中 GE HA 系列燃机已经可以燃烧含氢量超过 50% 的燃料，其数据为通用电气在更大的机型上进行燃氢试验提供支撑。通用电气计划在 2030 年前将 HA 级燃机的燃氢能力提高到 100%。

2021 年 12 月 7 日，通用电气宣布：广东省能源集团旗下的惠州大亚湾石化区综合能源站正式向通用电气及哈电集团订购两台 9HA.01 重型燃机的联合循环机组。项目 2023 年投产后，两台燃机将采用 10%（按体积计算）的氢气掺混比例与天然气混合燃烧，这将成为中国首座天然气—氢气双燃料 9HA 电厂。

2022 年 10 月，通用电气离纯氢燃机目标更近了一步，因为它从美国能源部化石能源和碳管理办公室获得了 660 万美元的联邦资金，以加速 F 级燃机向未来 100% 氢燃烧过渡。F 级燃机目前是通用电气最大的安装型号，在全球拥有 1600 多台。

按照通用电气提供的数据，以 GE 9F.03 为例，如果采用含 5% 的氢气作为燃料，可以每年减少近 19000 吨的二氧化碳排放；若所含氢气比重达到 50%，减少的二氧化碳可以达到 281000 吨；当氢气的比重达到 95% 时，可以减少 104 万吨的二氧化碳。[①]

多元化助力 2030 "碳中和"

通用电气以能源装备为减碳出力，路径不仅仅是燃机，而是多元化路线。2021 年 11 月，第四届中国国际进口博览会在上海举行，通用电气出席该博览会并描绘了一个"驱动可持续高效未来"的美好场景：成群的白色风机在海上

---

① 数据来自 "GE 发电"《GE：氢能＋天然气气电还能更"净"一步》一文。

徐徐转动，将清洁能源输送到沿海城市及更多地区；燃气电厂和抽水蓄能对不稳定的风电进行调峰；海上风电还可以用于电解水制备氢气，再输送到燃气电厂用于发电……

海上风电也是通用电气布局"碳中和"的一大亮点。大型化、轻量化、智能化是当前海上风电机组技术发展的大趋势，作为通用电气迄今为止出力最大、功率最强的海上风电机组，Haliade-X 按照 IEC-IB 风速等级设计，能承受 70 米 / 秒的极限风速，在受台风外围影响期间能够更久维持满功率运行。

Haliade-X 曾被《时代》评选为 2019 年度"100 大最佳创新发明"之一，Haliade-X 12 兆瓦和 13 兆瓦海上风电机组获得权威独立认证机构挪威船级社 DNV 颁发的 T 级（台风级）认证。风机配套的艾尔姆风能叶片长达 107 米，采用碳纤维与玻璃纤维复合材料，有利于抵御海洋环境对叶片前缘的腐蚀，同时通用电气数字化风场运维技术可帮助风场提高全生命周期内的效益。

2022 年 3 月，通用电气首批中国本地组装生产的 Haliade-X 13MW 海上风电机组在广东揭阳起运，发往英国 Dogger Bank 海上风电场。这标志着该生产基地开始发挥其作为中国海上风电生态圈支点，以及通用电气全球海上风电重要供应链的作用。同时，通用电气在风机叶片 3D 打印、退役叶片回收利用等方面也展开了积极探索。

通用电气数字化风场解决方案

业务优化	能量预测	天气预测，功率预测	更准确地预测，参与电力调度和交易
运营优化	智能增功	单机 风电场优化	
	日规划	风电场运维规划	
	资产优化	合理使用资产	
资产管理	故障预测	基于先进的故障检查技术帮组排查处理故障	降低10%的维护成本，增加1%的可利用率，从非计划维修过渡到计划维修
	故障诊断	智能运维，预测部件可靠性及残余寿命	
	企业级SCADA	企业级风场监控系统，远程控制	

●Predix* 平台　　●网络安全　　●风机控制

图片来源：通用电气《2025 中国风电成本白皮书》

2022 年 7 月，产业众多的通用电气发布了其通过分拆组建的三家全球领先的投资级上市公司的全新品牌标识，这三家公司将分别聚焦医疗、能源和航空三大增长型行业板块。其中，通用电气医疗业务将启用新名称 GE HealthCare。通用电气能源业务则合并可再生能源、发电、数字业务和能源金融服务，启用新名称 GE Vernova。而 GE Aerospace 将是通用电气航空业务的品牌名称。三家新公司将持续受益于通用电气约 200 亿美元的品牌价值和全球知名度。

在分拆组建的三家公司中，除了通用电气能源，通用电气航空也将是助力"碳中和"的主力。

GE 9X 是通用电气研发的一款"亮眼"装备，它是世界最大商用航空发动机，可以提供约 100000 磅（61 吨）的推力，2020 年起被波音装在 777X 上作为动力引擎。该发动机拥有新一代压比达 27∶1 的 11 级高压压气机和高效率、低排放的 TAPS Ⅲ 燃烧系统。与传统燃烧系统相比，TAPS Ⅲ 燃烧前可以将空气和燃料进行预混合，燃烧更轻松，排放更少。燃烧室和涡轮都采用陶瓷基复合材料（CMC），重量只有金属密度的三分之一，减轻重量的同时提高了燃油效率。

除了发动机助力减碳，通用电气还从燃料角度协助航空业脱碳。目前，全球航空业每年的碳排放约为 18 亿吨。这些碳排放的最主要来源，是长途飞行消耗的大量化石燃料。因此要实现航空业脱碳，使用清洁可持续的低碳燃料代替传统化石燃料，是现阶段的最佳方法之一。可持续航空燃料（SAF）的核心原材料包括植物油、藻类、油脂、废水和二氧化碳等。

和传统燃料相比，SAF 所产生的二氧化碳近乎零。2007 年以来，通用电气航空一直积极参与 SAF 的评估和认证工作，并与监管机构、生产商和运营商密切合作，确保 SAF 在航空领域的广泛应用。2018 年，由 GE 90 发动机提供动力、使用 100% 非滴入式 SAF 的商用客机成功首飞。

未来，在长远的战略规划下，通用电气将继续引领能源转型，让能源利用更高效、清洁、低碳，并实现更智能、更高效的航空出行。

第十节　DEWA：为迪拜 2050 战略挑大梁

提到迪拜，人们通常很快联想到两座全球顶级标志性建筑：哈利法塔和帆船酒店。

作为阿联酋主力酋长国的迪拜，凭借统治家族的战略眼光和对时代发展机遇的把握，过去 50 年里励精图治，是中东及北非物流中心、金融中心、航运中心和全球旅游热门目的地，成为中东地区经济发展和国家转型的成功样板。

2022 年 10 月 10 日，位于迪拜以南 50 公里的穆罕默德·本·拉希德·阿勒·马克图姆（Mohammed bin Rashid Al Maktoum）太阳能公园（以下简称"马克图姆太阳能公园"）五期 90 万千瓦光伏项目正式宣布投入商运。总装机 500 万千瓦的马克图姆太阳能公园，作为过去 10 年迪拜向清洁可再生能源转型的标志性项目，从 2013 年一期项目商运伊始就备受全球瞩目。

尽管近年来全球最大太阳能公园的头衔几经易主，但马克图姆太阳能公园仍然成为阿联酋乃至全球太阳能发展史不可忽视的经典案例之一。

与整个迪拜酋长国及马克图姆太阳能公园紧密相关的幕后推手，是一家名为 DEWA 的公用事业公司。DEWA，全称为 Dubai Electricity & Water Authority，中文翻译为迪拜电力和水利局，简称迪拜水电局。

DEWA 之于迪拜的重要地位，通过一则新闻可见一斑。

2021 年 11 月 2 日，中国商务部网站援引 ZAWYA 网站发布了一条题为《迪拜计划上市迪拜水电局》的消息，称："迪拜政府表示，迪拜水电局是迪拜发展中心代表，投资它就是投资迪拜未来。考虑到 DEWA 的巨额资产及其在迪拜经济中的地位，将采用分阶段上市的模式。"

这是一家怎样的巨无霸公司？它又在迪拜 2015 年公布的《2050 年迪拜清洁能源战略》中扮演怎样的角色呢？

"顶梁柱"的能源雄心

作为迪拜最大的公用事业公司，受迪拜最高能源委员会监管，DEWA 的宗旨是为迪拜提供领先的可持续、高效和可靠的电力和水服务，以及相关的创新智能解决方案，覆盖迪拜 350 多万客户。

除此之外，DEWA 还运营迪拜总装机 1341 万千瓦的发电站，每天销售 44.7 太瓦时（约合 447 亿度）电力；海水淡化能力为 4.9 亿英制加仑（约合 185.7 万吨）/天。[①]

2015 年 11 月，迪拜酋长穆罕默德·本·拉希德·阿勒·马克图姆公布《2050 年迪拜清洁能源战略》，该战略包括两大主要目标和五大战略支柱。

两大主要目标是：到 2050 年，迪拜清洁能源供应比例达到 75%；将迪拜打造为全球清洁能源和绿色经济中心。

五大战略支柱则包括：

基础设施方面——打造马克图姆太阳能产业园，计划到 2030 年完成 500 万千瓦太阳能发电装机，总投资 500 亿迪拉姆；建设一个由 3D 技术建造的综合创新中心，涉及太阳能技术测试、无人机研究、3D 打印技术和太阳能海水淡化测试等领域；投资 5 亿迪拉姆对智能电网、能源效率、太阳能发电等领域进行研究；成立一个名为"迪拜绿区"的新自由区，吸引清洁能源领域的研发中心和初创企业入驻。

法治建设方面——分两步完善能源相关的法律制度和支持政策，其中第一阶段通过"迪拜太阳能倡议"，鼓励业主在屋顶安装太阳能并接入 DEWA 电网；第二阶段则是在 2030 年以前联合迪拜政府推出一系列决议，整合电力合理消费技术、能源生产及在所有建筑屋顶安装太阳能。

资金支持方面——成立 100 亿迪拉姆（约合 270 亿美元）的迪拜绿色基金（Dubai Green Fund），为迪拜清洁能源领域的投资者提供便捷、低廉的资金支持。

---

① 《迪拜电力和水务局 2021 年可持续报告》。

能力建设方面——通过与国际可再生能源组织（IRENA）、国际公司和研发中心合作，为迪拜培养清洁能源领域专业人才。

能源组合方面——2030 年太阳能发电将占迪拜发电量的 25%，核能占 7%，清洁燃煤占 7%，天然气发电占 61%；将最先进的技术用于垃圾发电，2030 年将有 80% 的垃圾用于发电；2050 年清洁能源发电量占比将达到 75%，迪拜成为全球最低碳城市。

围绕这一战略，DEWA 加快了作为该战略重要支柱的马克图姆太阳能公园的运作步伐。随着 2021 年底第五期 90 万千瓦项目的商运，该园区累计投运装机达 286.3 万千瓦，完成规划目标的 57%，剩下的 213.7 万千瓦将在未来 8 年内完成。

马克图姆太阳能公园建设周期一览表

阶段	装机容量	商运时间
第一期	13MW	2013 年
第二期	200MW	2017 年
第三期	200MW	2018 年
	300MW	2020 年
	300MW	2020 年
第四期	950MW （含 250MW 光伏、700MW 光热）	2021 年
第五期	900MW	2021 年

数据来源：迪拜电力和水利局

DEWA 的发电来源仍然主要依靠天然气。虽然天然气也是清洁能源，但需要从 DUSUP 购买，主要来源国为卡塔尔。为防止天然气供应中断，加之电力需求的与日俱增，DEWA 不得不开始转向能源多样化组合策略，其中包括太阳能、氢能、储能。与 2020 年相比，DEWA 的天然气总百分比下降了 6.24%，太阳能发电占比从 2013 年的 0.01% 上升到 2021 年的 6.89%。[1]

2020 年 5 月，DEWA 发布公告称，迪拜清洁能源供应比例已经达到 9%。

———————————

[1] 《迪拜电力和水务局 2021 年可持续报告》。

该比例已经超过了《2050 年迪拜清洁能源战略》设置的目标，即 2020 年清洁能源比例为 7%，2030 年达到 25%，2050 年达到 75%。

在实施过程中，迪拜不仅为发展低碳经济制定了切实可行的路线图，还在实施过程中不断调整。2050 年清洁能源比例目标已经由 75% 进一步提升至 100%。为此，迪拜政府还将在未来 5 年内投资 400 亿迪拉姆，用于发展可再生能源、清洁能源、水电输配网络等，以满足迪拜日益增长的能源需求。

电力供应是 DEWA 的第一大要务。为保证电力供应的可靠性与质量，DEWA 2006 年以来一直致力于持续提高供电效率与可靠性。2021 年，DEWA 输配电网络的损失率为 3.3%，与 2006 年相比提升了 25%。2007 年以来，DEWA 累计提升能源利用效率约 37.63%，相当于减排二氧化碳 7300 万吨。[1]

除了太阳能，DEWA 认为绿氢是一种具有广阔前景的环境友好能源，有助于加速"碳中和"，因此将之定位为支撑未来可持续发展的支柱之一。

2021 年 5 月 21 日，DEWA 在马克图姆太阳能公园内启动绿氢项目，该项目占地 1 万多平方米，由 DEWA、2020 年迪拜世博会和西门子能源公司合作实施，其成为中东和北非第一个由太阳能驱动的绿氢项目。EDWA 董事总经理兼首席执行官赛义德·穆罕默德·阿勒·塔耶尔表示，该工厂的设计用于适应未来应用和测试平台，适用于不同的氢气用途，包括潜在的移动和工业用途。除了一些研究、商业战略和可能的氢能源使用路线图，DEWA 还探索开发了一个使用氢气的绿色交通试点项目，在不久的将来即可执行。[2]

在储能方面，DEWA 则引入特斯拉锂离子解决方案在马克图姆太阳能公园开始了试点，该项目装机容量为 1.21MW/8.61MWH，寿命可达 10 年。这是迪拜的第二个电池储能试点项目，在此之前，DEWA 还与 APLEX-NGK 合作部署了一个 1.2MW/7.5MWH 的储能项目。

2022 年 9 月，迪拜最高能源委员会宣布，通过增加太阳能发电及提升企业运营效率，迪拜在 2021 年的碳排放降低了 21%。根据《2030 迪拜碳减排战略》制定的目标，到 2030 年，迪拜的碳排放将降低 30%；到 2050 年整个阿联酋将

---

[1] 《迪拜电力和水务局 2021 年可持续报告》。
[2] 《迪拜启动中东和北非地区首个绿色氢气项目》，美通社 2021 年 5 月 21 日。

实现净零碳排放。[①]

以绿色 ICT 加速"碳中和"

在迪拜酋长穆罕默德·本·拉希德·阿勒·马克图姆的强有力领导下，迪拜着眼于未来智慧城市，增加迪拜民众幸福指数，开启了一系列数字化改造的宏伟构想与项目落地。

2017 年，迪拜推出了以未来为导向的"10X"计划，"X"代表勇于实验、打破常规、着眼未来及指数思维。迪拜"10X"官网介绍，该计划以迪拜未来基金会为抓手，通过加强迪拜政府机构之间的合作并采用未来政府的新模式全面改变政府工作，以推动酋长国开拓未来；通过政府创新领先于其他城市 10 年并使阿联酋在 2071 年百年纪念日时成为全球最好的国家。

作为"10X"的一部分，DEWA 专门成立了数字部门 Digital DEWA，用以主导数字技术在其四大支柱领域（太阳能、储能、人工智能、数字服务）中的应用，使其成为世界上首家在可再生能源、存储和数字服务领域实现自动化的数字公用事业供应商。为此，Digital DEWA 于 2018 年成立全资子公司 Moro Hub（全称为：数据中心综合解决方案有限责任公司），通过先进数字技术解决方案（包括计算、网络、数据库、分析和人工智能等），助推迪拜乃至阿联酋所有经济和服务部门的数字化转型，并建立一个面向未来的商业模式生态系统。

2021 年 5 月，Moro Hub 与华为签署合作协议，共同在马克图姆太阳能公园内建设中东和非洲地区最大的绿色数据中心：总规模 100MW，一期建设 1.8MW，100% 使用太阳能供电，每年可减少碳排放 1.3 万吨。这是迪拜推出的第二个由太阳能供电的绿色数据中心，不仅支持阿联酋 2031 年人工智能战略的实施，提高政府绩效，还能使全球超大规模企业进行无碳计算，并帮助机构、组织在其可持续发展计划中减少碳足迹。

华为向 Moro Hub 提供 FusionDC 预制模块化数据中心解决方案，该方案

[①]《市场复苏推动迪拜低碳经济》，王俊鹏，《经济日报》2022 年 9 月 27 日。

集成供配电、温控、机柜、消防等子系统，在工厂完成预集成和预调试后，支持现场快速部署。

在项目建设过程中，华为仅用5天半就完成了49个预制模块的吊装。按照传统的大型数据中心建设模式，1.8兆瓦的数据中心需耗时一年以上，华为仅用6个月即成功交付，创造了中东数据中心建设速度的新纪录。不仅如此，SmartLi UPS解决方案，通过创新的融合架构，优化布局，节省占地面积40%。

同时，采用智能DCIM管理系统也让数据中心运维效率显著提升。通过引入数字孪生3D技术，实现设备和链路可视，可实现快速识别和智能分析，定位设备故障，缩短处理时长；通过数字化巡检手段，自动生成巡检报告，可有效缩短巡检时间60%。

2022年11月2日，该项目获得吉尼斯世界纪录"世界最大太阳能供电数据中心"认证。

为携手全球伙伴共同实现其宏伟愿景，Moro Hub还与硅谷Roambee、中国阿里巴巴、爱尔兰NetApp在内的物联网、云服务和软件公司展开合作。

2022年4月12日，DEWA在阿联酋三大证交所之一的迪拜金融市场正式上市，并首次公开募股筹资61亿美元。截至当天收盘，DEWA股价上涨16%，成为继沙特阿美之后海湾地区最大IPO。其市场表现超出预期，也足见投资者对DEWA在推动低碳经济方面过往业绩的肯定及对其未来发展的信心。作为迪拜乃至整个阿联酋主要公用事业供应商，DEWA将在支持国家可持续发展，以及向"碳中和"过渡方面发挥重要作用。

第十一节　苹果公司：全球"果链"的小目标

"我们承诺，在你十岁生日之前，我们所制造的一切，我们的制造方式，甚至你对这些产品的使用方式都将实现碳平衡。"

"……这不是一个容易实现的诺言，但这就是我们想要的，这是我们的承诺。"

在苹果公司 2020 年的"碳中和"宣传片中，面对一张床上熟睡的小孩 Edan，其做出了 2030 年实现"碳中和"的深情承诺。随后，小孩睁大了眼睛，笑了。

在这个天真无邪的孩子眼中，我们看到了人类的美好未来。苹果公司充满人文气息的公益广告，让人倍感温馨。这些理念和发展思路从苹果公司成立之初就已经被规划好了。

1976 年，史蒂夫·乔布斯等人创立了苹果电脑公司。当时的计算机普遍没有显示器，乔布斯的苹果计算机却能以电视作为显示器，这一下子切中了消费者的痛点，获得了消费者的青睐与追捧。1977 年，苹果电脑公司推出了首款个人计算机，打破了计算机不具备声音功能的历史。

1980 年 12 月，苹果电脑公司公开招股上市。2007 年 1 月乔布斯将"苹果电脑公司"更名为"苹果公司"，总部设立在加利福尼亚州的库比蒂诺。2022 年 1 月，苹果公司市值再创新高，成为人类历史上首家市值突破三万亿美元的企业，这个市值相当于当时全球第五大经济体英国的 GDP。

超高市值不仅需要可持续的业绩支撑，还需要履行社会责任，扩大品牌影响力。在 2022 年的环境进展报告中，苹果公司表示：将通过低碳设计、能源效率、可再生电力、直接减排和碳清除五大支柱解决碳足迹问题，其中前四大支柱将减少约 3/4 的碳排放量，剩下的 1/4 由碳清除技术来解决。

在低碳设计方面，苹果公司将通过精心选择材料、提高材料利用率和产品能效，以降低碳排放为宗旨设计产品及优化制造流程。在能源效率方面，苹果公司将寻找翻新改造等各种机会，在自身场所设施和供应链中提高能效，减少能源消耗。在可再生电力方面，苹果公司将继续保持在自身场所设施 100% 使用可再生电力，并推动整个供应链转用 100% 清洁可再生电力。在碳消除方面，苹果公司将与减排措施并行，加大对碳清除项目的投资，包括保护和恢复地球生态系统的自然解决方案。

2018 年以来，苹果公司为其遍布全球的场所设施生产或采购 100% 可再生电力。据估算，在占苹果公司整体碳足迹 76% 的制造供应链中，大约 70% 的碳排放来自用电。

2019 年，苹果公司综合碳足迹比 2015 年时的峰值降低了 35%；近 11 年来，产品的平均能耗降低了 73%。

截至 2020 年 1 月底，苹果公司采购的可再生能源中有 83% 来自自创项目，已投入运营的可再生能源共有 1200 万千瓦，还有 35 万千瓦已签约，其目标是在不久的将来通过自创项目承担全部用电负荷。

2020 年 4 月起，苹果公司的运营部门，包括办公室、数据中心、零售店等场所设施及商务差旅和员工通勤等场景，已经实现了"碳中和"。

2021 年，苹果公司碳排放量为 2320 万吨，通过排放补偿 / 消除 70 万吨，实现净碳排放量（净碳排放量 = 实际碳排放量 − 排放补偿 / 消除）2250 万吨。与 2020 年相比，它在营收增长 33% 的同时实现了不增加净碳排放。

苹果公司还带动了上下游产业链的企业一起加入实现"碳中和"目标的队伍中。截至 2022 年 3 月底，已有 213 家供应商承诺使用可再生电力制造苹果公司产品，这在苹果公司的直接采购供应商中占了绝大多数。

2021 年，苹果公司及其供应商为供应链输入 1000 多万千瓦可再生能源，达到了前一年的两倍。苹果公司大部分的总装工厂位于中国，它们都已经加入了苹果公司的供应商清洁能源计划。

在广泛使用清洁能源的基础上，苹果公司不断向在产品中转用 100% 循环利用和可再生材料的目标迈进。2021 年，在苹果公司所使用的所有材料中，有近 20% 的材料来自循环利用资源，它将再生的钨、稀土元素和钴的用量增加了一倍有余，并首次在产品中采用了认证再生金。苹果公司开发了一系列拆解各种零部件的机器人，可以更好地回收材料并循环利用，其中新公布的类似粉碎机功能的机器人 Taz，能够从音频模块中分离磁铁，并回收更多稀土元素。在 iPhone 13 系列产品中，所有磁铁都采用了 100% 再生稀土元素。

苹果公司重点关注铝、钴、铜、玻璃、金、锂、纸、塑料、稀土元素、钢、钽、锡、钨和锌等 14 种战略材料，这些材料在苹果公司产品总量中的占比达 90% 以上。

铝是苹果公司产品中的碳排放大户，苹果公司通过使用再生和低碳的铝金属，其相关排放在苹果公司产品制造相关的碳足迹中的占比，已经从 2015 年的 27% 下降到 2021 年的不到 9%。

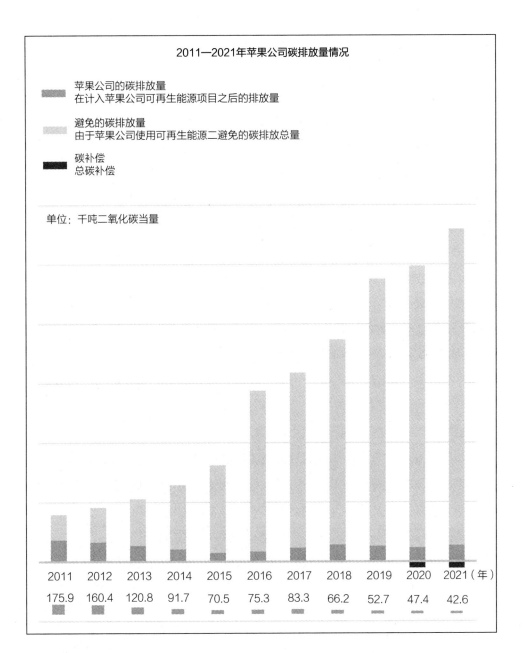

2011—2021年苹果公司碳排放量情况

苹果公司的碳排放量
在计入苹果公司可再生能源项目之后的排放量

避免的碳排放量
由于苹果公司使用可再生能源二避免的碳排放总量

碳补偿
总碳补偿

单位：千吨二氧化碳当量

	2011	2012	2013	2014	2015	2016	2017	2018	2019	2020	2021（年）
	175.9	160.4	120.8	91.7	70.5	75.3	83.3	66.2	52.7	47.4	42.6

数据来源：Apple Inc.（2022）. Environmental Progress Report，Apple.com

苹果公司推动低碳铝科技革命，对合资企业 Elysis 进行投资。Elysis 致力将消除传统冶金工艺所产生的直接温室气体排放技术商业化，并不断取得突破。2019 年，苹果公司从 Elysis 购买了这家公司制造的第一批商用铝材，用于生产 16 英寸的 Macbook Pro。苹果公司还确立了到 2025 年在包装中淘汰所有塑料的目标。实际上，iPhone 13，已经不再使用任何塑料包装部件。

重视绿色金融，是苹果公司"碳中和"的另一大特色。苹果公司于 2018 年成立中国清洁能源基金，由第三方机构德意志资产管理（香港）有限公司管理。截至 2020 年 5 月底，该基金已经在中国投资了三座风电场，总计可提供 13.4 万千瓦的电力。作为美国第一家发行绿色债券的科技企业，苹果公司先后在 2016 年、2017 年、2019 年发行了 15 亿美元、10 亿美元和 22 亿美元的绿色债券，合计 47 亿美元。绿色债券募集资金不仅投资了能够覆盖公司电力负荷的电力项目，还投资了许多有利于减排的其他项目，以及环境研究和创新项目，Elysis 的低碳铝技术就是其中之一。

"你究竟是想一辈子卖糖水，还是希望获得改变世界的机会？"大约 40 年前，乔布斯的一句话，促成犹豫中的百事可乐总裁约翰·斯卡利果断加盟苹果公司。

如今，在苹果公司的影响下，几乎每一家硅谷初创公司，都喜欢把"改变世界"作为自己的奋斗目标。面对日益严峻的极端气候频发形势，有效缓和全球变暖趋势、防范未来极端气候已成为主流共识，无论清洁能源、循环经济，还是绿色金融，在光鲜的口号下面，都还存在着不少问题需要解决，这需要每个公司和每条供应链一起努力，共同守护人类的美好家园。

改变世界，说到底就是让世界环境不会被改变。

第十二节　特斯拉：从可持续交通到可持续能源

一家做火箭的公司做起汽车怎么看都是"大材小用"了。特斯拉的梦想并不仅仅是改变人们的出行现状，而是在全球变暖面前迎难而上，加速世界向可持续能源方向转变。

在创始人埃隆·马斯克看来，可持续能源的未来涉及三个环节。

一是可持续能源的生成。太阳好比一个巨大的核聚变发电机，人类目前从中开发的能量微乎其微。从长远来看，太阳能将成为人类文明的主要能源，风

特斯拉电动车 Model X
图片来源：全景视觉

力、水力、地热、核电也是有益的能源补充。

二是可持续能源的存储。鉴于昼夜更替和天气的阴晴变化，我们需要很多固定的电池组来储存太阳能和风能，将无形的能量封存在大量固定式电池组内。

三是电动化的交通运输。汽车、飞机、轮船在内的交通工具全面电气化，建造电动火箭或许相对困难，但或许能够通过可持续能源制造火箭中的推进剂。

太阳能、电池组、电动车，为人类勾勒出大好前景，接下来，需要集中精力解决限制性因素。

首先，特斯拉要通过取代燃油车让世界交通领域的碳排放降下来。

水平触摸控制屏、全玻璃车顶、极简风格的内饰、独特的电池管理系统与电动动力总成、大部分驾驶功能都可以由软件完成，为车辆部署空中（OTA）软件更新……特斯拉电动汽车，就像有四个轮子的苹果公司产品，从智能化、时尚感、商业化等方面全面引领全球交通电动化，让一百多年前被燃油车团灭的电动汽车借助"碳中和"的东风"咸鱼翻身"，并一举成为时代潮流。

特斯拉官网介绍，2003 年，一群希望证明电动车比燃油车更好、更快、拥有更多驾驶乐趣的工程师创立了特斯拉；2008 年特斯拉开始推出 Roadster 车型，并由此开始设计了一款纯电动豪华轿车 Model S，该车型可以通过 OTA 空中升级助力车辆不断完善，并创造了 0~60 英里 / 小时加速最快仅需 2.28 秒的纪录；2015 年特斯拉扩大了产品线，推出了 Model X，这是一款在美国国家公路交通安全管理局的所有类别测试中均获得五星级安全评级的 SUV；2016 年特

斯拉发布了价格更亲民的量产型纯电动汽车 Model 3，并于 2017 年开始量产；2019 年，中型 SUV Model Y 问世，可容纳 7 人。此外，特斯拉还在 2017 年发布了电动半挂式卡车 Semi Truck，2019 年发布了电动皮卡 Cybertruck。

马斯克善于沉浸式体验方面的营销。在 2016 年 3 月 31 日举行的 Model 3 发布会上，马斯克在与观众深度沟通了新产品的安全性能、续航里程、自动驾驶配置、充电网络规划后，伴随着《星球大战》的恢宏音乐，现场开来了三辆（红色、银色、亚光灰）炫酷的 Model 3。新车检阅仪式结束后，马斯克又走上演讲台宣布："刚才有人告诉我，Model 3 在过去 24 小时的订单总数超过了 115000 辆！"截至当周周末，特斯拉的销售额高达 140 亿美元，Model 3 发布会也因此被誉为"有史以来最大的消费产品发布会"。

自 2010 年上市到 2021 年底，特斯拉给股东带来了高达 65% 的年化回报率，但是公司直到 2020 年才首次实现全年盈利，营业利润 19.94 亿美元，净利润 7.21 亿美元。2021 年，特斯拉营收达到 538.23 亿美元，净利润 55.19 亿美元。

随着特斯拉经营状况的好转，碳积分收益发挥的作用也终于从"雪中送炭"走向了"锦上添花"。早在 1990 年，美国加利福尼亚州就颁布了一项规则：要求到 2003 年加利福尼亚州 10% 的待售汽车成为零碳排放车辆，并在之后允许汽车生产商通过买卖积分履行车辆的零碳排放义务。尽管后来 10% 的目标迫于压力有所调整，但是碳积分的核心理念没有变，并得到纽约州、新泽西州、马里兰州和马萨诸塞州等多个州的拥护。

"2021 年，我们凭借向其他 OEM（Original Equipment Manufacture，原始设备制造商，俗称"代工"）出售零排放监管积分创收近 15 亿美元。此部分的销售收入将用于建设生产电动车的新工厂，进一步取代燃油车。尽管燃油车 OEM 普遍会从其他企业（如特斯拉）购买监管积分来补偿温室气体排放，但这一策略不可持续。为了满足全球范围内越来越严苛的监管要求，OEM 必将转向研发真正具备竞争力的电动车。"在《特斯拉 2021 影响力报告》中，特斯拉对碳积分的作用和趋势进行了点评。

其次，要减少发电过程中产生的碳排放，特斯拉将自身使命从致力于可持续的交通变向致力于可持续的能源。

特斯拉设计了由 Powerwall、Powerpack 和 Solar Roof 等组成的独特的能源解决方案，使居民、企业和公共事业单位能够管理环保能源发电、存储和消耗。2012 年至 2021 年间，特斯拉太阳能电池板发电量 25.39 太瓦时（1 太瓦时 =1000 吉瓦时），用于所有特斯拉车辆充电。特斯拉工厂和其他设施的用电量之和为 25.27 太瓦时，也就是说特斯拉的电力总生产量已经超过电力总消耗量。

在《中国网信》杂志 2022 年第 4 期发表的《相信科技创造美好未来》一文中，马斯克认为，为了使全球能源应用向可再生能源转变，人类大约需要 300 太瓦时的电池储能，才能实现可持续能源转型，推广可持续能源的最大难点在于锂电池电芯的规模化生产。一方面特斯拉从能源生产、储存到使用三个环节打造综合可持续能源产品；另一方面致力于通过创新研发先进的电池技术，重新定义电池制造，取消对电池容量的限制。

2021 年，特斯拉销售了相当于 400 万千瓦时的储能产品，在全球市场中占据 15% 以上的份额。其中一些项目是大规模部署的，包括在加利福尼亚州的 37.1 万千瓦时储能项目，以及澳大利亚维多利亚州的 49.7 万千瓦时储能项目。

"我们会在年底之前实现 4680 电池的量产，但这很难预测，因为这里面有很多新的技术。"在 2022 年 8 月初的特斯拉 2022 年股东大会上，马斯克表示："我们有信心将获得高生产率，但可能要到今年年底，我们才能实现高产量。"

特斯拉对外公布的数据显示：相较于传统 2170 圆柱形电池，4680 电池的能量将是前者的 5 倍，车辆续航里程将提高 16%，功率提升 6 倍，未来结合电池材料和车辆设计的改进，续航里程净增长将高达 56%，生产成本则可以节约 54%。

目前，特斯拉拥有一个工厂和四个超级工厂（Giga Factory）。超级工厂这个名称源于 "Giga" 一词，此词作为测量单位，表示 "数十亿"。其中，位于加利福尼亚州弗里蒙特的汽车工厂于 2010 年从丰田汽车收购，并在随后进行了升级改造，2012 年 6 月第一台 Model S 从该厂下线。美国内华达州超级工厂（Giga Factory 1）于 2014 年 6 月投产，最初主要用途是和松下合作生产电池，显著降低电池电芯成本。

中国上海超级工厂是特斯拉首座美国本土以外的超级工厂，也是中国放宽汽车行业外资股比限制后第一家在华独资建厂的车企，2019 年 1 月开工建设，2020 年 1 月就快速交付了新车 Model 3。德国柏林超级工厂于 2022 年 3 月正式交付新车 Model Y，并为特斯拉供应电池、电池组及动力总成。美国得克萨斯州超级工厂（Giga Factory 4）于 2022 年 4 月举行了开业仪式，主要生产赛博皮卡（Cybertruck）和特斯拉半挂式卡车，以及 Model 3 和 Model Y。

2021 年，特斯拉全球员工已经接近 10 万人，电动车销售量已达到 94 万辆，公司规划了 2030 年每年销售 2000 万辆电动车，以及每年部署 15 亿千瓦时储能设备（2021 年为 400 万千瓦时）的目标。

马斯克曾称："特斯拉是一家能源公司，汽车只是能源产品之一。"特斯拉在能源革命中自我加压，将技术创新持续渗透全球新能源的应用场景。

结语：盖娅假说的诗和远方

随着北极消失的冰川，澳洲绵延的大火，欧洲袭人的热浪，气候变化已成为当下自然科学家和人文研究者共同关注的议题。英国诗人德雷克·马洪在《向盖娅致敬》组诗中借由"盖娅假说"探讨了气候变化相关的地方与全球、环境正义、绿色科技等议题。在第五首《厄休拉餐厅》中，诗人在一个暴风雨的早晨走进一家供应全球各地食物的餐厅，在两个气氛迥异空间的对比中，从伦理层面拷问着人类对气候危机的漠视。

> "海上的船只被拉紧，唉，
>
> 狂风将石板敲得咯咯作响。
>
> 而在厄休拉餐厅，
>
> 我们向温暖的餐盘弯下了腰。"

盖娅原指古希腊神话传说中的大地女神。20 世纪 60 年代末到 70 年代初，英国独立科学家、发明家詹姆斯·拉伍洛克受 NASA 之邀，参与喷气推进实验室有关火星生命探测的研究工作。他注意到，火星大气层主要由二氧化碳组成且处于化学平衡状态，与地球大气层气体的不平衡状态完全相反，或许说明火星上不存在生命。在此启发下，1979 年，他出版《盖娅：地球生命的新视野》（*Gaia: A New Look at Life on Earth*）一书，系统阐述了"盖娅假说"。该假说认为，地球是一个活的有机体——盖娅，包括生命在内的整个地球表面组成一个反馈或控制系统，能够调节自身气候及其构成，始终适宜于那些居住其上的有机体。地球上 30 多亿年的生命持续现象，可以归功于大地之母盖娅的调节过程。

2018 年，有学者在《科学》杂志上发表文章《盖娅 2.0》，其认为进入人类世之后，地球系统已从无意识自我调控，转型为人类自我意识下自我调控的盖娅 2.0。如何从盖娅中学习，以创建可持续发展的地球生命新系统盖娅 2.0，是人类面临的迫切课题。

在创建盖娅 2.0 的过程中，企业作为市场和创新的主体扮演着重要角色。近年来，环境、社会和公司治理（ESG）在全球范围内逐步成为主流投资策略，积极应对气候变化成为各大企业 ESG 的重要组成部分，这事关企业品牌形象、盈利能力与可持续发展潜力，对很多企业特别是传统大企业来说，这是自成立以来最广泛、最深刻的一次大转型。

"碳中和"是篇大文章，每家企业都要结合自身的发展历程、资源禀赋与核心优势，找准定位与切入点。在本章介绍的企业中，国家电投作为第一家公布"碳达峰"时间表的能源央企，将绿色生态、数字能源理念嵌入企业生命中，将综合智慧能源作为"未来牌"；国家电网主动适应能源配置平台化、能源生产清洁化、能源消费电气化、能源创新融合化，加快创建具有中国特色、国际领先的能源互联网企业；三峡集团经过 30 年来的两次跨越（转战金沙江、发力"风光三峡"），已经成为名副其实的清洁能源航母，并且开始了迈向数字经济的新征途；中国石化和中国宝武把握氢能发展机遇，分别提出了 2050 年"碳中和"的奋斗目标，在业内引起强烈反响，全球最大的炼油企业与全球最大的钢铁企业在主攻各自的低碳路径时也在携手合作；中国移动引领算网融合创新，激发澎湃数智能量，锚定创建世界一流信息服务科技创新公司的新定位，在"东数西算"的时代浪潮中推动通信网与能源网的低碳融合；中国中车在持续打造走向世界的中国高铁品牌的同时，将依托高铁产业发展起来的电力电子核心技术进行了延伸，攻入直流电网和新能源产业，并使之成为公司营收的重要补充；作为迪拜最大的公用事业企业，DEWA 是迪拜实现 2050 年清洁能源战略的顶梁柱，其加快了马克图姆太阳能公园的运作步伐，同时通过发力氢能、储能、数字技术和绿色 ICT 加速"碳中和"目标的实现；特斯拉从高端电动汽车市场起步，以时尚新潮吸引全球目光，逐步向大众市场延伸，并通过上海超级工厂的快速量产实现盈利。

　　"在商言商"，对企业而言，"碳中和"之路既有风花雪月，也有刀光剑影，需要情怀、智慧、魄力甚至是一点运气。在本章介绍的企业中，法国电力作为老牌国有企业，在完全国有化之后科学把握发展核电与新能源的尺度，更好地保障能源供应方面，还有很长的路要走。通用电气作为美国代表性企业，在"三家分晋"之后，如何把握天然气发电、氢能与碳捕集封存等方面的全球发展趋势，真正做大做强业务拆分之后的能源板块？苹果公司在硅谷创业史上创造过神话，在未来助力低碳材料科技进步、加强可回收材料的循环利用方面将如何续写神话？我们且拭目以待。

第 7 章 ｜ Chapter 7

"碳中和"之区域探索

知之愈明，则行之愈笃；
行之愈笃，则知之益明。
——朱熹

自 2020 年 9 月中国提出"双碳"目标后，极大促进并引领了全球"碳中和"共识的形成。全球多个国家相继宣布在 21 世纪中叶实现"碳中和"，这意味着"碳中和"已经成为新一轮的全球共识。从不同国家和地区的实际情况看，实现"碳中和"的时间点与路径存在差异。我们不妨将这些国家和地区分为三类：第一类是经济合作与发展组织（OECD）的 38 个成员国，它们经济相对发达，发展进入平台期，实现"碳中和"成为其赢得未来的战略支点；第二类是包括中国、印度在内的新兴经济体，它们仍处于经济高速增长阶段，面临经济发展与"碳中和"平衡的难题；第三类则是广大的发展中国家，需要用更长的时间发展经济和实现"碳中和"。

欧盟成员国作为"碳达峰"第一梯队，立志在全球"碳中和"进程中继续充当先锋；亚太则全力通过多种途径在能源安全与经济增速之间寻找平衡；中东为了摆脱对单一经济来源支柱的依赖，也在寻求可持续突围；非洲也不甘落后，在努力消除电力鸿沟的进程中谋求地区发展与繁荣。

资源禀赋与发展阶段的差异是客观存在的，携手推动构建人类命运共同体、发挥各国主观能动性是人类最终如期实现"碳中和"的关键。

第一节　丹麦：童话王国的"减碳童话"

提到丹麦，人们总能想起哥本哈根市中心东北部长堤公园上的那座小美人鱼雕像。这样一个充满童话气息的国度，留给世人的不仅仅是《安徒生童话》，还有童话一样的减碳"秘籍"。

作为欧盟最早开始规模化发展可再生能源的国家，丹麦也是最早制定高比例可再生能源发展目标的国家之一。

在过去 40 年的时间里，丹麦实现了较为成功的能源转型。仅用 25 年的时间，丹麦全国可再生能源消费占比从 5% 提高到今天的 70% 以上，实现了从"黑色能源"向"绿色能源"的转变。

丹麦被认为是全球低碳经济的领导者，首都哥本哈根更是丹麦发展低碳经济的典范。因为其出色的碳排放控制能力，2009 年联合国气候变化大会（COP15）选择在这座环保之城举办。

2008 年，哥本哈根被 *Monocle* 杂志评为"全球最宜居的城市"。正如那句名言"罗马不是一天建成的"，哥本哈根成为全球最宜居城市也并非旦夕之功。20 世纪 60 年代，哥本哈根曾与全球的传统大都市一样，面临机动车数量激增、交通拥堵、空气污染等"大城市病"。如今，它作为北欧最大城市之一，市容美观整洁，市内新兴大工业企业与中世纪的古老建筑物交相辉映，既有现代化都市气派，又兼具童话般的古典梦幻之美。

哥本哈根市长堤公园的小美人鱼雕像

来源：全景视觉

为不负"童话王国"的称号，一场轰轰烈烈的绿色转型运动在 20 世纪 70 年代的丹麦拉开帷幕。

"大风车"撑起能源"半边天"

如果说欧洲的"风车王国"是荷兰，那么真正的"风能王国"却非丹麦莫属。

行走在丹麦，你很难错过那成片的白色"大风车"，在农庄、在海上，它们构成了"童话王国"的曼妙新风景。

作为世界上最早使用风能的国家之一，丹麦有超过 130 年的风力发电历史。早在 1891 年，在丹麦政府的资助下，丹麦物理学家保罗·拉·库尔（Poul la Cour）建起了一座风力涡轮机，为一所学校供电。

1973 年，丹麦的能源供应中超过 90% 来自石油进口，1973 年和 1979 年两次石油危机促使丹麦开始将能源结构从石油转向煤炭与核能，以保障能源安全，这成为此后 20 年丹麦四个能源发展计划的前奏。然而丹麦议会于 1985 年否定了发展核能的提议，提出大力发展风电的计划。1991 年，丹麦在靠近 Vindeby 岸边的海域建造了世界上第一个海上风电场，并在后来的 30 年里一直是全球风电行业的领跑者。

《bp 世界能源统计年鉴 2022》数据显示：截至 2021 年底，丹麦可再生能源发电量为 26 太瓦时。其中，风电发电为 16 太瓦时，光伏发电 1.3 太瓦时，其他可再生能源发电 8.7 太瓦时。在装机规模方面，丹麦风电累计装机 700 万千瓦，光伏累计装机 150 万千瓦。

通过上述数据不难发现，风电在丹麦可再生能源中的占比已经超过 61%。英国独立气候智库 Ember 发布的《欧洲电力评论 2022》报告中的数据显示："2021 年丹麦风电占全部电力的 49%，成为欧盟 27 国中风电占比最高的国家。"

除此之外，丹麦也一跃成为全球最大的风电设备生产国之一，装机量第一、服务规模第一的维斯塔斯等在内的风电龙头公司，带动 500 余家风电产业关联公司总部落户丹麦，从而形成全球领先的风电供应链和全体系服务网络，这进一步使得丹麦成为全球风能产业的创新中心与发展中心。

然而这一结果的取得并非一帆风顺。

为了大力支持风电发展，丹麦政府充分利用了政府有形之手与市场无形之手，并在不断试错与调整中将之打磨得炉火纯青。体制机制方面，丹麦政府不仅从 1992 年开始为风电提供财政补贴并免征环境税，还通过电力体制改革为风电大发展松绑。其将电力系统的发电、输电和售电三大部分独立开来，让上游发电企业和下游售电企业成为市场化竞争主体，电力调度中心则划归政府下属的、不以营利为目的的国家电网公司管理，为风电强制并网的实施铺平了道路。

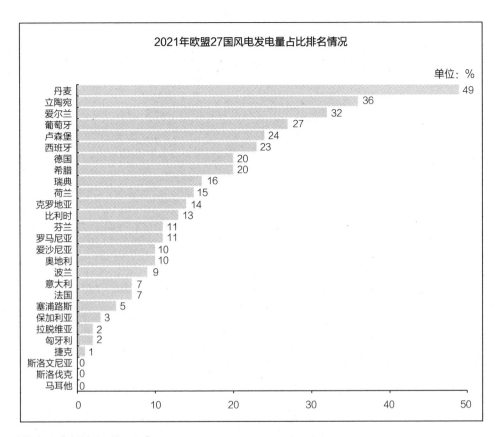

数据来源:《欧洲电力评论 2022》

此外,丹麦政府还通过充分调动市场积极性,进一步促使风电开发商积极参与。例如,率先引进海上风电招投标、设立环保基金鼓励绿色投资等,这些举措也为其他国家的风电发展提供了有益借鉴。

据丹麦能源机构估计,到 2028 年,丹麦绿色能源的生产量将超过丹麦的电力消耗总量。如今,丹麦人口不足 600 万,风力发电的装机总量却位居世界前列,已成为名副其实的世界风力发电大国和风机生产大国。

像"大风车"一样不停转动的风力涡轮机,与安徒生童话一道,构建了丹麦"童话王国"的别样浪漫。

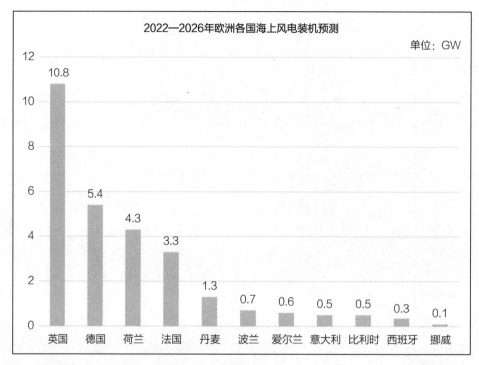

数据来源：《欧洲风能：2021 年统计与 2022—2026 年展望》

全面发力"碳中和"

从倡导绿色出行的"自行车运动"、修建环线地铁、发展电动公共交通，到推行光热地热采暖、生物质能与建筑节能，再到绿色投资的"四两拨千斤"和大量绿色技术的开发与应用，丹麦正在全方位发力推进整个国家向"零碳"迈进。可以说，低碳生产与生活已经渗透丹麦和首都哥本哈根的每个角落。

作为丹麦经济中心，哥本哈根向全球首个"碳中和"首都迈进的第一枪是在"自行车运动"上打响的。2009 年，哥本哈根发布《哥本哈根 2025 气候规划》，提出要在 2025 年建成首个"碳中和"首都。2012 年的《CPH2015 气候计划》则集合了四个领域的具体目标和倡议，实现世界第一个"碳中和"城市目标，其中"骑车、步行或乘坐公共交通工具外出，要占到出行总量的 75%"。

在丹麦首都哥本哈根街头，随处可见的自行车，成为这座正在走向"零碳"的城市最亮眼的一道风景。哥本哈根也因此成为名副其实的"自行车之都"。

20 世纪 80 年代，哥本哈根市开始修建自行车专用道，到 2016 年，市内单车专用道总长就已经超过了 500 公里。[①] 丹麦甚至还加开了哥本哈根至瑞典马尔摩的跨海脚踏车渡轮，让境内外脚踏车通勤畅通无阻。

针对路程较远的长途出行，哥本哈根市政府建设了地铁城市环线及港口线，且预计投资 8000 万丹麦克朗在市区布置电车充电站，为 2030 年全面禁售燃油车、实行全面电动公交车及电动计程车做准备。

由于地处北欧，居民采暖需求量大。为此，丹麦利用光热资源和地热资源进行采暖，这有效解决了清洁采暖和建筑领域的碳排放问题。

1988 年，丹麦建成了第一个集热面积为 1000 平方米的太阳能区域供热站，给 270 户家庭提供取暖服务。丹麦官方统计数据显示：截至 2021 年底，丹麦的光热装机已有 5.5 兆瓦。

2005 年，丹麦马格利特地热厂拉开了地热供暖的序幕。人们将地下 2600 米深的热水抽上来，通过热能交换机转换成热量为居民供暖。

绿色投资是丹麦金融界的一大特色。其中，丹麦养老基金已发展成为倡导投资可再生能源的先锋。2019 年，丹麦养老基金在联合国气候行动峰会上宣布，要在未来 10 年向清洁能源和气候计划投资 460 亿欧元，但这一目标仅用了两年就实现了。

不得不说，丹麦在推进"零碳"城市的进程中，高效的公私合作及超强行动力是重要驱动力。诸多能源与环境领域企业的参与，则推动了丹麦绿色技术的开发与应用，速度之快令人咋舌。此外，丹麦还建造了一批具有开拓性的绿色投资机构，专门为新技术、新产品与解决方案提供资金支持。

从风电开始，丹麦这个全球"优等生"又迈出了令世人震惊的一步，那就是在附近海域建设能源岛。

---

① 数据来源：丹麦国家旅游局官方公众号。

2020 年，丹麦议会讨论决定建设两个能源岛：一个是将波罗的海西南部的伯恩霍尔姆岛打造成以风电为主的能源岛，这座能源岛将提供 200 多万千瓦的电力，相当于 200 多万户家庭的平均用电量；另一个则是位于北海的漂浮人工岛，该岛的总容量将达到 300 万千瓦，未来可能达到 1000 万千瓦，旨在为丹麦和荷兰提供绿色电力。据悉，这两个能源岛预计在 2033 年完工。

尽管能源岛的概念并非诞生于丹麦，但丹麦是率先将其应用落地的国家，随后不断迭代升级，从最初的风电枢纽逐渐演化成了 Power-to-X（电力多元化转换）。该方案通过整合风电、光伏获取绿色电力，除了输送到丹麦及周边国家，还适时利用富余电力生产"X"，包括电解水制氢及其他化学品。该方案被认为是大幅减少碳排放的有效途径之一，对农业和航运业的脱碳至关重要。

例如，在农业上，通过电解水产生氧气和氢气，并将氢气直接作为燃料或合成氨用于农业肥料。哥本哈根在丹麦西海岸的埃斯比约建造的迄今为止欧洲最大的 Power-to-X 设施，预计每年生产绿色氨约 90 万吨，相当于每年减少 150 万吨碳排放，约等于 73 万辆汽车的排放量。[①]

据悉，这两个能源岛预计将在 2033 年完工，但丹麦已经有了 100% 绿色能源岛，那就是位于哥本哈根东部不到 4 小时船程的丹麦"风电样板间"萨姆索岛。这里的居民以自费的方式建立了 10 座海上风机和若干座陆地风机，不到十年的时间，就实现了 100% 利用绿色能源。在这个岛上，甚至连奶牛都为降低碳排放做着贡献。因为奶牛的体温是 38.5 摄氏度，温热的牛奶在包装之前需要降低到 3 摄氏度。于是，当地农民们为奶罐安装了换热器。这种设备在冷却牛奶的同时释放出热量，人们将这部分热量收集起来给房子供暖，减少了因供暖产生的二氧化碳。

此外，岛上的建筑大部分采用大落地窗吸收光热，尽量采用自然通风，用收集来的雨水冲洗卫生间，墙壁和窗户使用了专门的隔热设计，供暖则来自附近的秸秆供热……所有这些采用绿色技术的精巧设计，都在默默地为丹麦这个低碳王国的绿水青山增色添彩。

---

① 来源：《群众》杂志 2022 年第 10 期，作者：胡晓添、徐长乐。

尽管由于多种原因，哥本哈根市长在 2022 年 8 月 22 日宣布无法在 2025 年实现气候中和，但丹麦在低碳乃至零碳方面做出的努力与成绩，仍然是全世界的榜样。

第二节　德国：能源转型启示录

2015 年 3 月 20 日，一次横扫北半球的日全食让德国吸引了全球目光。人们将心提到了嗓子眼，作为当时全球光伏装机容量最大的国家，德国能否平稳度过大考？根据当时的报道，日全食期间，德国光伏发电瞬间失去 70% 的电力；等到日食结束、阳光突然回照地球时，短时间内有 1900 万千瓦光伏发电量涌入电网。这一退一进，都对电网的安全稳定构成巨大威胁。

最后，仅用了两个小时，德国交出了一份漂亮答卷。为迎接这次大考，德国四大电网公司备战一年，准备了各种预案应对突发状况，包括调动抽水蓄能和燃气发电站等弥补瞬时丢失的电力缺口等，加上四大电网的密切配合，终于将光伏发电的剧烈波动影响控制在各自辖区内不致扩散。

这是德国经历的欧洲 16 年以来规模最大的一次日全食，彼时德国拥有 3900 万千瓦光伏装机容量，占全国总发电装机容量的 20%。[1] 日食结束后，欧洲输电网运营商联盟 ENTSO-E 发布的《2015 年日食影响评估报告》称，在整个日食期间，欧洲大陆减少的光伏电力有 51% 来自德国。

2015 年的德国答卷为其赢得来自全世界的掌声，但掌声背后，是德国将近 30 年的能源转型之路。直到今天，德国能源转型事业未竟，但过去 40 年的经验教训，足以为全世界提供借鉴。

---

[1] 《日食为何没"吃掉"德国电网》，中国科学报，作者：李晨阳、倪思洁，2015 年 3 月 30 日。

40 年能源转型之路

作为欧洲第一大经济体、世界第五大能源消费国，也是第一个宣布弃核的国家，德国作为世界能源转型的引领者，用 20 年时间，实现了全国可再生能源占比从 6% 提升至 45%，尤其是风电与太阳能占比超过 31%。

德国的能源转型始于两次石油危机，它起初将目光投向核电，但 1986 年苏联的切尔诺贝利事故让谨慎的德国人决定另寻出路。

德国自然资源贫乏，除了硬煤、褐煤和盐的储量略显丰富，在原料供应和能源供需方面很大程度上依赖进口。然而，德国不愿意让能源命脉握于他国之手，发展可再生能源成为除了环境保护考量，还关乎国家能源安全的战略选择。

2000 年 4 月 1 日，德国正式公布《可再生能源法》。作为德国能源转型的根本大法，这部法律起源于 1991 年的《电力上网法》，借鉴美国模式，要求电网运营商以固定电价收购可再生能源电力。虽然直接定价的方式简单粗暴，但在可再生能源发展初期、电价不具备竞争力的阶段，这种直接定价的方式最大限度地保证了可再生能源的及时消纳。

在此后的 20 年里，德国分别于 2004 年、2009 年、2012 年、2014 年和2017 年修改了这部法律，每一次修改都根据可再生能源发展实际进行了调整。例如，2004 年修订版在进一步细化电价机制的基础上，积极落实欧盟的要求，设定了相应的阶段性目标：到 2010 年可再生能源发电量占总发电量的 12.5%，到 2020 年达到 20%。

2014 年，《可再生能源法》再次实行重大修订：引入直接销售机制，鼓励可再生能源电力供应商直接参与市场化交易，并从电力系统运营商处获取市场溢价；长期固定电价收购制度转变为以市场为导向的竞标制度。2017 年，《可再生能源法》引入招标，这标志着固定上网电价时代的正式落幕。

2020 年 12 月 17 日，德国联邦议院再次通过修改版，最新版本的《可再生能源法》于 2021 年 1 月 1 日正式生效。在这个版本中，德国 2030 年的可再生

能源占比目标提高到 65%，并强调了到 2050 年所有电力行业和用电终端实现
"碳中和"的目标。

可以说，在德国可再生能源发展与能源转型进程中，这部法律贯穿始终，
助力德国可再生能源占比从 2000 年的 6% 提升至 2020 年的 45%，成为全球可
再生能源占比最高的国家之一。

德国联邦环境署（UBA）数据显示：截至 2021 年底，德国总发电量为
5684 亿千瓦时，可再生能源发电量为 2336 亿千瓦时，可再生能源发电量发电
占比 41.1%。其中，风电发电量为 1138 亿千瓦时，光伏发电量为 500 亿千瓦时。

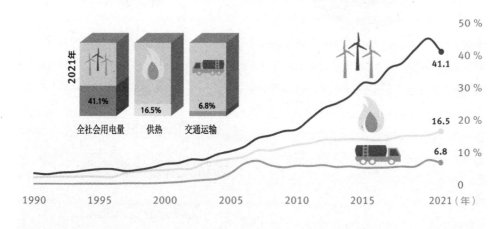

1990—2021年德国可再生能源消费占比趋势

资料来源：德国联邦环境署（UBA），AGEE-Stat 02/2022

欧洲风能协会发布的《欧洲风能：2021 年统计与 2022—2026 年展望》报
告显示：2021 年德国风电新增装机 192.5 万千瓦，截至 2021 年底，德国风电
累计装机已经高达 6400 万千瓦，位居欧洲首位。

德国光伏装机的增长也非常明显，欧洲光伏协会发布的《欧洲光伏市场展
望 2021—2025》数据显示：2021 年德国新增光伏装机 530 万千瓦，同比增长
8.1%。

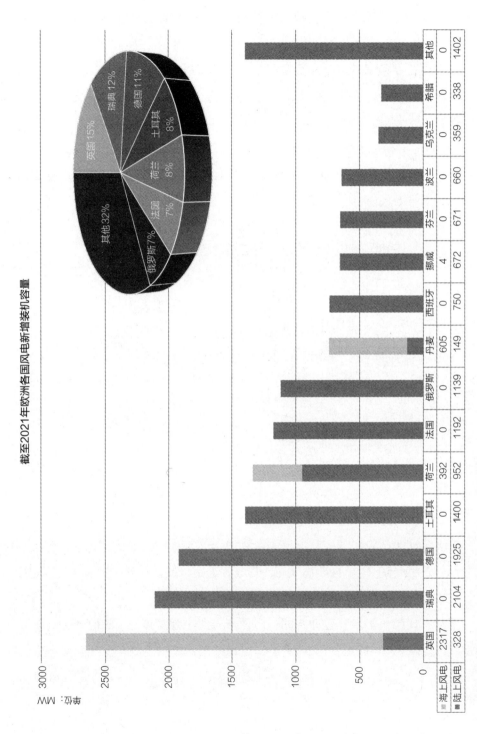

截至2021年欧洲各国风电新增装机容量

	英国	瑞典	德国	土耳其	荷兰	法国	俄罗斯	丹麦	西班牙	挪威	芬兰	波兰	乌克兰	希腊	其他
海上风电	2317	0	1925	0	392	1192	0	605	0	4	671	660	359	338	1402
陆上风电	328	2104		1400	952		1139	149	750	672					

■ 海上风电　■ 陆上风电

单位：MW

数据来源：《欧洲风能：2021年统计与2022—2026年展望》

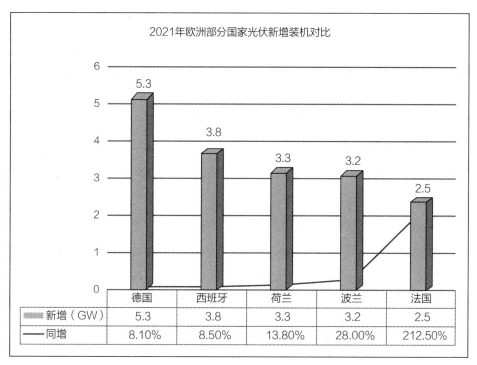

2021年欧洲部分国家光伏新增装机对比

	德国	西班牙	荷兰	波兰	法国
新增（GW）	5.3	3.8	3.3	3.2	2.5
同增	8.10%	8.50%	13.80%	28.00%	212.50%

数据来源：欧洲光伏协会发布的《欧洲光伏市场展望 2021—2025》

　　上述骄人业绩的取得，除了德国《可再生能源法》及相关配套政策的支持，也离不开市场力量的充分参与和德国民众的支持，德国人愿意为绿电付出更多。

　　实际上，德国的能源转型从 1974 年就开始了。自 1974 年的"能源研究框架计划"开始，德国就持续出台系列政策，大力发展可再生能源，推动能源结构转型和消费革命，逐步构建高比例的可再生能源供应体系。

　　从 1990 年德国政府实施"1000 屋顶光伏计划"，1991 年的《电力输送法》《上网电价法》到 1999 年德国投入 4.6 亿欧元实施"十万太阳能屋顶计划"，德国通过立法对光伏发电进行电价补贴，此举有力地推动了全国光伏产业的发展。

　　其后，德国又出台了《能源供应电网接入法》《能源行业法》，以及促进可再生能源生产令、太阳能电池政府补贴规则、能源投资补贴清单等一系列促进可再生能源发展的政策措施。

德国民众对发展可再生能源的支持也不容小觑。德国社会对能源转型的认同度高，对于生态环境同样有着强烈的危机感，大多数人对摆脱化石能源持支持态度，并愿意为此多掏腰包。从 2006 年到 2017 年，德国终端用户平均电价从 0.1946 欧元 / 千瓦时上涨到了 0.2916 欧元 / 千瓦时，涨幅接近 50%，其中贡献最大的当属可再生能源附加费。

此外，德国充分运用市场"无形之手"，调动各方积极性。例如，从 2017 年起，在完成了可再生能源发展初期的使命之后，德国政府适时引入竞争机制，不再以指定价格收购绿色电力，而是采用拍卖竞价机制来确定每年能够享受补贴的新能源开发规模和投资者。此举不仅推动了新能源的技术进步、成本降低和效率提升，同时还减轻了消费者的负担。

德国电网也为高比例可再生能源接入保驾护航。尽管德国的电网改造仍在进行中，但目前德国碳减排总量中有近 77% 来自电力部门的贡献。德国共有 4 家输电企业和近 800 家配电企业，以 380～400 千伏输电线路作为网络主干，辅以 220～275 千伏输电线路作为支撑。同时，德国电网还与诸多邻国进行电力交互，为进一步消纳风电、光伏，以及稳定电网波动创造了条件。

多年来，德国电网负荷趋于稳定，2020 年最高负荷为 7600 万千瓦，仅常规电源装机总量就达到 1.1 亿千瓦，加上跨国联络线 2000 万～3000 万千瓦的交换能力，合计远超过最高负荷。在调度管理上，德国长期以来实行"自下而上"的"自平衡"运行模式，全国共分成 2700 个平衡单元，实时运行中各平衡单元偏差由四大输电网运营商统筹负责，从而显著减少整个系统的平衡压力。根据德国联邦网络管理局的公开资料，2020 年电网终端用户平均停电时间为 10.73 分钟，创造了 2006 年以来的最短纪录。

正如本节开头的那一幕，台上一分钟、台下十年功，德国应对日全食的 2 个小时"演出"，背后是 40 年能源转型求索之路。

"碳中和"再出发

德国人对环境和气候保护的重视，并非从"碳中和"肇始。即使核电是全球公认的清洁可再生能源,但因为极小概率的事故,德国仍然在 2011 年宣布弃核,成为全球首个宣布"弃核"的国家。尽管 2022 年第二个季度以来的遭遇让这一进程受阻,但以德国人的严谨与顽强,"弃核"在未来仍然是大概率事件。

作为"碳中和"的积极推动者,德国是国际舞台上积极活跃的气候保护倡导者。1987 年,德国政府成立了首个应对气候变化的机构——大气层预防性保护委员会;1992 年,德国签署联合国《21 世纪议程》等国际保护气候公约;1994 年,环境保护作为国家目标被写入德国《基本法》;1995 年德国在首都柏林举办《联合国气候变化框架公约》第一次缔约方大会,促成《柏林授权书》的通过;1997 年德国签署《京都议定书》。

随着德国出台《可再生能源法》,德国议会还通过了"国家气候保护计划"。德国人认为气候保护不仅为经济可持续发展提供长期的保障,同时还会给德国经济带来直接的好处。2007 年,出于应对气候变化和维护能源安全这两个目的,德国通过"能源利用和气候保护一揽子方案"。该方案作为德国政府气候保护政策的指导性文件,提出了"到 2020 年将温室气体排放在 1990 年的基础上降低 40%"的目标。2008 年,德国政府通过《适应气候变化战略》,这一文件为德国适应气候变化的影响而采取的行动搭建了框架,这是德国第一次从全局出发考虑如何适应气候变化带来的影响,并将已经取得进展的各部门工作整合成一个共同的战略框架。

2014 年 12 月德国制定的《气候保护行动方案 2020》延续了 2007 年的目标。2016 年 11 月 4 日,《巴黎协定》正式生效,这标志着全球气候治理迈入新阶段。十天后,德国时任环境部长亨德里克斯宣布德国通过了《2050 年气候行动计划》,其成为巴黎气候大会后全球第一份针对温室气体长期减排的国家性方案。此举也开启了德国全面淘汰煤炭的进程。根据该目标,德国要在 2030 年前淘汰超过 60% 的煤炭和褐煤。2018 年 12 月 21 日,随着德国鲁尔区普洛斯普哈尼尔煤矿的正式关停,德国煤矿完成了长达一个半世纪的使命,标志着煤炭采矿业一个时代的落幕。2019 年 1 月,德国进一步提出,要在 2038 年完全退出煤电。

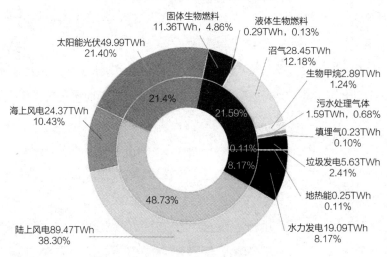

2021年德国可再生能源发电构成情况

固体生物燃料 11.36TWh，4.86%
液体生物燃料 0.29TWh，0.13%
太阳能光伏 49.99TWh 21.40%
沼气 28.45TWh 12.18%
生物甲烷 2.89TWh 1.24%
污水处理气体 1.59TWh，0.68%
海上风电 24.37TWh 10.43%
填埋气 0.23TWh 0.10%
垃圾发电 5.63TWh 2.41%
地热能 0.25TWh 0.11%
水力发电 19.09TWh 8.17%
陆上风电 89.47TWh 38.30%

（内环百分比：21.4%、21.59%、0.11%、8.17%、48.73%）

数据来源：德国联邦环境署（UBA），*Renewable Energies in Germany Data on the development in 2021* 第 19 页（数据进行了四舍五入）

2019 年 9 月 20 日，德国政府经过长达 19 个小时的马拉松磋商，推出"气候保护计划 2030"，实现到 2030 年温室气体排放比 1990 年减少 55% 的目标，为此总共投入 540 亿欧元。这份计划包括为二氧化碳排放定价、鼓励建筑节能改造、资助相关科研等具体措施，涵盖能源、交通、建筑等多个领域。其中包括自 2021 年起在交通和建筑领域实施二氧化碳排放定价，启动国家碳排放交易系统，个税通勤减免，降低铁路交通增值税税率，可再生能源比例到 2030 年达到 65%，到 2030 年修建 100 万个充电桩，补贴 40% 支持居民淘汰落后的燃油或燃气供暖系统，发布氢能战略，对建筑节能改造给予税收优惠，从 2026 年起全面禁止新建燃油暖气设施等。

两个月后，德国正式通过《气候保护法》，首次以法律形式确定德国中长期温室气体减排目标，除了维持"气候保护计划 2030"中的 55% 的目标，还提出要在 2050 年实现"碳中和"，并将其作为工业大国和欧盟经济最强成员国的"特殊责任"。

《气候保护法》明确了能源、工业、建筑、交通、农林等不同经济部门所允许的碳排放量，并规定联邦政府有义务监督有关领域完成其每年的减排目标。

2020 年 6 月 10 日，讨论半年之久的《国家氢能战略》在德国联邦内阁通过，该战略旨在为氢能的未来生产、运输、使用，以及相应的创新和投资建立一个一以贯之的框架体系。德国人将氢能看作助力实现气候目标、为德国经济创造新价值链和进一步发展国际能源政策合作的必选项。根据该战略，德国在 2020 年到 2023 年将补贴 21.1 亿欧元用于以应用为导向的绿氢基础科学研究（3.1 亿欧元）、氢能技术的应用型能源研究（2 亿欧元）及"能源转型仿真实验室"（6 亿欧元）和国家脱碳计划（10 亿欧元）。为此，德国还专门成立执政联盟委员会，将 70 亿欧元用于氢能技术的市场推广，20 亿欧元用于国际合作。

2021 年 1 月 1 日，德国正式启动国家碳排放交易系统，其固定价格为 25 欧元，涵盖所有不受欧盟碳排放交易系统监管的燃料排放（主要是供暖和道路运输领域），如取暖油、天然气、汽油、柴油等，2023 年德国将煤炭和废弃物纳入其中，向销售上述产品的企业出售排放额度，由此增加的收入用来降低电价、补贴公众出行等。

2021 年 5 月 12 日，德国联邦政府新修改的《气候保护法》又公布了新的气候目标：到 2030 年，温室气体排放量较 1990 年水平的减少幅度从此前的 55% 提升至 65%；德国实现"碳中和"的时间提前至 2045 年。

政策的变迁，反映了德国在气候问题上的决心与重视。尽管面临质疑与争议，但德国始终如一，在通往净零排放和"碳中和"的道路上积极进取、自我加压、从未懈怠。

2022 年冬天，对德国来说又是一次大考——如何在能源安全自给和提前实现"碳中和"中找到平衡？德国还有很长的路要走。最新的《气候保护法》出台之后，有人说："看来德国宣布的 2038 年底关闭所有煤电厂的时间又要提前了。"

第三节　亚太：全力寻找平衡

"碳中和"大趋势之下，作为全球新兴经济体扎堆的区域，亚太地区对于打造可持续、绿色低碳能源结构的热情有增无减。根据能源行业研究机构伍德麦肯兹 2020 年发布的报告，2020—2030 年这十年，亚太地区的能源转型将不断提速。该报告提出，在这十年里，亚太地区电力的年均新增装机规模将在 1.7 亿千瓦左右。同时，报告还指出，可再生能源发电项目将成为亚太地区电力投资的宠儿，未来十年，光伏和风电总投资规模将达到 1 万亿美元，占该地区电力总投资规模的 66%。[①]

2013 年可看作亚太地区能源电力投资的分水岭。在此之前，亚太地区经济增长高度依赖超低排放燃煤电厂。尽管这类电厂安全系数高、成本低、建设速度快，但在全球打造绿色环保、可持续能源结构的大背景下，亚太地区也不得不将目光转向更为清洁的可再生能源，在经济增长与可再生能源之间全力找平衡。

尽管短时间内还不能完全摆脱煤电，但亚太国家正努力在经济增速对能源电力的强劲需求和碳排放增幅持续走高之间竭力寻找平衡点，包括充分利用当地水电、风能、太阳能资源条件，再辅之上网电价、竞标、拍卖、自发自用、优惠贷款、资本补贴等激励方案，快速推动可再生能源的部署和降低碳排放。

越南：从零到一

2022 年春天，一个成千上万的越南球迷骑着摩托车上街庆祝足球胜利的视频在中国的社交媒体圈刷屏。

视频中的越南人，脸上贴着国旗印花、手上挥舞着小国旗，兴高采烈、手舞足蹈，还有人一路吹着大喇叭，仿佛普通的呐喊已经不足以表达胸中难以言喻的激动之情。在那些朝气蓬勃的年轻球迷的脸上，洋溢着胜利的喜悦、对当下生活的满足，以及对未来一定会更加美好的自信。

人山人海的热闹背后，是越南近年来以"黑马"之姿成为东南亚经济增长明星般的存在这一现实。2010 年以来，越南每年的 GDP 增长都在 5% 以上，到

---

① 《亚太地区能源转型大步提速：未来 10 年风电、光伏投资规模或达万亿美元》，作者：董梓童，《中国能源报》2020 年 9 月 14 日第 7 版。

2018 年已经超过 7%，成为亚洲乃至世界上经济增长最快的国家之一。

经济增长背后是对电力的迫切需求。越南政府预计 2022 年到 2030 年间，越南用电量将以每年 10%～12% 的速度增长，成为亚洲用电量增长最快的国家之一。[①]

2021 年 11 月，越南在《联合国气候变化框架公约》第二十六次缔约方大会上庄严承诺："到 2050 年实现净零排放；到 2030 年将甲烷排放量减少 30%，并在 2030 年至 2040 年期间逐步淘汰煤炭。"

为落实这一气候目标，2022 年 7 月 26 日，越南政府签发了第 896 号决定，正式批准《2050 年国家气候变化战略》，明确提出：能源领域减少 91.6% 的碳排放，排放量不超过 1.01 亿吨二氧化碳当量[②]。

此前，越南的能源消费一直高度依赖煤炭。为了改变这种能源结构，越南首先削减燃煤发电，并且鼓励太阳能、风能等清洁能源领域的投资。

2017 年，越南政府出台政策给予光伏发电优厚的固定电价（FIT）补贴，高达 9.35 美分 / 千瓦时，而当时光伏的度电成本只有 5～7 美分。

自此，越南政府通过一系列发展规划和激励政策，特别是随着上网电价的提高、配套优惠政策的出台、设备和运营成本的下降，越南光伏、风电市场迎来蓬勃发展，装机量增长速度迅猛。

英国能源转型智库 Ember 的数据显示：2021 年，越南煤电发电量占比 51.3%；水电、燃气发电量占比分别为 25.6%、11.6%；光伏、风电的发电量占比分别达到 10.62%、0.83%，创历史新高。而在 2017 年以前，越南光伏、风电的份额还近乎为零。

越通社报道，2019 年和 2020 年越南共安装了 10 万块屋顶太阳能电池板，越南的太阳能装机容量达到 1600 万千瓦。[③]2020 年，越南光伏装机超过了印度、日本，成为世界第三大光伏市场，仅次于中国和美国[④]。

① 《中国—东盟博览》杂志社 2022 年 8 月刊：《越南电力改革擦出投资火花》。
② 越通社 2022 年 8 月 6 日刊发的《越南力争到 2050 年实现净零排放的目标》。
③ 越通社 2022 年 6 月 5 日刊发的《越南清洁能源转型处于东南亚领先地位》。
④ 国际可再生能源署发布的《国际可再生能源统计 2022》。

2020 年 2 月 11 日，越南《关于面向 2030 年至 2045 年越南国家能源发展战略》的决议提出：2030 年，越南电力总装机容量将达到 1.25 亿～1.3 亿千瓦，发电量将达到 5500 亿～6000 亿千瓦时；2030 年，可再生能源在能源供应总量中的占比达到 15%～20%，2045 年达到 25%～30%。

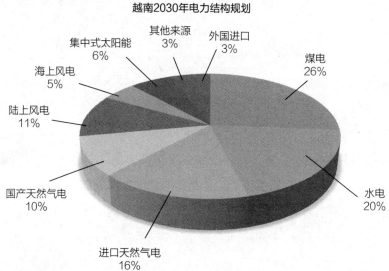

越南2030年电力结构规划

数据来源：越南工贸部

越南电力集团（EVN）统计数据显示：截至 2022 年 9 月 30 日，越南电力总装机 7935 万千瓦。其中，煤电装机 2582 万千瓦，占比 32.54%；水电装机 2235 万千瓦，占比 28.16%；风电装机 467 万千瓦，占比 5.88%；太阳能光伏发电装机 1657 万千瓦，占比 20.88%。

在风电方面，由于越南地处热带季风气候区，海岸线长达 3000 多公里，总海域面积约 100 万平方公里，其海上风电开发潜力巨大。

世界银行能源管理支持计划（WB-ESMAP）的评估结果显示：越南海上风电的总开发潜力约为 5.99 亿千瓦。然而，越南政府和越南电力集团的报告显示，截至 2021 年 12 月，越南各省在工贸部登记的海上风电总装机容量仅为 1.29 亿千瓦，越南未来风电开发潜力可达目前规模的 4 倍。

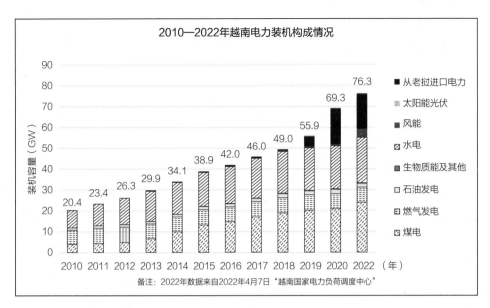

2010—2022年越南电力装机构成情况

图例：
- 从老挝进口电力
- 太阳能光伏
- 风能
- 水电
- 生物质能及其他
- 石油发电
- 燃气发电
- 煤电

备注：2022年数据来自2022年4月7日"越南国家电力负荷调度中心"

来源：《2021年越南能源展望报告》第53页

2022年公布的《八号电力规划》最新草案显示：到2045年，越南燃煤发电占比将由2025年的29.3%下降至9.6%，风能和光伏发电比重将提高到50.7%。

由此可见越南大力发展可再生能源和实现净零碳排放的决心与雄心，也充分展现越南的可再生能源领域有着巨大发展前景。

马来西亚：水电、光伏成主力

马来西亚位于东南亚核心地带，一年四季都是夏天，这里群山巍峨，丛林茂密，各色人种汇集于此，各色异域建筑与环境融合，形成了一道别样风景。

这里化石能源资源较为丰富。《bp 世界能源统计年鉴》数据显示，2020年马来西亚原油储量为27亿桶，天然气储量为9000亿立方米。在充裕的化石能源支持之下，马来西亚的能源消费主要来自化石能源。

根据马来西亚"2021—2040年可再生能源转型计划"：至2025年其可再生能源装机容量提高到31%；2035年这一比重将达到40%。马来西亚在"第十二个五年计划 2021-2025"中提出，在 2050 年实现净零排放并建立碳价机制，宣布 2022 年底前完成气候变化的法律框架建设。

1990—2018 年马来西亚能源产量统计表

单位：千吨石油当量

年份	天然气	原油	煤炭和焦炭	生物柴油	水电	生物质能	沼气	太阳能	合计
1990	15 487	30 629	70	0	915	0	0	0	47 101
1991	18 390	31 843	126	0	1 053	0	0	0	51 412
1992	19 644	32 264	53	0	997	0	0	0	52 958
1993	26 898	32 218	264	0	1 262	0	0	0	60 642
1994	28 335	32 798	89	0	1 652	0	0	0	62 874
1995	33 268	35 090	85	0	1 540	0	0	0	69 983
1996	39 031	35 744	153	0	1 243	0	0	0	76 171
1997	44 318	35 600	153	0	790	0	0	0	80 861
1998	45 054	35 784	221	0	1 113	0	0	0	82 172
1999	47 746	32 835	174	0	1 668	0	0	0	82 423
2000	52 432	30 839	242	0	1 612	0	0	0	85 125
2001	53 659	32 851	344	0	1 687	0	0	0	88 541
2002	52 465	34 838	223	0	1 329	0	0	0	88 855
2003	53 010	37 026	107	0	1 056	0	0	0	91 199
2004	57 768	38 041	241	0	1 329	0	0	0	97 379
2005	64 337	36 127	430	0	1 313	0	0	0	102 207
2006	65 752	34 386	569	0	1 568	0	0	0	102 275
2007	64 559	33 967	576	0	1 517	0	0	0	100 619
2008	67 191	34 195	791	0	1 964	0	0	0	104 141
2009	64 661	32 747	1 340	0	1 627	0	0	0	100 383
2010	71 543	32 163	1 511	0	1 577	0	0	0	106 794
2011	69 849	28 325	1 838	176	1 850	0	0	0	102 038
2012	62 580	29 115	1 860	253	2 150	183	4	11	96 156
2013	64 406	28 576	1 824	480	2 688	297	6	38	98 315
2014	63 091	29 545	1 694	612	3 038	181	12	63	98 236
2015	67 209	32 440	1 614	684	3 582	189	18	75	105 811
2016	69 673	33 234	1 522	509	4 501	198	21	90	109 748
2017	71 140	32 807	1 884	467	6 240	194	41	93	112 866
2018	68 253	31 996	1 672	703	6 230	241	147	172	109 414

数据来源：《马来西亚能源统计手册 2020》

支撑马来西亚可再生能源目标实现的主要途径是水电和光伏。马来西亚水电的发展最好，水电潜力评估为 2900 万千瓦，其中 85% 的潜在场址位于东马来西亚。[①] 从 1990 年到 2018 年，马来西亚水电发电量累计 59091 吨石油当量。[②] 2018 年，马来西亚宣布，2030 年将可再生能源发电量提升到其总发电量的 20%。该国环境部长表示，政府希望到 2025 年将非水电可再生能源的比例提高至 20%。根据马来西亚公用事业公司 Tenaga Nasional Berhad（TNB）的规划目标：到 2025 年大型水电、中型水电的总量接近 210 万千瓦。[③]

马来西亚水电起步早、资源条件好，具有很好的产业优势。但要想实现能源转型，仍然需要其他电源的支撑。

在光伏方面，位于赤道附近的马来西亚地理位置十分优越，光照强度高达 1400～1900 千瓦时 / 平方米，是世界上光伏发电潜力最大的国家之一。

2012—2020 年马来西亚可再生能源装机统计

来源：马来西亚可持续能源发展局

近年来，马来西亚政府持续出台政策支持太阳能光伏的发展。从最初的上网电价补贴鼓励光伏发展，到推出 "净能源计量 3.0 计划" 提高分布式光伏系统装机量，再到通过大项目集中招标加快光伏建设，马来西亚在发展光伏方面的政策正在逐步加码。

① 数据来源：《亚太地区可再生能源洞察报告 2021》。
② 数据来源：《马来西亚能源统计手册 2020》。
③ 2021 年 11 月 26 日，东亚峰会清洁能源论坛。

从 2016 年开始，马来西亚能源委员会为降低光伏电站的度电成本，采用竞标的方式确定大型光伏项目（Large Solar Scale, LSS）。2021 年 3 月，马来西亚能源委员会宣布了第四轮大型光伏项目（LSS4）计划中的招标入围者，已预选的 30 个太阳能项目，总装机容量为 82.3 万千瓦，将在 2022—2023 年投入商业运营。[①]

为了更好地推广绿色电力，马来西亚能源和自然资源部启动了绿色电价（GET）的计划：面向国内的家庭和工业消费者推广太阳能、水力等可再生能源生产的电力。GET 客户购买可再生能源电力将额外收取 0.037 马来西亚元 / 千瓦时（约合 0.087 美元 / 千瓦时）。

为保证大规模光伏项目并网后国内电力系统依然可以保持安全稳定运行，马来西亚能源和自然资源部还计划引进储能系统，总容量约为 50 万千瓦。

马来西亚光伏发展的良好态势，带动了氢能尤其是光伏制氢的发展。马来西亚国家石油公司计划投资数十亿美元推动氢能产业发展，目标是成为亚洲重要的氢能出口国。一方面，公司计划将氢能出口到日本；另一方面，计划将氢能应用到交通领域。

因此，水电、光伏将成为马来西亚能源转型的主力，也是其经济增长的新驱动力。尤其是氢能产业的发展，将会为马来西亚开拓能源出口的新机会。

泰国：寄希望于光伏与生物质能

作为东南亚第二大经济体，泰国受限于传统能源紧缺、环境问题、经济发展需求等因素，一直特别重视新能源产业的发展，以保证能源的稳定供应。

2022 年 8 月，泰国正式对"碳中和"目标的实现做出了承诺。泰国能源政策委员会召开会议，称未来将大力推动能源领域的绿色转型，并提出 2065—2070 年实现"碳中和"、可再生能源发电占比不低于 50% 的目标。

多年来，泰国的能源结构主要由石油、天然气和煤炭三大化石能源组成，

---

① 摘自马来西亚能源和自然资源部。

天然气是重中之重。在能源消费结构中，2010 年天然气发电占比高达 71.9%，之后逐年下降，2021 年降至 53.9%。[①] 以埃拉万气田和巴拉通气田为主力，2021 年，两个气田总产量占泰国天然气总产量的 44%。[②]

随着天然气储量的逐年减少，泰国政府决定通过发展可再生能源，减少对天然气发电的依赖。泰国地处热带，能够利用自然资源条件的优势，提高可再生能源发电占比，推动电力向低碳化和清洁化的转型。

实际上，泰国很早就开始重视可再生能源的开发利用。1964 年，泰国第一座大型水电工程普密蓬水电站投产；1983 年，泰国国家电力局在普吉府建立了第一座风力发电站。

2004 年，泰国政府制订了首个新能源发展战略规划，设立了新能源发展的具体量化指标。此后每隔五年，泰国政府就会根据近期的新能源发展状况，对新能源长期规划进行调整，并逐步提高新能源的量化目标。

2015 年，泰国政府制订了一系列可再生能源发展计划，鼓励利用太阳能、生物质能、风能等可再生能源发电。其中，《替代能源发展计划（2015—2036）》（AEDP 2015）提出，到 2036 年可再生能源装机容量提高到约 1960 万千瓦，在终端能源消费中的比重增加到 30%。

泰国可再生能源发展现状与未来目标

能源种类	2020 年（兆瓦）	2037 年（兆瓦）
太阳能	2 982.62	12 145
风能	1 506.82	2 989
小型水电	190.39	308
生物质能	3 517.38	5 790
生物气	557.25	1 565
废弃物利用	333.68	975
大型水电	2 919.66	2 920
总量	12 007.8	26 692

数据来源：泰国能源部替代能源发展与能效司

---

① 数据来源：泰国能源部。
② 《东南亚电力志 | 泰国：减少天然气依赖，电力系统走向低碳》，作者：韩晓彤，《南方能源观察》2022 年 6 月 11 日。

2019 年 4 月，泰国政府发布了修订后的《电力发展规划（2018—2037）》，提出在 2037 年前将天然气发电比例提高到 53%，煤电比例降低到 13%，可再生能源发电比例提升至 30%。根据这一计划，泰国的可再生能源装机量，在 2037 年底将会达到 7721 万千瓦。

按照泰国的规划，2037 年的可再生能源结构情况如下。

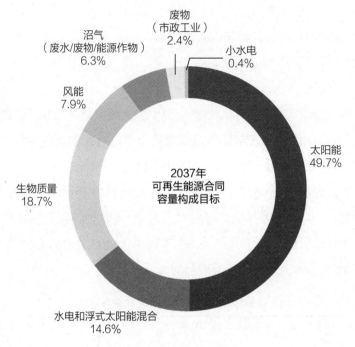

图源：Linklaters 于 2021 年 3 月发布的《亚太地区可再生能源洞察报告》

可以看到，泰国在增加新能源发电比重的过程中，将主要加大光伏的发展力度。

回顾过往，2011—2020 年间，泰国可再生能源装机容量一直呈上升趋势，其中，光伏装机尤其迅猛。国际可再生能源署的数据显示，2011 年泰国光伏装机量仅有 7.9 万千瓦，2012 年泰国光伏装机暴涨到 37.7 万千瓦；2016 年泰国光伏装机又出现了大幅增长，从 2015 年的 142 万千瓦涨到 244.6 万千瓦；后续几年，泰国光伏增长趋于平稳；到 2021 年底，泰国光伏累计装机达到 304 万千瓦。11 年的时间，泰国光伏装机翻了 37.5 倍。

泰国《电力发展规划（2018—2037）》显示，到 2037 年，泰国光伏新增装机容量将达 1500 万千瓦，其中包括家庭屋顶光伏计划 1270 万千瓦、水上漂浮式光伏发电项目 270 万千瓦。

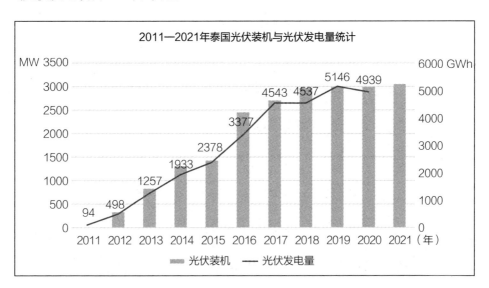

数据来源：国际可再生能源署

特别值得一提的是，为了更好地鼓励和扶持光伏发电，泰国能源部提高了民用光伏发电系统并网电价。2020 年 12 月，政府批准从家庭购买剩余电力的电价从 1.68 泰铢 / 千瓦时上调到 2.20 泰铢 / 千瓦时，并调整了安装光伏屋顶项目的法规以利好投资者。新电价自 2021 年 1 月 1 日起生效，有效期为 10 年。

除了对光伏发电特别重视，泰国对生物质能的重视程度也颇高。《国家可再生能源发展规划》表示，将优先发展废弃物、生物质能和沼气项目。

泰国"2018—2037 年替代能源开发计划"也将考虑开发新的可再生能源项目。这一计划的宗旨是提高沼气和生物质能发电容量。为提升生物质能发电的占比，泰国也公布了详细的差额补贴。此外，泰国生物质能发电还被纳入社区电厂，以支持地方经济。

综观泰国的可再生能源发展历程和规划，光伏和生物质能发电将会在泰国"碳中和"中发挥重要的作用，是泰国能源转型的新希望。

泰国可再生能源上网电价表						
	上网电价（泰铢/单位）			电价差额补贴（泰铢/单位）		
容量（兆瓦）	上网电价（固定）	上网电价（按核心，通胀率浮动）*	上网电价	支持期（年）	生物质能（头8年）	泰国南部四个府的项目**
1.废物（混合系统）						
(a) ≤1兆瓦	3.13	3.28	6.41	20	0.70	0.50
(b) 1兆瓦至3兆瓦	2.61	3.28	5.89	20	0.70	0.50
(c) >3兆瓦	2.39	2.75	5.14	20	0.70	0.50
2.废物（填埋保存或覆盖）						
	5.60	不适用	5.60	10.00	不适用	0.50
3.生物质能						
(1) ≤1兆瓦	3.13	2.26	5.39	20	0.50	0.50
(b) 1兆瓦至3兆瓦	2.61	2.26	4.87	20	0.40	0.50
(c) >3兆瓦	2.39	1.89	4.28	20	0.30	0.50
4.沼气（废物/废水）						
	3.76	不适用	3.76	20	0.50	0.50
5.沼气（能源作物）						
	2.79	2.60	5.39	20	0.50	0.50
6.水电£200千瓦						
	4.90	不适用	4.90	20	不适用	0.50
7.风电						
	6.06	不适用	6.06	20	不适用	0.50
8.太阳能						
(a) 家庭房顶£10千瓦	1.68	不适用	1.68	10	不适用	不适用
(b) 陆上太阳能发电场	4.12	不适用	4.12	25	不适用	0.50
9.工业废物						
(a) 2015年2月1日之前废物焚化炉的基础上建成的微型电厂	2.39	2.75	5.14	20	0.70	0.50
(b) 新建微型电厂	3.39	2.75	6.14	20	0.70	0.50
(c) 采用等离子技术的新建微型电厂	3.39	2.75	6.14	20	1.70	0.50
10.可再生能源小型电厂（10~50兆瓦）混合公司***						
	1.81	1.89	3.70	20	不适用	不适用
*这些是能监会根据2021年1月19日《能源监管委员会关于2021年可再生能源发电上网电价计算公式中的可变成分的通知》公布的2021年浮动电价						
**也拉府、北大年府、那拉提瓦府和宋卡府的某些地区						
***能源来源可以是一种或多种可再生能源						

图源：Linklaters 于 2021 年 3 月发布的《亚太地区可再生能源洞察报告》

印尼：实现"碳中和"从"退煤"开始

有"千岛之国"美誉的印度尼西亚是东盟人口最多的国家，同时也是东盟最大的能源消费国之一。如珍珠般散落在印度洋的广袤岛屿蕴含着丰富的化石能源，石油、煤炭和天然气储量丰富。因此，印尼的能源消费一直高度依赖化石能源，占比高达 68.2%。国际可再生能源署和印尼能源与矿产资源部于 2022 年 10 月联合发布的《印尼能源转型展望》中的数据显示：2009 年至 2020 年期间，化石能源在印尼一次能源供应中的比重一直保持在 86% 左右。

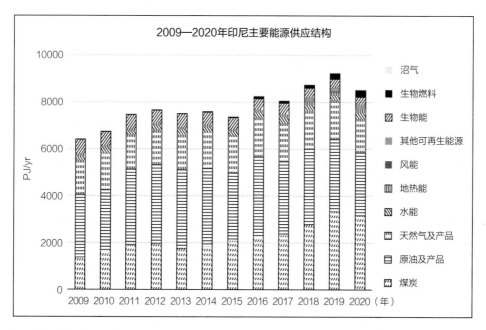

图源：《印尼能源转型展望》第 27 页

2019 年印尼能源消费总量创历史新高，其中煤炭、石油、天然气占比达到 90.8%。2020 年，虽然煤炭和石油的消费有所回落，但是由于能源消费总量也在降低，故化石能源占比仍然持续走高。

尽管如此，印尼依然决定在 2060 年实现"碳中和"。基于其在东南亚国家中的地位，印尼的能源转型及可再生能源的发展将深刻影响东盟地区实现"碳中和"的历程。

2021年10月5日，印尼发布《2021—2030年电力战略规划》（RUPTL）提出：到2060年实现二氧化碳净零排放，并倾向于逐步放弃燃煤项目。

印尼煤炭资源丰富，是世界上最大的煤炭出口国之一。截至2020年12月底，印尼总发电装机容量为6245万千瓦，其中，煤电装机占比高达51%，煤电发电总量占比则更大，为67%[①]。在这样的电源结构下，印尼想要"净化"能源供应体系并不容易。

2022年9月16日，印尼总统佐科签署了《加快可再生能源发展以提供电力》的第112/2022号总统条例，在立法层面明确提出，将提前让1500万千瓦的燃煤电厂退役。

煤电退出后，印尼将希望寄托于可再生能源发电。《2021—2030年电力战略规划》显示：到2030年印尼发电装机将新增4060万千瓦。其中，可再生能源项目新增装机2090万千瓦，占比达到51.6%。

可再生能源占比大幅提升，对印尼来说任务艰巨。据统计，从2011年至2020年12月，印尼可再生能源的发电量占比仅仅提升了0.8%，从12.2%增加到13%，这意味着印尼必须在接下来的十年中将可再生能源提速。印尼能源与矿产资源部在2017年发布了可再生能源关税指导原则，此后又发布《国家净零排放策略》和《国家能源总体规划》等政策激励可再生能源的发展，同时不忘继续强调"退煤"思路。

在可再生能源中，印尼对光伏寄予厚望。根据《2021—2030年电力战略规划》，新增可再生能源装机中，新装光伏装机占比达23%，为470万千瓦。同时，印尼太阳能协会研究报告提出，印尼在2050年实现电力系统脱碳，从经济、技术上均可行，但需大幅提升光伏发电装机容量。

印尼的光照辐射条件十分优越，是建设光伏发电项目的理想地区。印尼能源与矿产资源部预估，印尼拥有至少2.07亿千瓦的光伏潜力，其中屋顶太阳能发电潜能达到3250万千瓦。

因此，印尼政府将太阳能作为绿色电力的主要来源。印尼2018年开始规范

---

① 来源：印尼能源与矿产资源部和印尼国家电力公司联合发布的《2021—2030年电力战略规划》。

屋顶光伏的实施，目标是到 2025 年实现装机容量 360 万千瓦，先期实施阶段，主要是在基础负荷稳定、经济发达、用电需求较大的地区开展，如雅加达、西爪哇和东爪哇。然而，截至 2020 年底，印尼光伏装机仅为 17.2 万千瓦，仅完成装机目标的 5%。

此外，印尼还推出了"太阳能群岛"计划，拟在 4~5 年内为数百万贫困家庭安装屋顶太阳能光伏。印尼还积极在矿场旧址、非生产性土地上兴建大规模太阳能发电厂，在水坝建造浮式太阳能发电场、屋顶太阳能板，以及将蒸汽发电厂改为太阳能发电厂等。[①]

根据印尼太阳能协会的研究，截至 2021 年底，印尼累计光伏装机 22 万千瓦；2022 年，预计地面电站装机达到 28.7 万千瓦，屋顶光伏项目达到 71.3 万千瓦，从 2025 年开始，屋顶太阳能的装机容量将每年增加 300 万~500 万千瓦。大力推进光伏装机的同时，印尼正在进一步发挥市场机制的作用，继续刺激可再生能源和低碳产业的发展。一是探索建立碳市场，扩大能源转型领域的融资规模；二是强化电网基础设施联通，提升可再生能源消纳能力。

作为以煤电消费为主的国家，印尼在实现"碳中和"的过程中，还存在很多挑战。尽管如此，印尼政府正在通过政策引领、投资加码和企业支持等多种方式，努力降低煤电比重，提升可再生能源发展的比例，并且已经初见成效，这为未来宏伟目标的实现打下了坚实基础。

这些基础都是印尼公布"退煤"计划的最大底气。

日本：以氢能为脱碳"王牌"

日本是仅次于美国和中国的世界第三大经济体。当富士山顶万年不化的积雪开始融化，北海道的樱花提前盛开之时，日本政府意识到脱碳已势在必行。

2020 年 10 月，日本政府宣布争取在 2050 年实现"碳中和"。同年 12 月

---

① 中国商务部驻印度尼西亚共和国大使馆经济商务处，《对外投资合作国别（地区）指南印度尼西亚（2021 年版）》。

25 日，日本经济产业省正式发布《绿色增长战略》，确定了日本到 2050 年实现"碳中和"目标，构建"零碳社会"，并提出针对海上风电、燃料电池、氢能等在内的 14 个产业的具体发展目标和重点发展任务，推进产业电气化发展及循环经济转型，推动电力部门深度脱碳，加快发展碳循环，促进资源化利用。

提出这一目标当年，日本能源供应中化石能源占比超过 87%，温室气体排放至少有 80% 来自能源领域。其计划在 30 年后完成"碳中和"目标，挑战巨大。

在 2011 年前，日本曾经寄希望于通过核能实现转型，但 2011 年福岛核泄漏事件给日本核能的发展带来了沉重打击，导致日本不得不转向可再生能源。由此，氢能、光伏、风电等新能源高频次出现在了日本的发展计划与目标里。

	国际各国专利竞争力对比情况													
排名	能源相关领域				交通制造领域							生活/商业		
	海上风电	氢能源	氢能	核能	移动电池	半导体/信息通信产业	航运	物流/基础设施	食品/农林渔业	飞机	碳回收	建筑光伏发电	资源回收相关	生活方式相关
第一名	中国	美国	日本	美国	日本	中国	韩国	中国	日本	美国	中国	中国	中国	中国
第二名	日本	中国	中国	中国	中国	美国	中国	美国	法国	美国	日本	日本	美国	美国
第三名	美国	日本	美国	英国	美国	中国	日本	韩国	中国	日本	美国	美国	韩国	日本
第四名	德国	德国	韩国	日本	韩国	韩国	美国	日本	中国	日本	韩国	韩国	日本	法国
第五名	韩国	英国	德国	韩国	德国			德国	法国	英国	法国	德国	法国	德国

图源：日本《能源白皮书（2021）》（摘要版）

日本对发展氢能非常积极。早在 2011 年福岛核事故后，时任日本首相就提出了"氢能社会"构想，将氢能视为脱碳社会的一张王牌。同时，日本还希望成为全球首个氢经济体并引领全球市场。

日本在氢能领域起步较早。20 世纪 70 年代，石油危机的爆发迫使日本采取一系列节能措施，氢能作为一条技术路线受到关注。大量涉及制氢技术、燃料电池和液化储氢的研发活动随之展开。丰田汽车公司也在 1992 年启动了氢燃料电池汽车的研发。

2014 年，日本描绘了《氢能与燃料电池路线图》；2017 年 12 月 26 日，日本政府发布《氢能源基本战略》，计划到 2030 年氢能采购量达到 30 万吨。

在"碳中和"目标下，日本氢能应用再次提速。2021 年 6 月发布的《2050

年碳中和绿色增长战略》提出，计划到 2030 年实现氢能年使用量 300 万吨、成本降至 30 日元 / 立方米；2050 年使用量进一步增至 2000 万吨，成本则降到 20 日元 / 立方米。

在这一战略中，日本将氢能定位为实现"碳中和"的关键技术，大力发展"绿氢"制造、氢能发电、氢气炼钢、氢能汽车、船舶和飞机等产业，完善液化氢运输船、输氢管道、加氢站等氢供应网络。

除了乘用车和商务车，日本氢能技术广泛应用于列车、船舶和飞机。洋马控股、三井机械、川崎重工、松下、东芝、小松制作、久保田等企业正在为将氢能源拓展到更多机械应用上进行研发和测试。

与此同时，日本也在探索将氢气发电用于工业生产。按照日本的氢能战略，2030 年日本将有 20% 的电厂使用氨混烧技术，氨燃料供应规模将达到 1 亿吨。多年的政策扶持，让日本在"氢能社会"普及方面较其他国家走得更远。

能源清洁化对日本实现"碳中和"目标至关重要。除了氢能，日本在发展光伏与海上风电方面，表现也同样出色。

日本政府在多次更新的能源战略中提高了可再生能源的比重。2021 年 10 月日本发布了第六次战略能源计划，将国家可再生能源的发电目标从到 2030 年提高 22% ~ 24% 加码到 36% ~ 38%。具体来看，日本将太阳能发电占比由 7% 升到 15%，风电占比由 1.7% 升到 6%。到 2050 年力争使可再生能源发电占比达到 50% ~ 60%，成为主力电源。同时降低化石燃料电源占比，将液化天然气（LNG）发电占比从 27% 降至 20%，煤炭发电占比由 26% 降至 19%。

与此同时，日本政府提出，力争 2030 年其六成新建独栋住宅安装太阳能发电设备。根据这项要求，日本首都东京已经要求新建房屋全部安装光伏发电系统。

2011—2021 年，日本的光伏装机量一路攀升。国际可再生能源署官网发布的数据显示，从 2011—2021 年日本新增光伏装机约 6928 万千瓦。

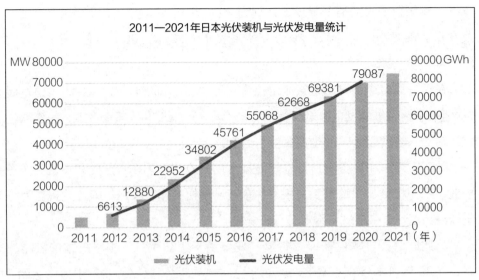

数据来源：国际可再生能源署

在风电领域，日本有意将海上风电产业培育为具有国际竞争力的新兴产业。根据国际可再生能源署的数据，从 2011 年到 2021 年日本风电累计装机447 万千瓦。根据《2050 年碳中和绿色增长战略》，日本政府明确提出海上风电的发展目标：到 2030 年装机容量达到 1000 万千瓦；2040 年达到 3000万~4500 万千瓦，装机容量约相当于 45 台核电机组。

数据来源：国际可再生能源署

日本在宣布 2050 年实现"碳中和"目标后，设立了 2 万亿日元的绿色创新基金，公开招募企业，支援企业研发脱碳技术。截至 2022 年 6 月底，日本已设立 18 个项目，包括降低海上风电成本、研发新型太阳能电池、构建大规模液化氢供应链、制造绿氢等。

《2050 年碳中和绿色增长战略》作为日本低碳发展的重要依据，除了实现能源供应清洁化的规划目标和任务，在交通运输、生产制造、回收利用、农林和水产、碳循环、资源循环相关产业多个方面提出了明确的"碳中和"发展规划和目标，以促进全产业低碳化转型，实现"零碳社会"。

第四节　中东：石油王国的绿色探索

提到中东，人们总会首先联想到丰富的油气资源及建立在石油之上的国度。石油创造了巨额财富，也让中东地区因经济长期过于依赖石油而经历风险与动荡。

从 20 世纪 70 年代起，经济系统长期依赖石油，这种过于单一的产业结构，让中东诸国的国民经济随着油价波动而波动。

1973 年、1979 年和 1990 年的 3 次石油危机导致的油价飙升，使沙特当年的石油产业产值占 GDP 比例出现较大增幅，而随后的油价暴跌也致使沙特 GDP 出现了萎缩。

随着世界石油消费达峰的期限日益临近，如何摆脱对石油产业的依赖，调整自身国家能源结构，实现产业结构的多元化发展，是中东国家实现经济可持续发展所面临的共同课题。

如今，中东国家已经开始通过各种方式探索从"黑"到"绿"的转型方式。中东国家不只有石油，可再生能源资源条件也极为优越，而且开发潜力巨大，这为中东国家低碳转型、改善经济结构奠定了基础。与此同时，在全球气候治理问题上，中东国家也不甘落后。目前，中东地区的 14 个国家已于 2016

年签署《巴黎协定》，并根据各自的国情设置了"碳中和"目标。

沙特：能源转型刻不容缓

2021年10月23日，沙特在利雅得召开的气候会议上宣布，将在2060年实现净零排放。

作为世界上最大的石油生产和出口国之一，沙特的立场对中东能源转型有着巨大的影响。虽然"碳中和"目标对于长期依靠石油、天然气维持其经济的国家来说，并不容易实现，但沙特这些年来已经加紧了能源转型方面的布局。实现"碳中和"，沙特有备而来。

丰富的油气资源储备和优越的清洁能源资源是沙特能源转型得天独厚的优势。

时间回溯到2010年之前，当时沙特建立了阿卜杜拉国王"核能和可再生能源城"，不过这一机构更侧重于核能的科研。2012年，沙特推出一项宏大计划，即在2023年之前开展4100万千瓦光伏发电项目。

然而，沙特在2016年发布的"2030愿景"中，换成了一个看上去更具理性的数字：到2023年新建950万千瓦可再生能源。"2030愿景"以实现经济多元化和可持续发展为目标，包含一系列经济计划，是沙特摆脱石油依赖的总纲领。

2017年以来，沙特在全国各地推出太阳能建设项目，当时提出的目标是：至2030年实现全球30%以上的太阳能发电能力目标，成为最大、最重要的清洁太阳能生产国和出口国之一，并利用太阳能满足沙特国内一半的电力消费供应量。

2018年，沙特推出了国家可再生能源项目，计划投资8亿美元。沙特还为此建立了一个由政府驱动的可再生能源拍卖招标系统。

很显然，可再生能源项目的顺利开展给了沙特更多信心。2019年1月，沙特提高了对可再生能源的期望值。沙特发布的《2030年可再生能源规划》显示：2023年新能源装机目标从950万千瓦提升至2730万千瓦，包括2000万千瓦光伏和730万千瓦风电；计划到2023年在可再生能源项目上投资500

亿美元,并规划到 2030 年可再生能源装机达到 6000 万千瓦。[①]

此外,沙特也将氢能加入到了重点发展的规划当中。

2019 年,沙特阿美公司与美国空气产品公司合作研发的沙特第一座加氢站建成并投入试运行,为从丰田公司进口的 6 辆 Mirai 燃料汽车提供氢能。

2020 年沙特主办 G20 峰会期间,沙特建议,效仿碳排放证书设定氢证书和国际交易平台,将灰氢、蓝氢和绿氢的价值作用差异化,鼓励 G20 成员开展大型氢能项目开发,通过规模化应用降低技术成本,带动氢能广泛应用。

同年 6 月,沙特国际电力和水务公司 ACWA Power 与美国空气产品公司和沙特未来城 NEOM 新城签署协议,共同投资 50 亿美元,在沙特规划的零碳城市 NEOM 建造一座装机容量达到 400 万千瓦的绿色氢氨工厂,年产 120 万吨绿氨。

2021 年 3 月,沙特阿美公司与韩国现代集团签署合作协议,将从沙特运输液化石油气(LPG)至韩国,在当地转化为氢气后,在此过程中产生的二氧化碳将被带回沙特存储。同月,沙特与德国签署氢能合作,正式达成了双方在低碳氢生产、加工、运输及利用方面的合作。10 月,沙特宣布将投资 1100 亿美元开发 Jafurah 气田,作为世界上最大的天然气田项目之一,未来其产生的大部分天然气将用于生产蓝氢。

沙特能源大臣表示,沙特计划到 2035 年生产和出口约 400 万吨氢气能源,有望成为全球最大的氢能供应商。[②]

2021 年 10 月,ACWA Power 作为开发商的沙特红海新城项目(1300 兆瓦时)正式签约,这一项目是沙特"2030 愿景"规划重点项目。

这座即将在沙漠上崛起的新城,建设在沙特塔布克省西南部的海边,西临红海,规划面积 2.8 万平方公里。第一阶段建设计划于 2022 年前新建一座机场、14 家豪华或超豪华酒店及配套滨海休闲娱乐设施。除了按照国际最高标准来打造卓越服务和无缝对接的个性化旅游体验,还将在可持续发展和环境保护方面树立新标杆——零垃圾填埋、零废弃物排向大海、不使用一次性塑料制

---

①   Kingdom of Saudi Arabia, *National transformation program-Vision 2030*。

②   Electrive, *Gaussin explores FCEV production in Saudi Arabia*。

品、100%"碳中和"。

红海新城将成为全球首个100%以光伏+储能供能的城市。它将是全球最大的微网储能项目之一，而且经济性优势突出，发电成本低于传统发电方式，真正开启光储平价时代。

凭借优越的地理位置，相对成熟的能源贸易体系，以及优渥的清洁能源资源，沙特已具备实现能源转型的基础条件。其正在积极发展可再生能源产业，改善现有的能源结构，长期来看，沙特前景可观。

阿联酋、卡塔尔：以生态治理实现"碳中和"

位于中东"石油王国"的阿联酋和卡塔尔，在实现"碳中和"的过程中除了利用光伏，还积极通过对生态环境的治理实现"碳中和"。阿联酋通过多种举措减少人们对石油产品的依赖，而卡塔尔则大量使用生物质能减少碳排放。

阿联酋

作为中东产油国中第一个提出"净零排放"战略的国家，阿联酋提出在2050年实现净零排放。

2017年，阿联酋制定"2050能源战略"，计划投资6000亿迪拉姆（约合1600亿美元），到2050年将清洁能源在能源结构中的占比提高至50%。2021年10月，阿联酋又在"2050年零排放战略倡议"中提出，力争到2050年实现温室气体净零排放。

为实现上述目标，光伏成为阿联酋发展清洁能源的重要着力点。

其中，位于迪拜以南50公里的马克图姆太阳能公园，总装机500万千瓦，计划在2030年完成。随着2021年底第五期90万千瓦项目的商运，该园区累计投运装机达286.3万千瓦，完成规划目标的57%。剩下的213.7万千瓦将在未来8年内完成。

此外，迪拜70万千瓦光热和25万千瓦光伏太阳能电站项目是全球装机容量最大、投资规模最大、熔盐罐储热量最大的光热光伏项目之一，完全投产后，它将让 32 万户家庭用上清洁电力，每年减少 160 万吨碳排放。

阿联酋还通过修复沿海生态系统等措施，不断提高自身应对气候变化的能力。为提升生态碳汇能力，阿联酋积极扩大红树林种植覆盖范围，宣布到 2030 年种植 1 亿株红树幼苗。为了减少石油的消耗，阿布扎比酋长国计划到 2024 年淘汰一次性泡沫塑料杯、盘子和食品容器等利用石油制作的产品；迪拜酋长国宣布将对塑料袋征收 25 菲尔（相当于 5 便士）；沙迦酋长国则建成了一座"碳中和"机场，该机场成为海湾合作委员会的第一个"碳中和"机场……

国际可再生能源署数据显示，2011 年，阿联酋可再生能源发电累计装机容量仅为 1.3 万千瓦，到 2020 年已超过 250 万千瓦。根据阿联酋政府公布的数据，过去 15 年中，阿联酋在清洁能源领域的投资总额已经超过 400 亿美元。

卡塔尔

卡塔尔的"碳中和"决心，已经在一场世界杯比赛中得到了体现。

2022 年 6 月 25 日，国际足联宣布，2022 年 11 月在卡塔尔举行的世界杯将是一场"碳中和"赛事。为了实现赛事期间的"碳中和"，卡塔尔从零开始建造了七个节能型世界杯场馆。为此，卡塔尔还开发了一座 80 万千瓦的大型太阳能发电厂，为世界杯赛事提供电源。

这一光伏电站是卡塔尔最大的可再生能源电站，也是世界第三大单体光伏发电站。项目于 2022 年 11 月世界杯举行前全部投产发电，投产后预计将减少 2600 万吨的碳排放，这有力支撑了卡塔尔举办"碳中和"世界杯的承诺，同时也将能够满足卡塔尔 10% 的峰值电力需求。

为了实现低碳发展，卡塔尔积极利用生物质能和垃圾发电。国际可再生能源署数据显示，2021 年，卡塔尔的可再生能源中生物质能占比高达 79%，光伏占比达到 21%。这也成为卡塔尔实现"碳中和"发展目标的基石。

全球很多国家陆续开始放弃对传统油气资源的开发，最根本的原因是本国油气资源不足或开发成本过高，不得不大量进口油气。为寻求能源独立并实现可持续发展，这些国家不得不力求能源转型。

多年来，中东国家凭借出口石油、天然气打开了财富大门。然而，在"碳中和"背景下这些国家能够积极做出承诺，敢于冲出"舒适圈"，以摆脱对化石能源的巨大依赖，需要更大的勇气和前瞻性的视角。

在新形势下，中东国家寻求新经济增长点的突破性尝试，正在为"石油王国"带来全新的、可持续的生产、生活方式。

当红海新城建成之日，或许就是阿联酋的沙漠变成红树林之时，当把世界杯比赛办成"碳中和"赛事不再是热议话题而是中东国家人民的日常时……那个时候才可以说，"石油王国"已经实现了绿色转型，成为全球可再生能源转型与"碳中和"大军中不可忽视的一极。

第五节　非洲：消除电力鸿沟

作为全球可再生能源最丰富的地区之一，非洲拥有巨大潜力。

非洲北部，撒哈拉沙漠边缘地带，太阳能资源非常丰足；非洲南部，地处西风带的非洲高原是全球风能资源最密集的地区之一；而在非洲中部，湍急的河流从密林中蜿蜒而过，蕴藏着巨大的水能资源……

自然资源条件优越和能源发展相对落后的现实，对非洲来说可谓福祸相倚。能源工业滞后给非洲的能源发展带来巨大挑战。截至 2019 年底，非洲仍然有 6 亿人生活在没有通电的地区。但同时，非洲也有望成为未来 20 年可再生能源增长幅度最大的地区。2021 年 8 月 9 日，IPCC 发布报告称，非洲地区虽然目前仅占据全球碳排放的 3%，但是随着政局稳定、经济发展和人口快速增长，其能源转型的潜力十分巨大。国际能源署发布的《2019 年非洲能源展望》显示，非洲正在经历史上最大的城市化进程变化，未来 20 年，非洲在塑造全球能源趋势方面的影响力将越来越大。

对非洲来说，合适的就是最好的。大型的发电设施需要大量进口昂贵的化石燃料，对于经济刚刚起步、外汇储备有限的国家来说并不现实；需要精心维护的电网也不适合连接分散的村庄和偏远的城镇。非洲广大农村和城镇需要廉价的能源，还能不依赖大量进口，因此分布式的可再生能源发电得以在这片土地大放异彩。

消除电力鸿沟，非洲不能缺席。

南非：可再生能源的"星钻"

南非地处非洲大陆最南端，作为非洲工业化水平最高的国家之一，是一个闪耀着"彩虹"般色彩的国度。

长期以来，南非电力生产严重依赖燃煤发电，这也导致南非成为全球第十二大碳排放国。为了本国的能源结构转型，以及完成加入《巴黎协定》后设定的框架目标，发展可再生能源成为南非重要的国家战略。

2022 年 6 月，就在北半球还是炎炎夏日的时候，南半球已经进入寒冬。随着电力负荷高峰的来临，南非遭遇电力供应危机，政府不得不执行南非历史上首次最高等级的限电措施。

实际上，南非经济近 10 年来一直饱受限电的困扰。2020 年，南非经历了 859 小时的限电，按 8 小时工作制来计算，相当于一年有 107 个工作日限电。此举直接导致了 45 万人失业，以及 750 亿兰特（约合 41.33 亿美元）的经济损失。

曾经，南非依靠完备的电力生产、传输、配送体系，发电量占据整个非洲的 50% 以上，并以南非为中心形成了非洲南部地区的统一大电网。不仅如此，南非也是世界上电费最低的国家之一。

2007 年之后，南非频频出现大规模的限电和停电事件。引发南非停电、限电的直接原因有两点：一是南非国内电力装机量增速滞后；二是已有的发电设备老化，机组频繁出现宕机情况。

在这两方面原因背后，是南非电力严重依赖煤电的能源结构。南非国内石油、天然气等资源匮乏，水电资源稀缺，煤电几乎成为唯一电力来源。2008 年电力危机爆发时，南非国内燃煤发电量占比高达 85%，电源结构单一，导致煤电新增装机不足，难以满足人们的电力需求。如果提高煤电装机量，以用电负荷最高时的情况规划煤电装机又会导致煤电出现冗余，影响发电企业的经济效益。

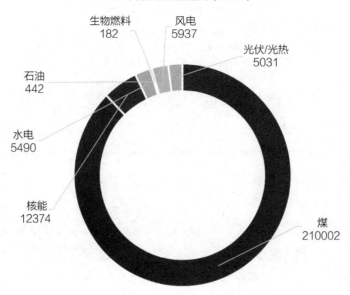

2020年南非发电量构成（GWh）

生物燃料 182

风电 5937

光伏/光热 5031

石油 442

水电 5490

核能 12374

煤 210002

数据来源：IEA

当南非认识到电力结构的问题后，2011年5月，其出台了《综合能源计划2010》。该计划勾勒了南非可再生能源发展蓝图，预计到2030年实现可再生能源发电装机占比21%，煤炭发电装机占比降到50%以下。该计划的出台，加速了南非可再生能源的发展步伐。

南非政府推出"独立发电商计划"（IPP），邀请国内外的投资者参与可再生能源发电项目的竞标，中标者可以将电力按合约出售给南非国家电力公司或其他买家。此举是电力市场改革的一大举措，致力于弥补行业资金缺口，以及提升产业竞争力。

2011年发布的"可再生能源独立发电商采购计划"（REIPPPP），通过公开招标的方式引入独立开发商，开发光伏、风电和生物质能项目。前四轮招标，共计完成了光伏229.2万千瓦、风电335.7万千瓦独立开发商的引进。

虽然光伏、风电的装机量在南非能源体系中依旧占比不高，但着眼于非洲来看，南非仍然是可再生能源发展成就最突出的国家。

根据国际可再生能源署的数据：2020年，南非光伏装机占据整个非洲地区的57%，超过500万千瓦；风电装机占据整个非洲地区的41%，达到265.6

万千瓦。从 2011 年至 2021 年底，南非光伏累计装机 622.1 万千瓦，风电累计装机 295.6 万千瓦。[①]

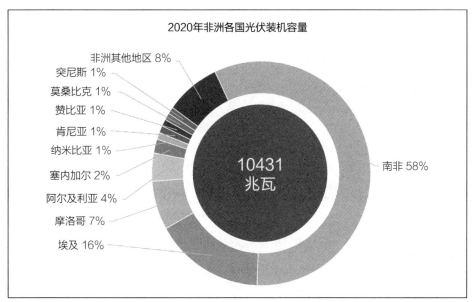

数据来源：国际可再生能源署

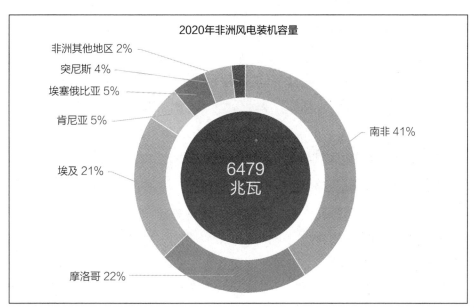

数据来源：国际可再生能源署

[①] 数据来源：国际可再生能源，*Renewable energy statistics 2022* 第 26 页、第 40 页。

光伏、风电等可再生能源，正在一步步"绿化"南非的能源结构。

2019 年，南非政府修订了本国的能源发展中长期规划，出台了新的"综合能源计划 2019"，从计划中的时间表可以看到，2025 年之后燃煤发电装机将会停止，光伏、风电的装机量将大幅增长；预计到 2030 年，光伏装机达到 796 万千瓦，风电装机达到 1144 万千瓦，两者合计 1940 万千瓦。

南非，作为非洲大陆工业化程度最高、电力装机量最高的国家之一，却长期饱受电力结构失衡的困扰。寻求可再生能源，是南非摆脱能源结构单一困境的出路，同时也是实现"碳中和"的必然选择。

埃及：非洲新能源第二大市场

2022 年 11 月 6 日，联合国气候变化峰会（COP27）在埃及沙姆沙伊赫揭幕。

本次气候峰之所以选择在埃及举办，目的在于推动发达国家履行 2009 年哥本哈根气候大会提出的为低收入国家提供 1000 亿美元气候适应基金的承诺，明确各国实际测量其排放量的方式，以提供公平的竞争环境，就格拉斯哥 COP26 大会期间未达成的"损失和损害"融资达成一致，以及提出更雄心勃勃的减排目标。

"金字塔国"埃及地处欧亚非三大洲的交通要冲，北部经地中海与欧洲相通，东部经阿里什直通巴勒斯坦，西连利比亚，南接苏丹，东临红海并与巴勒斯坦接壤，东南与约旦、沙特阿拉伯相望，海岸线长 2700 多公里。苏伊士运河沟通了大西洋与印度洋，其战略位置和经济意义都十分重要。

埃及煤炭、石油、天然气资源丰富，全国约有 4189 亿桶石油储量和大约 77200 亿立方米天然气储量，这些资源有力地促进了埃及的工业化发展，使其成为非洲地区工业化水平最高的国家之一。然而，从 2009 年到 2019 年，埃及年均二氧化碳排放量增长 2.3%。[①]

在 2016 年以前，埃及发电主要靠煤，火力发电占全国总装机的 92%；从

---

① 《bp 世界能源统计 2021》。

2000 年到 2010 年，埃及天然气消费量以年均 7% 的速度增长，直到 2014 年和 2015 年开始签署进口协议；到 2021 年，天然气发电占到整个埃及国内总发电量的 75%。另外值得一提的是，在埃及国内，100% 的居民可以获得电力，100% 的居民可以获得油气能源将之用于烹饪，这看似寻常，但对于非洲大陆来说却极为难得。

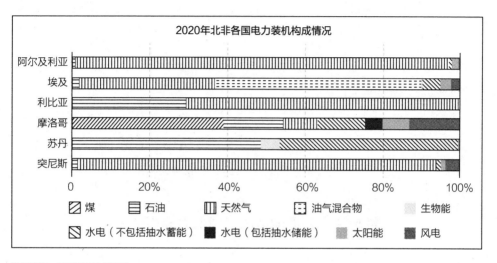

2020年北非各国电力装机构成情况

数据来源：国际可再生能源署

为了促成能源转型，降低对化石燃料的依赖，2016 年，埃及政府对外发布"可持续性发展战略：埃及 2030 愿景"和《2035 年综合可持续能源战略》。其中，能源是实现埃及 2030 愿景经济目标的重要支柱。根据埃及《2035 年综合可持续能源战略》，到 2022 年埃及 20% 的电力供应将来自可再生能源；到 2035 年这一比例将提高至 42%。其中，光伏占比 21.3%、风电占比 14%。

为实现 42% 这一目标，埃及政府在苏伊士湾和尼罗河沿岸划定了约 7800 平方公里土地，用于风电项目的发展。以风力发电场为主体的苏伊士湾新能源基地预计将于 2023 年投入使用，发电量可达 2500 兆瓦，将进一步助力埃及实现能源转型目标。

作为北非地区发展可再生能源最为积极的国家之一，埃及正在致力于将丰富的光照资源转变为助力经济发展、改善民生的清洁电力。埃及光照资源丰富，平均日照时长可达 9~11 个小时，年均太阳直接辐射强度高达每平方米

2000~3200 千瓦时。自 2018 年起，埃及先后启动了多个百兆瓦级光伏电站的建设。位于阿斯旺省的本班光伏产业园，是亚洲地区之外世界上最大的光伏电站之一，装机规模达到 130 万千瓦。

国际可再生能源署数据显示：截至 2021 年底，埃及光伏装机 165.6 万千瓦、风电装机 164 万千瓦，是非洲大陆为数不多的风电、光伏装机佼佼者。

目前，埃及每年可再生能源发电量为 6000 兆瓦，占全部能源发电量的 18%。伴随着新能源开发的加速，埃及已成为非洲地区新能源开发第二大市场。为促进本国可再生能源产业的发展，埃及不仅正在探索多元能源供给模式，还向全球投资者敞开了大门。

随着长期购电协议等相关机制的逐渐完善，预计埃及可再生能源市场将出现更多可行的商业模式，可再生能源电力的竞争力还将得到进一步提升，再加上基础设施建设的进一步巩固，埃及可再生能源市场还将迸发出更多活力。

肯尼亚：非洲地区离网型电力规模最大

肯尼亚有"非洲东大门"之称，赤道横贯中部，东非大裂谷纵贯南北。然而，作为撒哈拉以南非洲经济基础最好的国家、非洲最大的贸易市场之一，很难想象，在肯尼亚能用得起并网电的农村用户只有 5.2%，全国有一半的人口眼睁睁地看着输电线从自家门口过，却无力支付 422 美元的接通费，因为该国的年人均收入只有 800 美元左右。[①]

2020 年，肯尼亚境内仍有超过 80% 的人口无法使用可靠的现代能源，诸如油气、煤炭等；将近 30% 的人口无法获得可靠的电力供应。

肯尼亚缺乏全国范围内的电网基础设施，大部分人口住在偏远农村地区，电网覆盖率仅为 4%，取暖和炊事主要用薪柴和木炭，环境污染严重。近年来，随着离网型太阳能技术的成熟，在不需要大量电网投资的情况下，无电地区居民用上现代工业产品成为可能。

---

① 《肯尼亚的绿色能源经》，作者：罗靖，《中国能源报》2013 年 9 月 5 日。

　　既然集中大规模供电不划算，那就采用分散的自家发电自家用的模式。于是，相对便宜的太阳能离网发电装置在肯尼亚农村和偏远地区就有了市场。在肯尼亚，生活在离网地区超过 30% 的人口在家庭中拥有一个太阳能产品。在这些地区，许多其他国家在离网太阳能领域也提供了重要的发展机会。

　　近期，市民们逐渐认识到阳光带来的便利，使用家用太阳能的居民人数正在不断攀升。肯尼亚所在的东非地区，是发展离网型电力体系规模最大的地区之一。截至 2019 年底，3850 万人通过离网型电力体系获得电力。这一数字是西非地区的四倍，南非地区的八倍，而肯尼亚贡献了这一数字的 42.4%。

　　太阳能灯是最大的离网型能源形式，占比 75.6%；其次是家庭光伏系统，占比 22.5%。离网型太阳能在过去 10 年内经历了高速增长，并且在未来一段时间内依将维持高速增长。

　　在电网基础设施薄弱的乡镇，以离网型太阳能为主的微型电网的修建，将带来电力能源。未来，离网型太阳能的经济效应和社会效应，将会被持续放大。

　　肯尼亚成为非洲地区离网型太阳能发展最好的国家，离不开政府在各方面的鼎力支持。离网型太阳能系统项目是肯尼亚能源部的旗帜性工程，获得了世界银行的金融支持，并在解决偏远农村无电力基础设施地区的居民用电问题中发挥了巨大作用。

　　此外，肯尼亚还是世界上第八大地热能生产国，也是非洲大陆唯一一个大规模使用地热发电的国家，地热发电量已经超过冰岛和日本。截至 2020 年底，其发电装机量为 82.38 万千瓦。

　　依靠银行的资金和政府的支持，肯尼亚的地热开发逐渐发展起来，在能源供应中的占比仅次于火电。目前肯尼亚在地热开发领域已经展开积极合作，预计未来仅在东非大裂谷附近的地热资源开发量就有 1500 万千瓦。

　　综上所述，非洲各国政府均在积极应对能源转型带来的挑战和机遇，其充分意识到非洲正处于一个转型的"十字路口"。为了应对广泛的社会经济和可持续发展挑战，必须拓展获得经济、可靠、可持续的现代能源的途径。

第六节　中国：大国雄心与担当

或许多年以后，回看中国在 2020 年前后发生的对世界乃至后世产生巨大影响的事件，"双碳"目标的提出会成为其中的亮点之一被铭记，同时这也将是中国推动构建"人类命运共同体"的一个生动案例。

2020 年 9 月 22 日，中国在第七十五届联合国大会上宣布：中国将加大国家自主贡献力度，采取更加有力的政策和措施，二氧化碳排放力争于 2030 年前达到峰值，努力争取 2060 年前实现"碳中和"。

坚决的"30·60"

中国的"双碳"目标，是一场广泛而深刻的经济社会系统性变革，把"碳达峰""碳中和"纳入生态文明建设整体布局，这体现了中国主动承担应对气候变化国际责任的担当和决心。作为全球人口最多的国家，中国的这一决定也关乎整个人类未来的可持续发展。

但是，这一目标对于正处于工业化进程的中国来说，是一项巨大挑战。

中国作为世界上第一大发展中国家，改革开放 40 多年来，经济持续高速增长，是世界经济发展动力最足的"火车头"。中国国家统计局数据显示，2021 年，中国 GDP 现价总量为 114.367 万亿元。中国作为目前世界第二大经济体，人均 GDP 刚突破 8 万元，约合 12551 美元。2021 年，中国全年能源消费总量为 52.4 亿吨标准煤，比上年增长 5.2%。

随着经济的快速发展，中国已经成为全球碳排放大国。为了支撑中国经济的发展，未来一段时间内，能源消费总量和二氧化碳排放量还将不断增加。

国际能源署《全球能源回顾：2021 年二氧化碳排放》称，在 2019 年到

2021 年的两年时间里，中国的二氧化碳排放量显著增加。[①]

中国承诺努力争取 2060 年前实现"碳中和"，尽管比多数发达国家提出的 2050 年前后实现"碳中和"的时间晚了 10 年，但中国承诺实现从"碳达峰"到"碳中和"的时间只有不到 30 年，远远短于发达国家平均 50 年的时间。

在全球落实《巴黎协定》走向净零排放的进程中，中国表现出了强大的意志与决心。

生产总值二氧化碳排放强度

二氧化碳当量（吨）/1000 美元

年份	中国	美国	欧洲	印度	日本	全球
1980	1.842	0.6	0.33	0.3	0.33	0.45
1990	1.22	0.46	0.28	0.36	0.26	0.4
2000	0.72	0.39	0.22	0.36	0.25	0.34
2010	0.68	0.31	0.18	0.31	0.23	0.32
2020	0.46	0.21	0.13	0.26	0.20	0.26

数据来源：国际能源署

接下来的 40 年，中国要兼顾经济增长和脱碳两个目标，面临发展理念、发展方式及生产生活方式的系统性变革。中国提出的"碳达峰""碳中和"目标，相比其他国家具有更大的挑战性。

与此同时，中国能源结构具有偏煤、化石能源占比较高的特点。这意味着，中国将用 40 年的时间，将占比 56% 的煤炭产生的二氧化碳排放降低到近乎零。这个过程时间紧迫、任务艰巨，需要汇集全中国人民的智慧。

中国在没有完全实现能源消费和二氧化碳排放脱钩的情况下，从大局出发，提出了"碳达峰"和"碳中和"目标。这不仅彰显了中国的大国气度和高度负责任的大国形象，更为全球应对气候变化和提振各国信心奠定了坚实基础。

---

① 数据来源：国际能源署《全球能源回顾：2021 年二氧化碳排放》第 8 页。

中国的国家自主贡献目标与提振气候雄心目标情况对比

指标	国家自主贡献目标（2015 年）	提振气候雄心目标（2020 年）
强度目标：单位 GDP 二氧化碳排放下降幅度（2030 年相对于 2005 年水平）	60%~65%	65% 以上
"碳达峰"实现时间	2030 年前后，并力争提前	力争 2030 年前
非化石能源消费占一次能源的比例	2030 年占 20% 左右	2030 年达到 25% 左右
风电、光伏发电装机容量	未提及	12 亿千瓦以上
"碳中和"实现时间	未提及	力争 2060 年前
2030 年增加碳汇（即森林蓄积量）	45 亿立方米	60 亿立方米

数据来源：中国政府网

实践远早于目标

中国"双碳"目标的提出，将绿色发展之路提升到了新的高度，成为未来数十年内中国社会经济发展的主基调。

那么，中国"双碳"目标的底气与动力，从何而来？

中国对"双碳"目标的实践，要比提出"双碳"目标的时间早得多。在这个过程中，其取得的成绩和不断攻克的障碍，也为之后目标的实现奠定了基础。

早在 2006 年，中国就制定并实施了《中华人民共和国可再生能源法》，其目的在于促进可再生能源的开发利用，增加能源供应、改善能源结构、保障能源安全、保护环境，实现经济社会的可持续发展。

2007 年，发展中国家颁布的第一部应对气候变化的国家方案诞生——《中国应对气候变化国家方案》（简称《方案》），其中明确提出 2010 年单位 GDP 能耗比 2005 年降低 20% 的目标。《方案》提出，通过大力发展可再生能源，积极推进核电建设，加快煤层气开发利用等措施，优化能源消费结构。到 2010 年，力争使可再生能源开发利用总量（包括大水电）在一次能源供应结构中的比重提高到 10% 左右。

紧接着，《中国应对气候变化科技专项行动》出炉，通过加强自主创新能力，积极推进国际合作与技术转让等措施，中国在能源开发、节能和清洁能源技术等方面取得了进展。

在"碳中和"目标被正式提出之前，中国已累计发布 300 余项国家节能标准，基本覆盖生产生活的各个方面。这些举措，充分说明中国在很早之前就开展了减污降碳行动，有意在布局可再生能源发展的同时，不断增强自主技术创新能力。

其后十多年的时间里，中国新能源企业掌握全球的新能源技术话语权，走出了让世界瞩目的"新能源加速度"。

在中国的降碳路径上，2009 年是一个关键的年份。中国首次提出到 2020 年碳排放强度比 2005 年下降 40%～45%，非化石能源占一次能源消费比重达到 15% 左右，森林蓄积量比 2005 年增加 3 亿立方米等。而这些目标，在 2019 年已全部提前实现。

2020 年，中国提出"双碳"目标，将中国的降碳计划提升到了前所未有的战略高度。此时的中国，结合特殊的资源禀赋条件，将"双碳"目标的落实，聚焦在了绿化能源结构上。

《2022 年能源工作指导意见》提出：我们要稳步推进结构转型，使煤炭消费比重稳步下降，非化石能源占能源消费总量比重提高到 17.3% 左右，新增电能替代电量 1800 亿千瓦时左右，风电、光伏发电量占全社会用电量的比重达到 12.2% 左右。

提早布局绿色、可持续发展战略，等实践成效显著后，再继续加码发力，小步快跑、持续不断，从区域试点到全面铺开，中国正在将过去 40 多年改革开放中总结出来的经验与智慧应用于"双碳"目标的达成。其中蕴藏的势能和潜在的机遇，不容小觑。

中国走的是一条短期看"很难"，而长期看又"很对"的道路，这条路荆棘密布，但它却通往光明。这在上述一系列提早进行的实践中，已经得到了印证。

"碳达峰"不是一道"要不要"的选择题，而是一道"如何实现"的应用题，中国在发挥力量找答案的这条路上，已经走了十余年。

随着新能源技术持续进步、成本加速下降、应用规模不断扩大，光伏、风电已经成为中国新增电源投资和绿色能源转型的主力军。

国家能源局的数据显示，2021 年中国光伏和风电新增装机规模达到 1.01 亿千瓦，其中光伏发电新增 5297 万千瓦、风电新增 4757 万千瓦。光伏、风电累计装机均突破 3 亿千瓦，创历史新高。

大力发展光伏、风电等清洁能源，是践行"碳达峰""碳中和"目标、构建新型电力系统、实现能源绿色低碳转型的重要途径。截至 2021 年底，中国光伏累计装机量连续 7 年位居全球第一，风电的累计装机量则连续 12 年保持全球第一。

政策赋能"双碳"

在实现"双碳"目标的道路上，产业政策的引导至关重要。

中国光伏、风电政策频频出台，指引着行业飞速发展，带动一大批企业不断创新。

早在 2009 年 7 月 16 日，中国财政部、科技部和国家能源局就发布了《关于实施金太阳示范工程的通知》，提出对并网光伏发电项目给予总投资 50% 的补助，对偏远无电地区的独立光伏发电系统给予总投资 70% 的补助。

此项政策极大刺激了分布式光伏项目的发展。截至 2012 年底，中国光伏累计装机达到 420 万千瓦，其中分布式装机增速迅猛，达到 230 万千瓦，占比超过 50%。

2014 年开始，国家发改委针对三类不同光照资源区制定三档上网电价，明确对分布式光伏发电按照全电量补贴的政策，电价补贴标准定为 0.42 元 /kWh（含税），分布式光伏步入了快速成长时期。

2015 年 6 月 1 日，国家能源局、工业和信息化部、国家认监委联合发布《关于促进先进光伏技术产品应用和产业升级的意见》，提出实施"领跑者"计划，推动产业技术升级与突破。

2019 年 5 月 10 日，为进一步促进可再生能源消纳，国家发改委、国家能源局联合发布了《关于建立健全可再生能源电力消纳保障机制的通知》。

2021 年 6 月，国家能源局发布《国家能源局综合司关于报送整县（市、区）屋顶分布式光伏开发试点方案的通知》，明确了各类符合条件的屋顶的光伏项目安装比例，按照"宜建尽建"的原则，整县推进光伏项目建设，引导居民消费绿色能源。

2021 年 10 月 8 日，国务院提出了加快推进沙漠、戈壁、荒漠地区大型风电、光伏基地建设，自此风电、光伏大基地项目的建设轰轰烈烈展开。

截至 2021 年底，中国新增光伏装机量连续 9 年世界第一，累计装机量连续 7 年世界第一。

在发展风电方面，中国迈出的步伐相对更早。从 1996 年开始，中国就启动了"乘风工程""双加工程""国债风电项目""科技支撑计划"等一系列专项工程推动风电产业的发展。

到 2005 年，中国正式颁布《国家发展改革委关于风电建设管理有关要求的通知》要求风电设备国产化率达到 70%，自此国内风电企业应运而生，中国风电的新增装机量飞速增长。

除了针对新能源领域出台政策，围绕"碳中和"，中国政府也陆续出台专项政策进行引导。

2021 年 10 月 24 日发布的《中共中央 国务院关于完整准确全面贯彻新发展理念做好碳达峰碳中和工作的意见》，成为引导全国"双碳"工作的总纲领。

新能源产业高速扩容

在过去的时间里，中国的新能源产业能够取得举世瞩目的成就，原因是多重的，但不可忽视的是，中国企业在这一过程中扮演了主力军、推动者和引领者的角色。

中国光伏产业的发展历程充分证明了中国企业齐心协力、拼搏向上的巨大作用。在过去的数十年里，中国光伏产业从无到有，经历了若干次大起大落，最终通过技术突破取得成本优势。

为了强化光伏核心技术，中国大力支持新技术研发落地，仅 2013 年中国下发的关于振兴光伏产业的政策就超过了 15 条。2015 年，中国首个"光伏领跑者"计划落户大同采煤沉陷区，总装机容量为 300 万千瓦。

"光伏领跑者"项目，要求入围企业的单、多晶组件效率比普通项目高 1%，光伏逆变器转化效率超过 99%，由此推动光伏组件的进程加快，隆基、晶澳、晶科等电池组件企业及华为等逆变器企业技术水平大幅提升。

在技术进步与政策加持的双重作用之下，中国国内光伏电站的建设速度不断加快，需求激增，新技术不断商用，中国光伏市场呈现一派生机的景象。

2013 年到 2017 年间，中国生产的硅片、电池片、光伏组件产量持续增加，年均增长率接近 50%。与此同时，中国涌现出了一批真正拥有核心技术的企业。

技术上，从 2014 年开始，中国企业及研究机构晶硅实验室效率 40 余次打破世界纪录。根据《2022 年中国光伏行业系列研究——HJT 光伏电池研究报告》，中国无铟 HJT 电池、硅异质结电池 HJT、P 型 PERC、N 型 TOPCon、HJT 光伏电池的实验室最高转换效率已经分别达到 25.40%、26.50%、24.50%、26.10%、26.81%。

不仅如此，光伏逆变器第一大技术来源国也是中国，截至 2022 年 3 月底，中国光伏逆变器专利申请量占全球光伏逆变器的比重超过了 70%。

规模上，全球硅料企业前四、硅片企业前七、电池片企业前四、组件企业前七，全部来自中国企业。2022 年上半年，制造端、光伏产量（多晶硅、硅片、电池片、组件）同比增长均在 45% 以上；在应用端，光伏发电装机 3088 万千瓦，同比增长 137.4%；出口环节，2022 年上半年出口总额约 259 亿美元，同比增长 113%。

目前，中国已经建立起由光伏上游硅材料、设备，中游电池组件、背板材料，到下游发电系统健全的、完整的产业链生态，国内一级供应商自给的原材料及部件占比高达 85% 以上。中国光伏的发电成本已经降到了 0.3 元 / 千瓦时以下，在"十四五"期间，将继续下降至 0.25 元 / 千瓦时以下。世界光伏产业，正式进入"中国时代"！

布局上与光伏并驾齐驱的风电，其成绩一样可圈可点。2021 年，全球风电新增装机企业的前十名中，中国企业占了 6 席。中国在全球风电产业链中的占比已经接近 50%，成为全球最大的风电产业基地之一。

从 20 世纪 70 年代起，中国就开始研究并网风电场，那时主要通过引入国外风电机组建设示范风电场。1986 年 5 月，中国首个示范性风电场——马兰风电场在山东省荣成市建成并网发电，揭开了中国风电商业化运行的序幕。

之后，中国选择典型风电场进行重点改造，进口 600 千瓦风电机组 133 台，以技贸结合的方式，提升自主开发能力。

在经历初期引进消化再研发的阶段后，中国国产风电设备占比持续提升。2007 年，在中国新增风电装机中，国产设备占比已达到 55.9%，首次超过外资设备。2009 年，国产化率已达 85% 以上，1.5 兆瓦机型、2.0 机型基本实现国产化，取代进口机组成为国内主流机型。之后的年月里，国产陆上、海上多种机型先后问世，并大批量投入市场。

2010 年，中国首台具有自主知识产权的 5 兆瓦风电机组投产，填补了中国海上风电制造的多项空白。2022 年 9 月，中国已经下线 123 米叶片适配 16 兆瓦海上风电机组，单台机组年发电量超过 5000 万千瓦时，高效贡献"双碳"的同时也大量节省场地资源。

掌握核心技术，提升产品国产化率，从早期外资品牌风机处于垄断地位，到自主风机品牌在市场中掌握话语权，中国只用了短短十几年。到 2017 年底，中国风电市场自主品牌风机占比高达 96%。

2010 年，中国风电累计装机容量 4400 万千瓦；到 2015 年，中国风电迎来发展历史上的里程碑，正式加入"亿千瓦"俱乐部；2021 年中国风电累计装机容量已经达 32848 万千瓦，连年保持全球第一，缔造了中国风电的"加速度"。

在 2020 年的北京风能大会上，为了实现"碳中和"，400 多家全球风电企业联合宣布："十四五"期间，中国风电保证年均新增装机 5000 万千瓦以上；到 2030 年，中国风电累计装机容量至少达到 8 亿千瓦；到 2060 年，中国风电累计装机容量至少要达到 30 亿千瓦。

此外，生物质发电与氢能，成为中国可再生能源利用中的新生力量。

生物质发电在中国可再生能源发电中的比重呈逐年稳步上升态势。国家能源局统计数据显示，中国生物质发电量占可再生能源发电量比重从 2012 年的 3.4% 上升至 2021 年的 6.6%。

氢能方面，中国已经成为世界上最大的制氢国之一，年制氢产量约为3300万吨，其中达到工业氢气质量标准的约1200万吨。以"光伏制氢""风电制氢"为代表的可再生能源"绿氢"，作为和间歇性可再生电力相辅相成的储能手段之一，前景可期。在中国发布的氢能发展中长期规划中，明确可再生能源制氢到2025年要达到10万～20万吨的发展目标。

从早期追求发展，到注重发展与质量并重；从追求经济效益，到注重效益与环境保护并重；中国光伏、风电等新能源产业为中国的"双碳"目标提供了重要支撑。

"跨区输电"与"多能互补"护航

在"双碳"目标的大布局下，中国已经明确做出了"构建适应新能源占比逐渐提高的新型电力系统"的重要部署，满足光伏、风电等新能源电网高占比运行的同时，以增加系统灵活性资源为保障，打通能源供需各个环节，促进"源－网－荷－储"高效互动，从而实现发电、输配和电力消费系统协同融合、共同发展，推进电力行业率先实现"碳中和"。

大规模新能源消纳一直是世界性难题，作为清洁能源的重要代表，中国的光伏、风电在设备生产和开发技术上都已日臻成熟，但因其间歇性、随机性和波动性的特点，弃风、弃光、消纳难的问题普遍存在。

与之相匹配的特高压，刚好可以解决风电、光伏电源端与用户端地理位置差异较大的问题。特高压具有输电容量大、输送距离远、覆盖范围广的特点和能耗低、占地少的显著优势。在中国能源资源禀赋与需求逆向分布的地理条件下，完善跨区域特高压输电网络的布局，保障清洁能源稳定供应，是中国实现大电网互联、提升系统潮流控制力度及稳定性的关键。

自特高压工作启动以来，中国主要电力科研、设计单位和9所大学参与特高压研究设计，500多家建设单位、数万人参加特高压工程建设，200多家设备厂家参与设备研制和供货。

20世纪80年代，中国连500千伏输变电设备都要从国外引进。如今，中国包括特高压设备在内的电工装备已出口东南亚、拉美等多个区域。

根据《国家电网有限公司 2021 环境保护报告》的数据，截至 2020 年底，国家电网已累计建成"14 交""12 直"共计 26 条特高压线路，在运在建 29 项特高压输电工程，线路长度达到 4.1 万千米，变电（换流）容量超过 4.4 亿千伏安，累计送电超过 1.6 万亿千瓦时。

"十四五"期间，国家电网规划建成 7 回特高压直流，新增输电能力 5600 万千瓦；到 2025 年，经营区跨省跨区输电能力达到 3.0 亿千瓦，输送清洁能源占比达到 50%。

中国大规模的特高压输电线路建设将改变能源供应的空间布局，促进清洁电力的消纳。与此同时，接受和消纳大规模高比例光伏、风电，亟须提高电力系统的灵活性调节能力。

作为电网系统内重要的"调节器"和"平衡器"，储能电站已成为接纳大规模清洁能源入网后的首选"标配"，而且发展储能已上升至国家战略。国务院《中共中央　国务院关于完整准确全面贯彻新发展理念做好碳达峰碳中和工作的意见》明确提出，要加快推进抽水蓄能和新型储能规模化应用，构建以新能源为主体的新型电力系统。

中国已经成为世界上抽水蓄能装机容量最大的国家之一。根据水电水利规划设计总院和中国水力发电工程学会抽水蓄能行业分会发布的数据，截至 2021 年底，中国已建抽水蓄能电站总装机规模 3639 万千瓦，同比增长 15.6%。

抽水蓄能电站能够在送端电网发挥高效调节作用，在受端电网快速削峰填谷，与特高压输电配合，促进清洁能源大范围输送和消纳。

2021 年 9 月 17 日，国家能源局发布了《抽水蓄能中长期发展规划（2021—2035 年）》，明确到 2025 年，抽水蓄能投产总规模较"十三五"翻一番，达到 6200 万千瓦以上；到 2030 年，抽水蓄能投产总规模较"十四五"再翻一番，达到 1.2 亿千瓦。

面对新能源高比例发展及构建新型电力系统的要求，除了国家电网和南方电网，中国建筑、中国铁建、中国中冶等多家央企也蓄力抽水蓄能业务。

抽水蓄能在未来的中国能源发展与变革中将发挥重要的作用，能够提升电力系统灵活性和对新能源的消纳能力，作为基础电源支持新能源大规模、高质量发展，和电化学储能一道，支持分布式新能源的快速发展。

相比抽水蓄能这种传统灵活的资源，以电化学储能为代表的新型储能技术更具备灵活性和适应性。中关村储能产业技术联盟统计，截至 2021 年底，中国已投运新型储能装机 573 万千瓦，其中锂离子电池占比超过 80%。此外，压缩空气、液流电池、飞轮储能等各类储能技术，也是新型储能的重要组成部分。

用以弥补系统灵活性调节能力缺口的储能电站，在新型电力系统中具有无可替代的支撑作用。预计到 2025 年底，新型储能在电力系统中的装机规模达到 3000 万千瓦以上，这将有效支撑清洁低碳、安全高效的能源体系建设。

中国正在朝着零碳电力系统发展，传统的电力系统变成以新能源为主体的新型电力系统，形成以电为中心、电力系统为平台，多种能源相互补充、灵活转化的功能扩展，实现数字技术与电力技术的深度融合。

凝聚千行百业的智慧和力量

坚持绿色发展、实现"双碳"目标，需要凝聚全社会的智慧和力量，从而形成一种低碳减排的机制，唯有如此，绿色低碳的理念才能真正深入人心。

为了凝聚各行各业的力量，降低二氧化碳排放量，早在 2011 年，国家发改委发布了《关于开展碳排放权交易试点工作的通知》，率先批准在深圳、上海、北京、广东、天津、湖北、重庆等地试点碳交易；2016 年新增四川、福建两大全国非试点地区。

到 2021 年 7 月，中国的碳交易市场正式开市，2225 家电力企业成为第一批参与碳交易的市场主体。水泥、钢铁、化工、建材、冶金等行业企业将陆续加入碳交易体系。

从"十一五"期间，中国在能源消费总量与强度的能耗"双控"，到实施能耗"双控"与碳排放"双控"指标考核并重，减污降碳取得了显著成效，这从根本上促进了高碳排行业企业做出低碳化转型的转变。

现在能够看到，中国企业已经积极主动地加入到了"碳中和"的行动行列，在能源的需求侧，一些高耗能的企业，开始把动力装置由传统能源变更为光伏新能源。

在"双碳"目标的大方略下，中国在交通、建筑、钢铁、通信等领域已形成多方合力，共同打造零碳社会的新局面。

在交通领域，随着技术渗透和应用全面发展，运输结构优化，推广应用低碳运输装备，加快新能源运输装备研发、分场景适配应用成为重要举措，同时完善高速公路服务区、港区、客运枢纽、物流园区、公交场站等区域的汽车充换电站、加气站、加氢站等配套设施建设，试点示范交通自洽能源系统建设。

在引导绿色出行方面，《新能源汽车产业发展规划（2021—2035 年）》《节能与新能源汽车技术路线图 2.0》提出，新能源汽车新车销售量将达到汽车新车销售总量的 20%，纯电动乘用车新车平均百千米电耗将下降至 12 千瓦时；到 2035 年，纯电动汽车将成为新销售车辆的主流，公共领域用车将全面电动化。

在建筑领域，中国从 2001 年到 2019 年将近 20 年的时间里，能耗增长明显，从不足 4 亿吨标准煤，增加到 22.33 亿吨标准煤。为解决建筑行业的高能耗问题，中国大规模推行绿色建筑，许多示范项目都采用了《绿色建筑评价标准》（GB/T 50378—2019）中的绿色建筑技术，如太阳能热光电系统、绿色照明系统、暖通空调系统、绿色屋顶等节能技术。与此同时，以"光伏 + 建筑一体化"为代表的新型建筑模式逐步成为建筑领域的主角。

《"十四五"建筑节能与绿色建筑发展规划》明确，到 2025 年，城镇新建建筑全面建成绿色建筑，完成既有建筑节能改造面积 3.5 亿平方米以上，建设超低能耗、近零能耗建筑 0.5 亿平方米以上，装配式建筑占当年城镇新建建筑的比例达到 30%。开展建筑光伏行动，新增建筑太阳能光伏装机容量 0.5 亿千瓦以上，地热能建筑应用面积 1 亿平方米以上，城镇建筑可再生能源替代率达到 8%，建筑能耗中电力消费比例超过 55%。

可以预见，"碳中和"时代的建筑能源系统将是一个多源、多载体、多主体及利益多元的复杂系统。建筑的用能关系到人的健康、舒适和效率，其管理系统也将融合大数据和人工智能技术，进行升级优化。

在钢铁领域，2019 年 9 月，在中国钢铁工业协会组织下，中国宝武钢铁集团有限公司、鞍钢集团有限公司、首钢集团有限公司等 15 家大型钢铁企业共同签署并联合发布了《中国钢铁企业绿色发展宣言》，承诺建设绿色工厂，让钢厂与绿色城市共融。

截至 2022 年 7 月底，中国共有 251 家钢铁企业，拥有约 6.81 亿吨粗钢产能，已完成或正在实施超低排放改造。中国钢铁工业协会发布的数据显示：中国基本完成主体改造工程的钢铁产能已近 4 亿吨，累计完成超低排放改造投资超过 1500 亿元。2025 年之前要完成 8 亿吨钢铁产能改造工程。

除了高耗能相关领域积极升级改造，高端制造业和互联网商业巨头也纷纷做出零碳或减碳承诺，并将带动产业供应链零碳发展。

中国移动积极构建"三能六绿"绿色发展新模式，到"十四五"末，单位电信业务总量综合能耗、单位电信业务总量碳排放两项指标降幅均超过 20%；中国铁塔已在全国部署换电柜超 5 万个，服务用户超 80 万，每天为用户提供 200 万次换电服务，减少碳排放超 170 万吨；百度集团通过百度地图"绿动计划"项目，鼓励用户积极参与绿色出行，并宣布将在 2030 年实现运营层面"碳中和"；腾讯公司提出不晚于 2030 年，实现自身运营及供应链的全面"碳中和"，实现 100% 绿色电力……

在千行百业的实践与前进中，可以看到，数字化、智能化与绿色低碳，是不可分割的一体两面。数字技术源源不断地赋能，将推动绿色低碳能力的提升，促进全行业实现跨越式发展。不仅如此，多个城市已经开展了零碳城市和示范区的尝试，倡导绿色低碳生活方式，引导绿色低碳行为，打造绿色低碳循环社区。

中国已经凝聚千行百业的智慧和力量。在未来，以数字技术为基石的能源物联网系统，将深入城市、园区、楼宇、企业，对电力、水务、燃气、供热、用电、充电等城市基础设施进行数字化和低碳化管理。

携手共进，向美而行。各行各业将不断以技术能力的提升和创新，赋能"双碳"目标，积极行动应对气候变化，为尽早迈向近零碳排放坚守担当、奉献力量。

实现零碳排放要坚守初心使命，勇于担当作为。

第 8 章 | Chapter 8

2060 年的一天

伴随着一阵清脆的鸟鸣，我醒了。

这是我多年的一个习惯。小时候，大人们忙着为"碳中和"奋斗，在各地广泛植树造林，各个国家竞相出台了在商业区、住宅区恢复比例不等的绿化规范与要求，目的只有一个：让地球重回鸟语花香。

全息投影闹钟在床对面的半空中显示出日期：2060 年 8 月 5 日上午 7:00，室外温度 25~27 摄氏度，微风 3~4 级，降水概率 0。一次偶然，我和女儿说起自己小时候看过的动画片《小猪佩奇》，女儿居然很感兴趣，一下子便喜欢上了，并强行将我的闹钟语音播报也设置成了佩奇的声音。

就在我伸懒腰的当口，智能机器人管家智小乐将窗帘徐徐拉开，只听佩奇的声音在说："主人，由于您今天有一个很重要的会议，建议您穿深蓝色西装，搭配白底浅蓝格衬衣，白色口袋巾，同色系丝绸领带，黑色漆皮皮鞋。"

"好的。"我回复了佩奇。

作为一个不太修边幅的理工科直男，谈恋爱那阵子我经常被文艺范十足的艺术家女朋友也就是现在的太太揶揄。佩奇的着装建议倒是非常体贴周到，为我省了不少时间和脑细胞，至少从我创业开始一直到今天，不论任何场合，从未出错。

星火与永恒

我叫庞然，出生于 2015 年的上海，父亲经营一家房地产经纪公司，母亲则是上海海事大学最为年轻的教授。那会儿人们对原生家庭有了很深的研究，为人父母之后都严于律己，努力为子女营造良好的成长环境。

我的原生家庭也不例外，父母从校服到婚纱，是朋友圈里为人津津乐道的一对贤伉俪。我看过他们从相识到相知再到组建家庭的影像记录，直到 50 岁的时候，因生物技术的加持，他们仍然没有显露老态，还是意气风发的少年模样。我小的时候，经常听人们说一句话："愿你出走半生，归来仍是少年"，那个时候听来就像在听一个不肯服老的人喃喃呓语。没想到，科技发展的速度会如此之快，快到令人咋舌。对抗衰老，真的靠生物技术就可以实现。

2035 年，也就是在中国实现"碳达峰"5 年后，我获得哈佛大学生命科学博士学位。那时，全球大部分国家都已经有了完善的社会保障制度，通过先进农业技术培育的稻米、小麦等粮食作物在水域、旱地甚至沙漠得到广泛种植，粮食大丰收，基本上解决了所有人的温饱问题。"盛世无饥馁，何须耕织忙"，这个在中国古代四大名著之一《红楼梦》中出现的诗句，已经被今人运用技术实现了。

在一家名为无界的生物科技公司工作十年后，我辞职创业，创办了星火能源与永恒生物两家上市公司。

直到今天，事业仍然是男人的命门。虽说男女已经平等，但男人骨子里传承的基因决定了事业之于男人，仍然是决定其一生命运的重要抉择之一。只不过，随着科技的日新月异，现在的人们基本用不着为生计发愁，但拥有一份值得毕生奋斗的事业，也是人们赋予人生意义的手段。

在决定介入能源和生物这两个领域之前，我通过智小乐所在的战马机器人公司购买了生活模拟器服务。这是一种升级服务，在线付费之后，智小乐身上的生活模拟功能迅速启动，通过整合、分析我的个人数据（年龄、性别、学历等）、激素水平、基因信息、性格模型、心理模型、优势与软肋及过去的行为历史，进行人工智能模拟分析，得出的结论是：我最适合的事业方向是能源和生物。

生物是我专业所长，而且我毕业之后在这个领域从业十年，继续深耕这条赛道无可厚非。至于进入能源领域，起初我还有点儿意外。后来仔细一想，全球"碳中和"事业行至中途，如果我能在这个过程中贡献自己的一份力量，也算功德一件，如能成功，成就感也会来得更加强烈吧。

经过 15 年的努力，星火能源的业务已经覆盖全球 130 多个国家，业务板块涵盖智能光伏与风电、无人驾驶与自动充电网络、海洋能源岛、综合智慧能源系统、离网能源系统等方面。之所以以"星火"命名，是因为我特别喜欢"星星之火，可以燎原"这句话，而且我相信，只要每个人都力所能及地为这个世界燃起火把，最终就会汇聚成光明与希望的海洋。

就在我起床的时候，智小乐已经帮我挤好了牙膏，浴缸里也放好了水，温度刚刚好。扫地机器人在打扫房间，煮饭机器人则在厨房忙碌着。因为这些机器人的帮助，我太太范心源女士得以从烦琐的家务中解脱出来，专心致志地从事她的艺术创作。同时，她也有自己的一份副业，就是持照心理咨询师——尽管人工智能技术已经非常发达，但仍然没有攻克人类心理与意识层面的问题。

洗漱完毕之后，我穿戴整齐，呼叫智小乐给我启动生物芯片系统。这个生物芯片由一家本土公司开发，植入式打印在我的右手手臂上，名叫"小新"，代替了智能手机和手表，能够作为我的工作和生活秘书，代替智小乐在我离开家之后负责协调我的衣食住行。

"小新，让小艾 10 分钟后到楼下接我。"我对着我的右手手臂发号施令。小艾是我的无人驾驶电动车，是女儿给它起的名字。

"好的，主人。请问车上需要办公还是休息？"小新的声音通过生物植入耳蜗传进我的耳朵里。

"车上办公吧，把今天会议的讨论议题及客户的资料准备好，我路上要看。"我说。

"好的。"

等我来到院子门口，小艾已经乖乖地在门口等我了。待我走近，车门自动打开，座椅也调整成了最舒服的位置和角度。我坐进去，车内感应照明系统自动调整至适应于我在车上办公的色调与亮度，环绕立体声播放着我爱听的轻音乐，自动微藻氧吧也自动开启，源源不断地向车内送进新鲜的氧气和其他对人体有益的微生物气体。

无人驾驶已经全面普及，道路也分为空中、地面和地下三层系统。地下交通系统是无轨电车、胶囊列车和磁悬浮的天下，"和谐号""复兴号"这些我小时候常见的交通工具已经被更加安全、智能、高速的交通工具取代，时速最高可达 2000 公里；路面上无人驾驶汽车随处可见，在智能交通指示系统和智慧道路运维系统的管理下井然有序地行进着；空中则是标准化的运载飞行器和无人机，乘坐飞行器上班已经像过去坐公交车一样便宜，和旧时代的重庆人乘坐索道跨越长江去上班差不多。

小艾在自动驾驶，我得以腾出手来坐在后座熟悉材料。全息投影已经得到普及，小艾将资料投影到我座位前方的空中，正好与我的视线齐平，界面也被调整成我的眼睛感到舒适的色调和亮度。宽阔的路面非常安静，这种由可再生、可降解纳米材料铺设的路面，可以快速铺设和复制，没有鸣笛和轮胎摩擦产生的巨大噪声，没有汽车尾气污染空气，道路两旁是莽莽苍苍的森林——大多数已经存在了超过 100 年。"前人栽树，后人乘凉"，21 世纪之初开始的造林运动席卷全球，成就了今天的满目葱翠。

今天要会见的客人来自赞比亚。作为南部非洲第一个与中国建交的国家，在过去将近 100 年的时间里，得益于中国的帮助，赞比亚已经成为南部非洲最为富强的国家。由于赞比亚经济的持续发展，对能源的需求仍然旺盛，经由全球多家公司 PK，赞比亚国家能源管理局决定采用我司关于坦噶尼喀湖建设能源岛的解决方案。这个能源岛的建设将包括风电、光伏、小型核聚变堆、储能系统、能源管理云在内的一揽子能源解决方案。

星火能源配备了智能 VR 会议室，因此我的这些赞比亚客人可以在万里之外和我们一起开会而且不用考虑时差——通过 2 分钟的人体扫描，系统就会自动生成一个数字孪生人，我们只需戴上脑机结合的特制头盔，输入会议验证码并进行身份验证，就可以步入同一个虚拟会议室，我们的一举一动都将通过数字孪生人"代理"。在这个会议室里，我们可以清晰地见到对方的毛发、肢体动作甚至是微表情，和在现实场景中开会几乎没有差别。语言不通的问题也被系统自带的实时同传解决了。

上午 9:00，会议准时开始。

赞比亚国家能源管理局局长雅鲁马在会上提出，考虑到河水的涨落，能源岛在配备固定装置的同时，还要令其在面临一定程度的潮涌时也能保持稳定。

"这一点您不用担心，雅鲁马先生。我们的能源岛在中国的台湾海峡和琼州海峡已经落成，运营 3 年非常稳定。请看——！"正在我说着的时候，我的生物芯片启动二级程序，调出我提到的这两个案例，呈现在大家眼前。

实际上，能源岛方案最初的灵感来自多年前父亲的一个建筑设计师朋友。那时候我们经常听他唠叨："到 2050 年，由于气候变化，会让一些人失去家园成为'气候难民'，像日本这样的国家失去了土地，其人民要住在哪里呢？"

没想到,他的悲观竟然成就了他——他设计了一款能够漂浮在海上的可折叠式房子。

不过幸运的是,2020年开始的全球"碳中和"行动遏制了气候灾难。经过40年的努力,地球二氧化碳排放已从2020年的319.8亿吨下降到不到20亿吨;地球在2048年之后就再也没有出现明显升温,而是将升温幅度维持在了0.5摄氏度以内。

虽然这款房子没有派上实际用场而是像燃油车一样放在了世界发明陈列馆,但它却带来了风靡世界的能源岛方案。截至2060年,全球已知的拥有海岸线的国家纷纷效法,在近海建设了由各种能源搭配组合的能源岛。现在,我们要把这个方案复制到内陆湖泊。

会议持续了3个小时,客户问了很多细节问题,我司团队一一做了解答,看来客户很满意。方案敲定之后,接下来就是执行了。会议结束后,大家都舒了一口气,同事们站起来互相击掌庆祝这个阶段性胜利。

生物芯片小新发来一条提示信息:"主人,请问中午想吃点什么呢?"

"来一份妈妈味道的土豆牛腩、白灼菜心,一份松茸土鸡汤,一碗米饭。"我说。

"好的。系统显示这顿午餐可以使用您的零碳积分,相当于215分,请问使用积分核销吗?"

"可以。"

"好的,请稍等5分钟,午餐马上送来。"

大约在2045年,数字技术已经发展到能够生成嗅觉和味觉的地步。人类长期依赖视觉和听觉,久而久之嗅觉就会有所退化。但实际上,从我们出生开始,有许许多多的气味会在不经意间留在我们的记忆深处,例如,雨水浸润过的泥土的芬芳,初中时同桌用过的洗发水的香气,老家潮湿的街巷里燃烧的檀香的气味,以及妈妈牌的菜肴散发的香味……

这些气味是我们情感世界的载体,构成了我们的记忆地图。重现过去的气味,就能马上带我们回到过去的某个场景,提醒我们来日无多,珍惜当下的点滴生活。

公司的餐厅设在一楼，大家一同下楼用餐，各自点好自己的饭菜，然后聚在一起，一边吃饭一边聊天。即使是数字孪生技术已经发展到可以让人足不出户尽览天下事的程度，但人类对于面对面交流互动的需求仍然没有改变。

尽管癌症已经被攻克，但时不时卷土重来的流行病毒，使这些年有许多人离开了人世。我母亲是在三年前那场代号为 SAP-129 病毒流行期间离开的，自从她走后，我就时不时地会想起她做的饭菜的香味。

说到这里，不得不提一下我创办的另一家公司——永恒生物。我们为医疗行业提供有针对性的解决方案，依靠 3D 打印和基因复制，可以生产人造皮肤、关节、器官和形体矫正器。由于优生优育计划的实施，加上生物科技的兴盛，目前世界上的 30 亿人口中再也没有了残疾人。每个人出生时都会在医院存档一份基因备份，以备不时之需，但由于伦理方面的考量，克隆人仍然在各国被禁止。

生物科技能够延缓身体器官和机能的衰老，但仍然无法解决"死亡"这个永恒命题。人类也并没有从智人进化为智神，仍然跑不赢病毒异变的速度，疫苗的开发总是慢半拍。

世界并不存在"永恒"，当初起这个名字，只是我的一个美好愿望而已。如果时间能永恒，那么生命也将无意义。

通通的生日礼物

刚吃完午饭，女儿打来全息投影电话，噘起小嘴跑到我面前，眨巴着双眼盯着我问：

"爸爸，今天是我生日，你不会忘记了吧？"

"怎么会呢？我记着呢。我和你妈妈已经商量好了，给你过一个特别的生日呢！"我捧起女儿的脸，眨眼之间，她已经 10 岁了。

时间过得真快啊。2045 年，也是我刚刚创业那一年，我常年出差。我在西班牙出差的间隙，看了一场弗拉明戈舞剧《吉普赛女郎》，是个很老的剧目了。只见舞台上的范女士一袭红衣，演绎了一名神秘又感伤、纯洁又奔放的吉普赛少女走出山区来到城镇之后获得新生的故事。我对范女士一见倾心，很快我们恋爱了。三年后，我们步入婚姻的殿堂。2050年，女儿庞通通出生。对我来说，通通是天赐的礼物，我爱若珍宝。

通通从 5 岁开始就对自然科学尤其是天体物理表现出了浓厚的兴趣。我也乐意给她讲，在我 7 岁那一年，人类才通过韦伯空间望远镜拍摄到了距离地球 46 亿光年、位于飞鱼星座南部的 SMACS 0723 星系团的照片。相比之前的哈勃太空望远镜观测的是成年、青年时期的星系，韦伯空间望远镜观测到的则是更为遥远的幼儿、婴儿时期的星系。这组照片当时在全球引发的轰动，不亚于阿姆斯特朗登上月球。

而今天，人类不仅观测到了更为遥远的襁褓星系和胚胎星系，还在火星上建造了度假区，其依靠核聚变和储能装置来满足日常用能需求。

因为通通对我提过的内蒙古库布齐沙漠风情游乐园很向往，我决定在她 10 岁生日这一天带她去看看，并且送她一架以她的名字命名的私人订制太空望远镜。

由于大规模的沙漠改造行动，中国的塔克拉玛干、腾格里、柴达木、乌兰布和、库布齐、毛乌素沙漠都铺上了光伏板，板上发电、板间种植、板下固沙，取得了经济、社会和生态效益的多赢，成为全世界荒漠化治理的典范并在撒哈拉沙漠得到复制。

为了保留沙漠这个地球历史遗迹，迪士尼在库布齐打造了一片占地 10 平方公里的沙漠风情游乐园，开发了沙漠城堡、奇想花园、探险岛、滑翔、热气球、滑沙、沙漠飞车等项目。

听说要去她梦寐已久的沙漠风情游乐园，通通高兴得跳了起来。

我回到家与母女汇合，再乘坐 404 路空中巴士来到上海胶囊列车总站。从上海到库布齐，往返只需 1 个小时。

晚上回到家，智能家居已经被智小乐调整成烛光晚餐模式。我刚进家门，通通一眼就发现了我为她准备的生日蛋糕和望远镜，迫不及待地要我给她拆封，围在我身边像一只欢乐的喜鹊："爸爸，我能看到仙女座吗？我能看到人马座吗？天王星能不能看到？海王星呢？千红宝石星系呢？黑洞呢？黑洞能不能看到？"

送给通通的这款私人订制望远镜，已经能够看到遥远的仙女座大星系并可以拍下高清照片，再通过影像合成，自动生成一张通通与星系合体的照片。兴致勃勃地看了将近一个小时，通通仍然意犹未尽，一个劲地让我把那张照片装裱了挂在她的床头，她要看着这张照片睡觉。

晚上 10 点，房间的空调和照明被智小乐调整成睡眠模式。伴随着窗外草丛里的虫鸣声，以及那张硕大的仙女座星系照片，通通睡着了。我和太太为她关上房门，走回卧室，结束了既平凡又非凡的一天。

往后余生，我们三个人还要相依相伴多年。

作为一个"女儿奴"父亲，那种既希望女儿快快长大又希望她永远不要长大的复杂心情，大抵只有同为"女儿奴"的父亲才能了解吧。

附录 |

"碳中和"全球
大事记

年份	日期	事件	描述
2022 年	12 月 17 日	全球首个碳关税将于2026 年开始征收	欧盟理事会和欧洲议会就欧盟碳排放交易体系（EU ETS）改革方案达成了协议，同时确定了碳边境调节机制（CBAM，又称"碳关税"）实施细节，明确到 2030 年，EU ETS 涵盖部门的排放量必须减少 62%，现有的免费配额削减将从2026 年开始，直到 2034 年所有免费配额退出
	11 月 6 日	《联合国气候变化框架公约》缔约方第 27 届会议（COP27）取得了历史性突破，首次设立气候"损失和损害"基金	COP27 通过政治成果文件"沙姆沙伊赫实施计划"，强调各方应切实将已经提出的目标转化为行动，合作应对紧迫的气候变化挑战，首次确定设立气候"损失和损害"基金，帮助脆弱国家应对气候灾难带来的损失和损害，其取得了历史性突破，推进了全球气候治理进程，受到国际舆论好评
	9 月 22 日	中国碳达峰碳中和"1+N"政策体系已经建立，为有序推进"双碳"工作做出全面战略部署	国家发展改革委表示碳达峰碳中和工作稳步推进，相关工作开局良好，碳达峰碳中和"1+N"政策体系已经建立。2022 年，"1+N"政策体系中包括能源、工业、交通运输、城乡建设等分领域分行业碳达峰实施方案，科技支撑、能源保障、碳汇能力、财政金融价格政策、标准计量体系等保障方案，以及各省（市）碳达峰行动方案等政策密集出台，构建起了目标明确、分工合理、措施有力、衔接有序的"双碳"政策体系
	6 月 24 日	中国科技部等九部门印发《科技支撑碳达峰碳中和实施方案（2022—2030 年）》	该方案统筹提出支撑 2030 年前实现碳达峰目标的科技创新行动和保障举措，并为 2060 年前实现碳中和目标做好技术研发储备，内容涉及基础研究、技术研发、应用示范、成果推广、人才培养、国际合作等方面，并提出了包括能源绿色低碳转型科技支撑行动在内的 10 项具体行动
	6 月 1 日	欧美联合启动"全球甲烷承诺能源路径"计划，甲烷减排从共识走向行动	欧盟宣布与美国及其他 11 个国家（阿根廷、加拿大、丹麦、埃及、德国、意大利、日本、墨西哥、尼日利亚、挪威和阿曼）首次启动"全球甲烷承诺能源路径"计划，强化石油和天然气部门的甲烷减排，推动全球气候行动和保障能源安全
	4 月 4 日	联合国政府间气候变化专门委员会（IPCC）发布了第六次评估报告（AR6）第三工作组报告《气候变化 2022：减缓气候变化》	这份报告重点关注全球国家为减少气候变化的破坏和影响所做的努力，关注能源和城市系统及农业、林业和土地利用、建筑、运输和工业等部门的创新和解决方案
2021 年	11 月 1 日	印度宣布 2070 年实现碳中和	印度在 COP26 上宣布 2070 年实现碳中和，并表示到 2030 年，印度 50% 的电力将来自可再生能源

续表

年份	日期	事件	描述
2021年	10月31日—11月12日	第26届联合国气候变化大会（COP26）：各国领导人和企业采取重大措施恢复和保护森林	COP26期望达成以下四个目标： ● 到21世纪中叶确保全球实现净零目标，并保持气温升幅在1.5℃以内 ● 采取更多适应措施，保护社区和自然栖息地 ● 筹集资金 ● 共同努力交付 各国领导人在大会上正式宣布了拯救和恢复地球森林的关键承诺。公共和私营部门行为者也共襄盛举，做出一系列应对气候变化、遏制生物多样性破坏和饥饿及保护土著人民权利的承诺。华为通过视频连线分享如何融合数字技术与电力电子技术，从能源的生产侧和消费侧帮助千行百业节能减排，并呼吁携手共建低碳智能社会，从而应对全球气候变化和加速实现碳中和
	10月24日	中国公布《中共中央国务院关于完整准确全面贯彻新发展理念做好碳达峰碳中和工作的意见》	对碳达峰碳中和工作提出系统谋划，明确了总体要求、主要目标和重大举措，是"十四五"时期，以及2030年、2060年等重要时间节点做好双碳工作的纲领性文件。其中，在"深度调整产业结构"部分指出要"大力发展绿色低碳产业。加快发展新一代信息技术、生物技术、新能源、新材料、高端装备、新能源汽车、绿色环保及航空航天、海洋装备等战略性新兴产业。建设绿色制造体系，推动互联网、大数据、人工智能、第五代移动通信（5G）等新兴技术与绿色低碳产业深度融合"，为今后中国绿色低碳产业发展指明了方向
	9月7日	绿电交易试点正式启动	全国绿色电力交易试点启动，共有17个省市、上百家用电企业纷纷向各地新能源发电企业购入绿电，首批共成交近80亿千瓦时电量
	8月5日	韩国"2050碳中和委员会"发布了《韩国2050年碳中和实施方案（草案）》	草案根据韩国的碳中和目标，提出了三种可能的碳中和路线图，重点是限制燃煤发电和液化天然气的消费
	7月14日	欧洲绿色新政：欧洲委员会提出欧盟经济和社会转型目标，以实现气候雄心	欧洲委员会发布了Fit for 55一揽子提案，使欧盟的气候、能源、土地利用、交通和税收政策符合2030年温室气体净排放在1990年水平基础上减少至少55%的目标。在提案中，欧洲委员会推出了立法工具以达成《欧洲气候法》中规定的目标，并从根本上改变欧洲的经济和社会，以实现公平、绿色和繁荣的未来

续表

年份	日期	事件	描述
2021 年	7 月 13 日	中国生态环境部发布了《中国应对气候变化的政策与行动2020年度报告》	该报告内容涵盖 2019 年中国有关部门、地方在应对气候变化、推动绿色低碳循环发展方面所做的工作，包括强化顶层设计、减缓气候变化、适应气候变化等 7 个方面，全面展示了中国控制温室气体排放、适应气候变化、战略规划制定、体制机制建设、社会意识提升和能力建设等方面取得的积极成效
	5 月 17 日	中国生态环境部编制印发《碳排放权登记管理规则（试行）》《碳排放权交易管理规则（试行）》和《碳排放权结算管理规则（试行）》	三项政策有利于规范全国碳排放权交易，保障市场各参与方的合法权益，也为全面建设碳排放权交易市场提供了制度保障
	4 月 22 日	美国承诺到 2030 年将温室气体排放减半	美国承诺，到 2030 年其温室气体排放量将较 2005 年的水平减少 50%～52%，希望借此新目标激励其他排放大国提振应对气候变化的信心
	2 月 19 日	美国正式重返《巴黎协定》	美国正式重新成为气候变化《巴黎协定》的缔约方
2020 年	12 月 31 日	中国生态环境部出台《碳排放权交易管理办法（试行）》	《碳排放权交易管理办法（试行）》基于现行法规，围绕全国碳市场建设和运行的基础制度保障需要，为以发电行业为突破口开展碳排放配额分配、碳排放报告与核查、注册登记和交易监督管理、清缴履约等活动提供制度支撑，同时也为后续技术规范制定提供工作依据
	12 月 30 日	中国生态环境部印发了《2019—2020 年全国碳排放权交易配额总量设定与分配实施方案（发电行业）》	中国生态环境部正式发布了《2019—2020 年全国碳排放权交易配额总量设定与分配实施方案（发电行业）》，印发《纳入 2019—2020 年全国碳排放权交易配额管理的重点排放单位名单》，并组织各省、自治区、直辖市及新疆生产建设兵团生态环境厅（局）开展发电行业重点排放单位配额预分配相关工作，从技术层面推进全国碳市场建设，共有 2225 家发电企业、自备电厂纳入首批全国碳交易试点，总排放量超过 40 亿吨
	12 月 25 日	日本政府发布"绿色成长战略"	2020 年 10 月底，日本宣布 2050 年将实现温室气体"净零排放"。为实现这一目标，日本政府于 2020 年 12 月 25 日发布"绿色成长战略"，将在海上风力发电、电动车、氢能源、航运业、航空业、住宅建筑等 14 个重点领域推进减排工作

年份	日期	事件	描述
2020 年	11 月 6 日	中国工信部组织编制了《国家绿色数据中心先进适用技术产品目录（2020）》	从能源资源利用效率提升、可再生能源利用、废旧设备回收处理、绿色运维管理四大领域筛选出 62 项技术或产品，包括华为的预制式微模块集成技术及产品、直流变频行级 / 列间空调、制冷系统智能控制系统、模块化 UPS 等
	9 月 22 日	中国宣布"碳达峰"和"碳中和"目标	中国在联合国第七十五届大会一般性辩论上提出二氧化碳排放力争于 2030 年前达到峰值，努力争取在 2060 年前实现碳中和
2019 年及更早	2019 年 12 月 11 日	欧盟委员会正式发布了《欧洲绿色协议》	《欧洲绿色协议》几乎涵盖了所有经济领域，旨在将欧盟转变为一个公平、繁荣的社会，以及富有竞争力的资源节约型现代化经济体，到 2050 年欧盟温室气体达到净零排放并且实现经济增长与资源消耗脱钩
	2019 年 6 月 12 日	英国修订《气候变化法案》	正式确立到 2050 年实现温室气体净零排放
	2017 年 12 月 18 日	中国国家发改委印发《全国碳排放权交易市场建设方案（电力行业）》	标志着全国碳排放交易体系完成了总体设计，有利于降低全社会减排成本，推动经济向绿色低碳转型升级
	2016 年 3 月 19 日	中国首个"全国碳市场能力建设中心"在深圳挂牌	"全国碳市场能力建设中心"在深圳排放权交易所挂牌。该中心将全面服务于全国碳市场建设，协助国家发改委加快推进非试点省市碳市场能力建设
	2015 年 12 月 12 日	签署《巴黎协定》	巴黎气候大会上《联合国气候变化框架公约》196 个缔约方一致签署了《巴黎协定》，共同确定了"在 21 世纪末，将全球气温升幅控制在 2℃以内并向 1.5℃努力"的目标
	2008 年 11 月 26 日	英国颁布《气候变化法案》	2008 年英国正式颁布《气候变化法案》，确定了到 2050 年将温室气体排放量比 1990 年减少 80% 的长期减排目标。英国成为世界上首个以法律形式明确中长期减排目标的国家
	1992 年 5 月 9 日	通过《联合国气候变化框架公约》	在巴西里约热内卢召开的联合国环境与发展会上，有 150 多个国家签署了《联合国气候变化框架公约》。该公约第二条规定，"本公约及缔约方会议可能通过的任何相关法律文书的最终目标是：根据本公约的各项有关规定，将大气中温室气体的浓度稳定在防止气候系统受到危险的人为干扰的水平上。这一水平应当在足以使生态系统能够自然地适应气候变化、确保粮食生产免受威胁并使经济发展能够可持续地进行的时间范围内实现。"